石油和化工行业"十四五"规划教材

高等职业教育
新形态一体化教材

工业机器人应用系统集成

薛亚平　陈　琳　周　杰◎主编
杨润贤◎主审

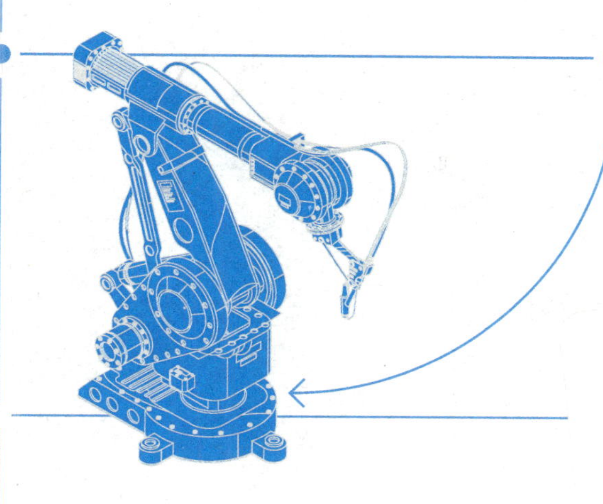

化学工业出版社
·北京·

内容简介

本书将工业机器人应用系统集成的职业岗位要求，全国职业院校技能大赛“机器人系统集成应用技术”赛项相关知识、技术技能、职业标准、技术标准，“工业机器人集成应用”职业技能等级标准深度融合，通过编写团队教师自主设计集成开发的“水果自动分拣工业机器人应用系统”中设计与实施的完整过程呈现。基于西门子 S7-1200PLC、TP700 人机界面、V90 PN 伺服系统及康耐视视觉等主流工业自动化设备，系统构建硬件组态、工业通信网络及软件开发全流程实践体系。通过工业机器人系统集成项目实战，培养学生掌握器件选型与系统设计、设备安装与调试、PLC/HMI 程序开发、机器视觉算法应用、伺服运动控制等核心技能。重点强化工业机器人控制程序开发、多设备协同调试、智能制造系统集成等岗位能力，助力学生构建符合现代工业 4.0 需求的工业机器人应用系统集成开发与实施能力。项目实施过程中有机融入思政教育、劳动教育、职业素养教育，全面落实立德树人的根本任务。

本书可作为高等职业院校或五年贯通中等职业院校工业机器人技术、机电一体化技术、电气自动化技术、智能控制技术等专业相关课程教材，也可供智能制造行业控制工程技术人员参考学习。

图书在版编目（CIP）数据

工业机器人应用系统集成 / 薛亚平，陈琳，周杰主编. -- 北京：化学工业出版社，2024. 11. --（石油和化工行业“十四五”规划教材）（高等职业教育新形态一体化教材）. -- ISBN 978-7-122-46566-5

Ⅰ. TP242.2

中国国家版本馆 CIP 数据核字第 202498R4B1 号

责任编辑：廉　静
文字编辑：蔡晓雅
责任校对：王鹏飞
装帧设计：王晓宇

出版发行：化学工业出版社
（北京市东城区青年湖南街 13 号　邮政编码 100011）
印　　装：中煤（北京）印务有限公司
787mm×1092mm　1/16　印张 15½　字数 355 千字
2024 年 11 月北京第 1 版第 1 次印刷

购书咨询：010-64518888
售后服务：010-64518899
网　　址：http://www.cip.com.cn
凡购买本书，如有缺损质量问题，本社销售中心负责调换。

定　　价：59.80 元　

前言 Preface

本书背景

工业机器人能够代替人工完成繁重、乏味或有害环境下的体力劳动，为工业生产提供了高效、精确的解决方案。随着技术的不断进步，工业机器人在经济社会的各个领域都发挥着越来越重要的作用，其发展对于提升生产效率、改善工作环境和促进产业升级具有重要意义。近年来，工业机器人行业得到快速发展，产量全年保持增长。工业机器人应用领域和关键岗位逐步拓宽，工业机器人产业发展前景非常喜人。

工业机器人通常由本体、电控柜及示教器构成，属于标准化产品。其功能实现需搭配大量外围设备，以构建有效工业自动化生产系统。系统集成通过软件开发及系统整合为终端客户提供解决方案，是工业机器人自动化应用的核心环节。

“工业机器人应用系统集成”课程是工业机器人技术专业的专业核心课程。职业教育国家专业教学标准中明确指出，工业机器人技术专业要培养能够从事工业机器人应用系统集成工作的高素质技术技能人才。标准中也明确标明，工业机器人技术专业核心课程和实习实训课程都必须包含“工业机器人应用系统集成”课程。

内容结构

本书以工业机器人应用系统集成职业岗位所需知识、能力、素养的培养为目标，以工业机器人应用系统的集成开发完整过程为主线，教学内容中融入全国职业院校技能大赛“机器人系统集成应用技术”赛项相关知识、技术技能、职业标准、技术标准，内容对接“工业机器人集成应用”职业技能等级标准，全面融入思政教育元素，贯穿劳动教育过程。本书以真实项目“水果自动分拣工业机器人应用系统”为载体，主要介绍工业机器人应用系统规划设计、设备选型、硬件安装测试、软件开发调试等内容，项目教学内容框架如图 1 所示。

本书秉承“项目引领、任务驱动、行动导向”理念，在职业活动中使学生掌握知识形成能力。项目导入部分主要包括项目描述、项目图谱、项目要求；项目实施部分主要包括任务目标、任务要求、知识准备、任务实施、工作任务单、任务评价和任务拓展，形成以目标为导向、评价为反馈的学习闭环；项目评价采用问卷形式，对教学组织、授课内容、授课老师等指标进行测评，全面了解学生对项目学习的感想收获，便于教师进行教学改进。教材组织结构如图 2 所示。

（1）项目描述：介绍本项目的实施背景、任务内容，以及各子任务间的逻辑关联。

（2）项目图谱：清晰描绘项目中所覆盖并需要掌握的知识点、技能点，帮助学生从宏观角度梳理学习思路，系统性地把握项目学习内容。

（3）项目要求：明确该项目的总体学习要求，主要涵盖了思路素养、职业素养、信息素养、劳动素养等方面的综合要求，旨在促进学生德智体美劳的全面发展。

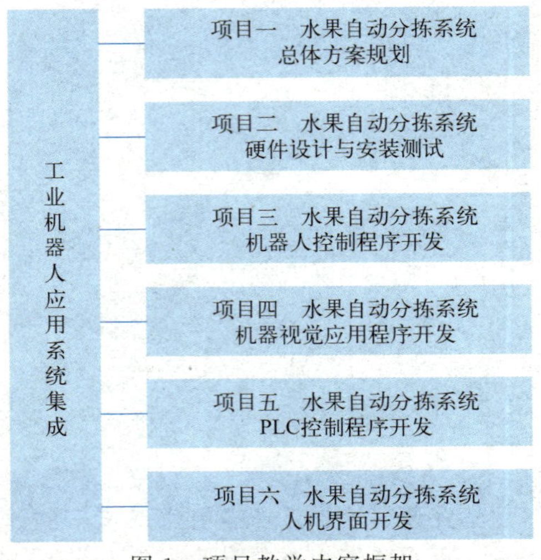

图1　项目教学内容框架

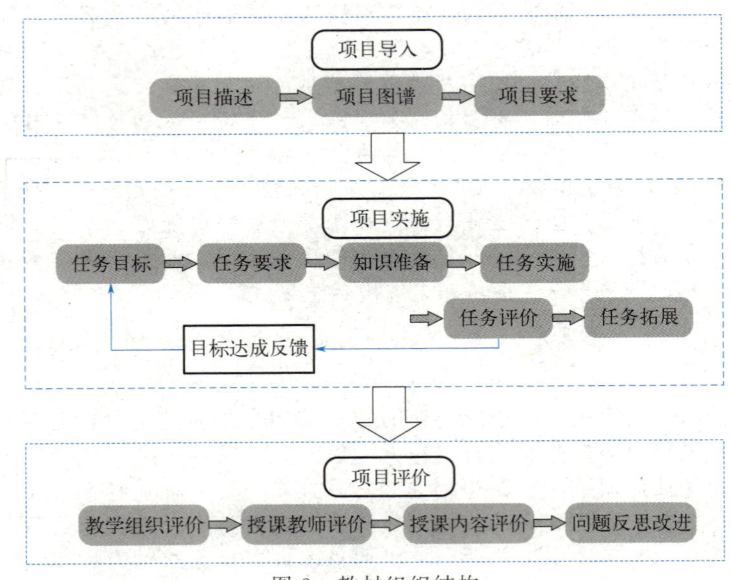

图2　教材组织结构

本书特色

1. 科教融汇、项目引领

在智能制造产业背景下，本书依托团队教师自主集成开发的真实项目“水果自动分拣工业机器人应用系统”，以培养学生工业机器人应用系统的设计、集成、开发为目标，采用“项目引领、任务驱动、行动导向、学做合一”的方式，符合项目集成开发实施流程、学生认知规律和实践性要求，使学生在真实完成任务的过程中，习得知识、提升技能和素养。

2. 课程思政、育人为本

以坚定理想信念，培育社会主义核心价值观、职业素养和工匠精神为课程思政目标，全面深入挖掘蕴含于教材之中的思政元素，采用案例渗透、体验探究等方法，将爱国主义、法治意识、规范意识、劳动价值观教育等融入、贯穿教学全过程。各任务中设置了思考讨论等内容，实现教材德育的隐性渗透，为教师和学生开展课程思政教育提供了双向借鉴。

3. 书证融通、对接标准

本书将“工业机器人集成应用”职业技能等级标准（中级）的技能点与项目内容进行匹配，对项目内容重新整合、拓展、补充，有机融入教学内容。以证书考纲中的理论、实操和素养考点作为学习评价的主要构成，实现书证融通，提升核心职业能力。

4. 资源丰富、形式新颖

本书配套课程标准、授课计划、微课视频、教学课件（PPT）、工业机器人控制程序源码、PLC控制程序源码、人机界面画面源码等立体化数字资源，所有资源均可从化工教育平台下载。书中所提供的微课视频二维码均可随扫随学。书中记录栏和总结栏便于学生记录学习过程、结果和问题，不断反思改进，提升学习效果。

教学建议

本课程为项目化综合实训课程，计划实施周期为75学时（3周），其中理论课时为实训过程中教师集中讲解、操作演示的课时，不建议采取集中理论授课形式进行。课程学时分配如表1所示。

表1　课程学时分配表

序号	项目名称	任务名称	分配学时建议	
			理论	实践
1	项目一　水果自动分拣系统总体方案规划	系统总体架构设计	1	2
2		系统通信规划	1	2
3	项目二　水果自动分拣系统硬件设计与安装测试	系统设备器件选型	1	2
4		系统硬件资源分配与电气图绘制	1	2
5		电气控制系统安装与测试	2	4
6	项目三　水果自动分拣系统机器人控制程序开发	工业机器人程序设计准备	2	4
7		工业机器人控制程序设计	2	4
8	项目四　水果自动分拣系统机器视觉应用程序开发	机器视觉应用程序开发	2	4
9	项目五　水果自动分拣系统PLC控制程序开发	项目设备与网络组态	2	4
10		系统设备控制程序编写与测试	6	12
11	项目六　水果自动分拣系统人机界面开发	人机界面总体设计	2	4
12		触摸屏画面组态与测试	3	6
合计			25	50

致谢

衷心感谢扬州工业职业技术学院智能制造学院对“工业机器人应用系统集成”课程建设的大力支持。感谢化学工业出版社对本书出版提供的支持。感谢高新技术企业扬州戎星电气有限公司为教材案例开发提供的宝贵建议和项目调试提供的大力支持。

本书由杨润贤教授担任主审，薛亚平、陈琳、周杰担任主编，李丹、魏敏担任副主编，赵雅聪、周峰、莫亚强等参与编写。糕申奥和沃曾尚同学参与了程序编写调试工作。在此，向他们一并表示谢意。

由于编者水平有限，书中难免存在疏漏和不足之处，恳请广大读者批评指正。

编者

2024.6

目录 Contents

项目二

水果自动分拣系统硬件设计与安装测试

032～079

《工业机器人应用系统集成》二维码资源目录

续表

序号	二维码编码	资源名称	资源类型	页码
37	思政故事 6	工业机器人编程舞台上的思维协作华章	文档	130
38	视频 4.1	康耐视软件安装	视频	137
39	视频 4.2	视觉相机添加配置	视频	139
40	视频 4.3	机器视觉程序开发	视频	142
41	思政故事 7	视觉之光:水果分拣中的家国情怀与担当	文档	146
42	视频 5.1	PLC 设备组态	视频	153
43	视频 5.2	触摸屏设备组态	视频	155
44	视频 5.3	V90 伺服设备组态	视频	157
45	视频 5.4	康耐视相机设备组态	视频	161
46	思政故事 8	硬件组态中的责任与协作交响	文档	164
47	视频 5.5	解读系统状态检测程序	视频	169
48	视频 5.6	解读工业机器人控制程序	视频	173
49	视频 5.7	解读输送带控制程序	视频	178
50	视频 5.8	解读机器视觉控制程序	视频	182
51	视频 5.9	解读数据处理程序	视频	185
52	视频 5.10	解读 PLC-机器人通信程序	视频	190
53	思政故事 9	编程征程:点亮求知与探索之光	文档	194
54	视频 6.1	人机界面设计规范	视频	199
55	视频 6.2	人机界面设计流程	视频	202
56	视频 6.3	人机界面变量组态	视频	206
57	视频 6.4	人机界面模板设计	视频	210
58	思政故事 10	画面设计之“善学雅行”成长记	文档	212
59	视频 6.5	自动运行画面组态	视频	217
60	视频 6.6	机器人控制画面组态	视频	224
61	视频 6.7	输送带控制画面组态	视频	227
62	视频 6.8	参数设置画面组态	视频	229
63	思政故事 11	画面背后的协作交响:人机互联与团队同行	文档	230

项目总体设计

一、项目描述

本书是扬州工业职业技术学院智能制造学院工业机器人技术专业教学团队教师，以“ABB工业机器人基础教学平台”为基础自主设计集成开发的“水果自动分拣工业机器人应用系统”为载体，基于“项目引领、任务驱动、行动导向”理念，编写的项目化任务驱动式教材。

1. 工作站硬件组成与功能

水果自动分拣工业机器人应用系统，主要包含ABB IRB120工业机器人、气动柔性抓手工具、西门子S7-1200系列的CPU1215 PLC、西门子TP700 Comfort精智面板触摸屏、西门子SINAMICS V90 PN & S-1FL6伺服驱动系统、定制输送带、激光对射检测传感器、康耐视IS2000机器视觉系统和用于项目软件开发的计算机。该实训教学工作站主要用于工业机器人技术专业学生的“工业机器人应用系统集成”课程实训，同时也可以用于工业机器人操作与编程教学、西门子1200系列PLC编程教学、西门子人机界面组态教学、基于西门子PLC与ABB工业机器人的工业网络通信教学、PLC运动控制编程教学等。工作站照片如图0-1-1所示。

2. 工作站系统构成

水果分拣是农业生产中非常重要的一项工作，传统的水果分拣方式往往依赖人工，存在效率低、成本高以及易出错的问题，如图0-1-2所示。因此，研究水果自动化分拣具有重要的现实意义。

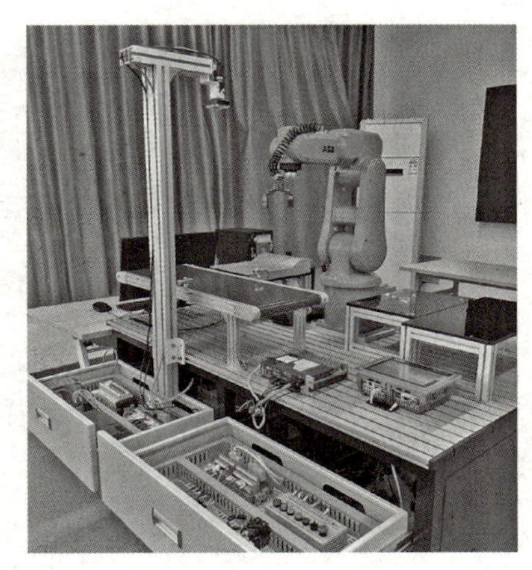

图0-1-1　水果自动分拣工业机器人应用工作站

图0-1-2　人工分拣水果

在该项目中，应用人机交互控制技术，通过组态人机界面触摸屏，实现系统手动/自动运行控制、系统运行参数设定；应用PLC运动控制技术，通过伺服驱动器控制伺服电机拖动输送带实现水果传送；应用传感器检测技术，使用激光对射传感器检测水果是否到位；应用机器视觉检测技术，通过检测水果直径确定水果大小分级；应

用工业网络通信技术，通过 PLC 与工业机器人网络通信，实现检测结果的传递；应用工业机器人控制技术，依据水果检测结果，控制工业机器人运动，驱动柔性抓手工具分拣水果。系统构成如图 0-1-3 所示。

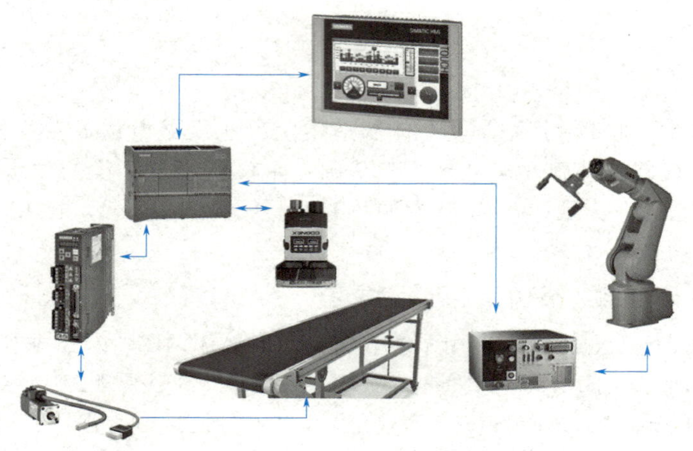

图 0-1-3　水果自动分拣应用工作站系统构成

3. 工作站系统功能

为了实现球形水果的自动分拣，水果自动分拣工业机器人应用工作站需要实现以下功能。

（1）系统监控功能

• 能够通过触摸屏控制系统自动运行或手动运行；

• 能够通过触摸屏控制系统启动、系统停止、系统复位；

• 能够通过触摸屏监视机器人、输送带和机器视觉工作状态；

• 能够通过触摸屏实时查看三类果箱中水果数量；

• 能够通过触摸屏显示果箱更换提醒；

• 能够通过触摸屏确认果箱更换完毕；

• 能够通过触摸屏查看系统报警或报错信息；

• 能够通过触摸屏设定大中小水果直径阈值、输送带运行方向和运动速度、视觉相机拍照限制次数；

• 能够通过触摸屏确认系统报警或错误提醒信息。

（2）系统手动运行功能

• 能够通过触摸屏手动控制工业机器人工作，比如伺服上电下电、程序启动停止、确认工业机器人报警信息、复位机器人急停报警信息等；

• 能够通过触摸屏手动控制输送带运动，比如正反向点动、以指定速度正反向运行停止等。

（3）系统自动运行功能

• 输送带输送水果，当水果到达检测位置，检测传感器检测到水果到位后，输送带暂停传动；

• PLC 驱动机器视觉相机拍照检测水果大小与位置，并将检测结果发送给 PLC；

• 当 PLC 多次驱动机器视觉相机拍照仍不能正确检测水果数据时，PLC 强制驱动输送带传动，将无法检测的水果丢弃；

• PLC 接收、处理数据后，将数据发送给工业机器人；

• 工业机器人根据接收到的水果位置信息运动到水果实时位置，驱动气动柔性抓手工具抓取水果；

• 工业机器人根据接收到的水果大小数据，将水果分拣入小、中、大三类果箱；

• 当果箱装满后，工业机器人暂停运动，通过与 PLC 通信将更换果箱的要求发送给 PLC；

• 当操作人员更换果箱完毕，在触摸屏上确认果箱更换完毕后，PLC 将果箱更换完毕信息发送给机器人，机器人继续分拣。

二、项目设计

本书以“水果自动分拣工业机器人应用系统”为载体，依据项目规划设计、集成开发的完整、真实过程，根据系统功能要求，将系统规划、设备选型、资源分配、电气图绘制、硬件安装测试、工业机器人程序设计编写调试、机器视觉应用程序开发、PLC 控制程序设计编写调试、工业网络数据通信、人机界面系统设计组态测试等任务，设计成 6 个教学项目，教学项目设计如图 0-1-4 所示。

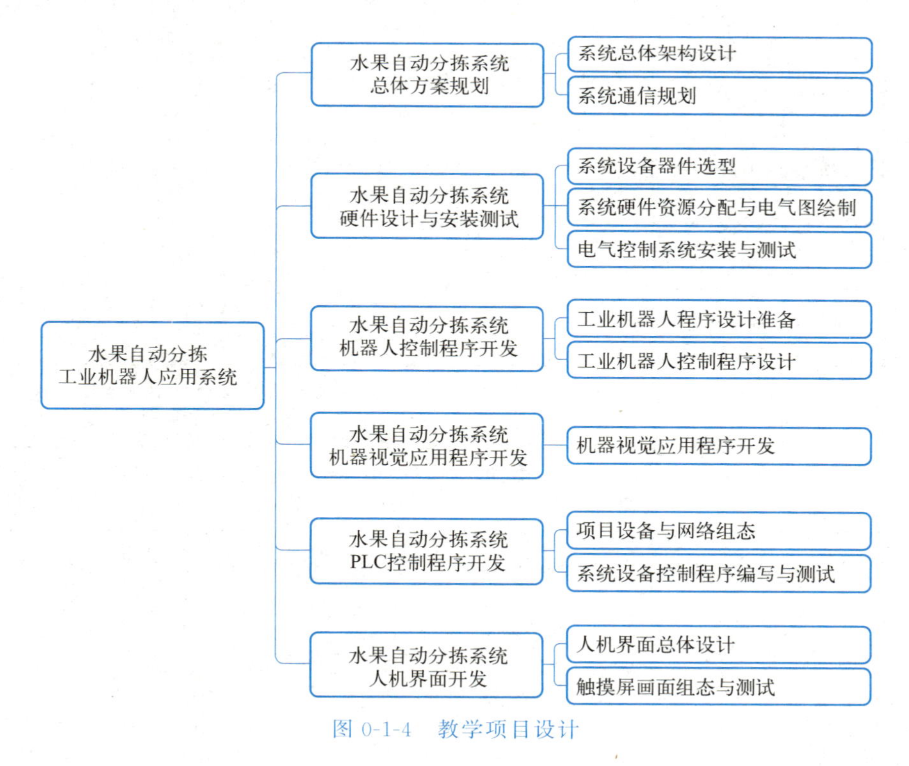

图 0-1-4　教学项目设计

三、课程思政设计

本书将立德树人作为根本任务，以培养德智体美劳全面发展的社会主义建设者和接班人为宗旨，坚持以学生为中心，注重学思结合、知行统一，增强学生勇于探索的创新精神、善于解决问题的实践能力。设计了系统化的课程思政教育内容，使学生在学习知识、提升技能的同时，实现价值引领、精神塑造，发挥课程的育人功效。采用

案例渗透、专题嵌入、提炼引申、体验探究等融入方法，全面挖掘、提炼蕴含于教材内容中的思政元素，主要涵盖了爱国主义、核心意识、法治意识、工匠精神、职业素养等内容，实现教材德育的隐性渗透，为教师和学生开展课程思政教育提供了双向参考借鉴。本书课程思政总体教学设计如表 0-1-1 所示。

表 0-1-1　课程思政总体教学设计

序号	项目名称	任务名称	融入点	思政元素
1	项目一 水果自动分拣系统总体方案规划	系统总体架构设计	系统总体架构设计	爱国、爱党——核心意识
2		系统通信规划	系统通信规划	职业素养、优秀文化——规范意识
3	项目二 水果自动分拣系统硬件设计与安装测试	系统设备器件选型	系统设备器件选型	爱集体——友善精神、团队协作
4		系统硬件资源分配与电气图绘制	系统硬件资源分配、电气图绘制	职业素养——规范严谨、求真务实
5		电气控制系统安装与测试	电气控制系统接线测试	安全意识、标准意识、职业责任感、工匠精神、团队精神
6	项目三 水果自动分拣系统机器人控制程序开发	工业机器人程序设计准备	工业机器人工具坐标系示教	职业素养——精益求精
7		工业机器人控制程序设计	工业机器人控制程序设计	职业素养——团队协作
8	项目四 水果自动分拣系统机器视觉应用程序开发	机器视觉应用程序开发	开发视觉应用程序	爱国、服务社会
9	项目五 水果自动分拣系统PLC 控制程序开发	项目设备与网络组态	项目设备与网络组态	团队协作精神、履职尽责、培养责任感
10		系统设备控制程序编写与测试	系统设备控制程序编写	职业素养——不畏困难，坚持不懈的探索精神
11	项目六 水果自动分拣系统人机界面开发	人机界面总体设计	画面模板设计	优秀文化——虚心学习、取长补短
12		触摸屏画面组态与测试	人机界面调试	团队合作

四、岗课赛证融合设计

“岗课赛证”综合育人是新时代高职院校体现职业教育类型特色、提高人才培养质量的重要举措。“工业机器人应用系统集成”课程是工业机器人技术专业的专业核心课程。职业教育工业机器人技术专业国家专业标准中明确指出，工业机器人技术专业要培养能够从事工业机器人应用系统集成工作的高素质技术技能人才。

本书以综合提升学生在工业机器人操作编程、工业机器人系统设计与集成、工业

机器人运行维护、工业机器人系统售后技术服务等岗位（群）就业所需核心能力为目标，以工业机器人应用系统集成开发的完整工作过程为主线，教学内容中融入全国职业院校技能大赛“机器人系统集成应用技术”赛项相关知识、技术技能、职业标准、技术标准，内容对接“工业机器人集成应用（高级）”职业技能等级标准，由此岗课赛证融通，为综合育人目标达成打下基础。本书岗课赛证融合设计如表 0-1-2 所示。

表 0-1-2　岗课赛证融合设计

序号	项目名称	任务名称	岗位(群)核心能力	赛项相关知识与技术技能要求	职业技能等级证书技能要求
1	项目一 水果自动分拣系统总体方案规划	系统总体架构设计	具备工业机器人系统方案设计能力	依照实际加工工序及工艺要求，设计硬件单元的布局形式，规划控制系统的层级拓扑结构，制定后续功能设计方案和调试流程	能根据任务要求设计工作站方案
2		系统通信规划	具备工业机器人应用系统通信规划与配置的能力		
3	项目二 水果自动分拣系统硬件设计与安装测试	系统设备器件选型	具备工业机器人系统设备器件选型能力	参照机械及电气操作规范，完成硬件设备的拼接和电路、气路、通信线路的接线及故障排除	能进行工作站设备选型
4		系统硬件资源分配与电气图绘制	具备工业机器人系统电气图识读与绘制能力		①能绘制工作站原理图 ②能识读工作站技术文件
5		电气控制系统安装与测试	具备工业机器人应用系统安装调试能力		能装配工业机器人工作站
6	项目三 水果自动分拣系统机器人控制程序开发	工业机器人程序设计准备	具备工业机器人现场编程、离线编程能力 具备工业机器人系统故障诊断、维护维修能力	利用编程指令，完成 Robot 控制程序的设计和编程，使工业机器人完成所需的动作要求	①能进行工业机器人参数设置与手动操作 ②能标定与验证工业机器人坐标系 ③能配置与操作工业机器人通信模块
7		工业机器人控制程序设计			能根据控制要求，进行工业机器人高级编程
8	项目四 水果自动分拣系统机器视觉应用程序开发	机器视觉应用程序开发	具备机器视觉等智能器件编程能力	利用适当的检测模板和条件，完成 CCD 检测条件的设置和优化，实现对目标产品不同特征的检测反馈	①能完成视觉系统的安装的调整 ②能根据应用场景进行视觉系统参数设置 ③能进行视觉系统编程，识别工件参数

续表

序号	项目名称	任务名称	岗位（群）核心能力	赛项相关知识与技术技能要求	职业技能等级证书技能要求
9	项目五 水果自动分拣系统PLC控制程序开发	项目设备与网络组态	具备工业机器人应用系统通信规划与配置的能力	利用不同的工业网络通信协议，实现PLC、Robot、CNC、CCD、PC和分布式IO的实时通信	①能进行工作站系统控制程序的编写、调试、优化 ②能进行常用电机参数设置 ③能应用通信指令，实现工业机器人与周边设备的协同 ④能编制工艺设备协同运行程序
10		系统设备控制程序编写与测试	具备智能传感器、可编程控制器等智能器件编程能力	根据控制要求，利用适当的编程指令，完成PLC控制程序的设计和编程，实现对执行元件如伺服电机、气缸、传感器、分布式IO等设备的控制	
11	项目六 水果自动分拣系统人机界面开发	人机界面总体设计	具备工业机器人应用系统人机界面组态设计能力	利用成熟的工业软件，实现对不同控制器、执行设备、传感器的运行状态监控	①能进行系统人机界面设计组态 ②能根据系统功能要求进行触摸屏画面设计编程开发 ③能应用上位机软件进行数据采集和参数配置
12		触摸屏画面组态与测试	具备机电设备数据采集、状态监控、设备管控能力		

五、教学评价设计

本书教学评价由学生学习评价＋教学评价两部分组成。

学生学习评价覆盖所有项目，由总到分，逐步细化。首先由总项目细分到各个分项目，再由各个分项目细分到各个任务，最后由各个任务细分到各个评价指标点。每个项目根据任务工作量大小设计不同比分，其中项目一占10%、项目二占15%、项目三占20%、项目四占10%、项目五占30%、项目六占15%。在此基础上，每个任务根据工作量大小分配一定的比分，每个项目所有任务比分之和即为该项目在总项目中所占的比分。每个项目所有任务得分之和为该项目得分，所有项目得分之和即为总项目得分。项目任务评价比分如图0-1-5所示。

每个任务均设计了评价表格，设计了职业能力、职业素养、劳动素养和思政素养等4种评价类型，分别赋55分、20分、15分和10分。每种评价类型根据具体任务分别设计具体评价指标点，每个评价指标点均设计了具体分值。每个任务评价都由组内自评、组间互评、教师评价三个评价主体的评分按30%、30%、40%加权求和计算任务得分。每个任务得分确定后按任务在项目中的得分比重计算项目得分，项目得分确定后再按每个项目的得分比重计算完整项目学习的总得分。任务评价评分模型如图0-1-6所示。学生学习评分表电子版见教材数字化资源。

项目一 10%		项目二 15%			项目三 20%		项目四 10%	项目五 30%		项目六 15%	
任务一 5%	任务二 5%	任务一 5%	任务二 5%	任务三 5%	任务一 10%	任务二 10%	任务 10%	任务一 10%	任务二 20%	任务一 5%	任务二 10%

图 0-1-5　项目任务评价比分

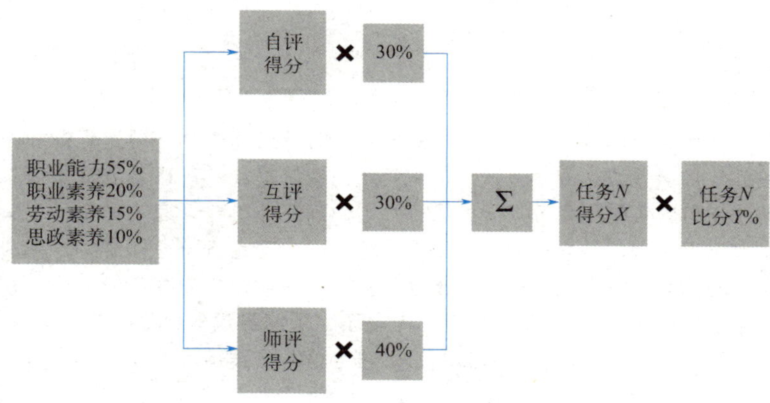

图 0-1-6　任务评价评分模型

教学评价同样覆盖所有项目，由总到分，逐步细化。首先由完整项目细分到各个分项目。每个项目根据任务工作量大小设计不同得分比重，同样项目一占 10%、项目二占 15%、项目三占 20%、项目四占 10%、项目五占 30%、项目六占 15%。每个项目的教学评价设计“教学组织”“授课教师”和“授课内容”三类评价对象，每类评价对象均设计具体评价指标，共 20 个评价指标点，每个指标均设计“很满意”、“满意”、“一般”、“不满意”和“很不满意”5 个等级，分别代表 5 分、4 分、3 分、2 分和 1 分，总分 100 分。每个项目教学完成后，所有学生匿名评价教学过程，得出每个项目教学评价得分，最后将每个项目的得分乘以比分求和得出总项目教学评价得分。

项目一

水果自动分拣系统总体方案规划

项目描述

工业机器人应用系统集成项目开发前，需要进行总体方案规划，再实施各项目模块的硬件软件设计、安装接线、程序开发，最终将所有模块集成并进行系统联调。本项目以“水果自动分拣机器人应用系统”为背景，通过熟悉工业机器人应用场景，掌握工业机器人应用系统体系结构，在充分分析系统功能的基础上确定系统总体架构，完成系统结构设计。在全面学习工业机器人输入输出通信种类，可编程控制器通信协议、方式和通信接口的基础上，规划系统设备间通信方式，确定系统各设备间通信方式与通信协议，为后续设备器件选型、设备安装接线以及数据通信编程奠定基础。

项目图谱

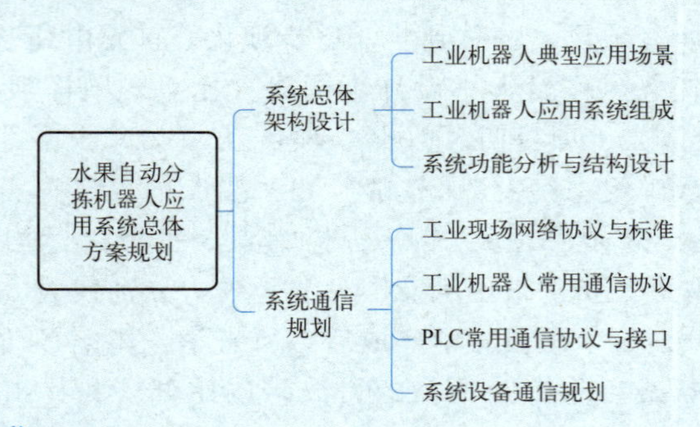

项目要求

根据思政目标要求，实现系统总体方案的不断优化完善，从而养成精益求精、追求卓越的工匠精神。

按照“工业机器人应用系统集成”职业技能等级证书考核大纲中相应的系统架构设计和通信规划要求，完成项目任务，养成规范严谨的职业素养。

通过熟悉工业机器人应用现状、掌握工业机器人应用系统体系结构、明确工业机器人通信种类、全面认识可编程控制器通信等任务实施中信息的查找、文献检索与阅读，以及信息选取与整合，提升信息获取和知识运用能力。

通过系统功能分析、结构设计、系统设备通信规划等任务实施，全面掌握工业机器人应用系统总体方案规划、设计方法，提升方案设计规划的能力。

通过团队成员分工合作，共同完成项目任务，提升团队合作意识和组织沟通协调能力。

任务一 系统总体架构设计

任务目标

① 熟悉工业机器人应用领域及相关工作任务。
② 熟悉工业机器人应用系统组成及在系统中所起作用。
③ 会进行工业机器人应用系统的需求分析。
④ 能根据工业机器人应用系统功能需求，分析系统组成，设计系统架构。

任务要求

① 课前自主学习知识准备部分内容，在线检索工业机器人应用案例，熟悉案例中工业机器人应用系统功能、系统组成、机器人工作任务、人机界面功能等，尽可能详细。
② 课中首先交流工业机器人应用案例检索熟悉情况，以视频、PPT、图片、文字等多种方式全面介绍；然后交流在知识准备部分学习过程中存在的疑问，以同学互动、教师指导等方式进行。
③ 分析水果自动分拣工业机器人应用系统功能，解析系统组成，手绘系统结构草图，并根据软件使用熟练情况自主选择画图板、Word、PPT、Visio 等软件绘制系统结构框图，建议采用 Visio 软件绘制。
④ 任务完成后，以组为单位交流设计成果，根据任务评价表中具体指标组内自评、组间互评和教师评价，并就任务完成情况总结反思。
⑤ 课后基于任务完成中存在的问题思考解决办法，改进完善系统框架方案，美化系统结构图。
⑥ 完成课后拓展任务，为后续任务做好准备。

知识准备

一、工业机器人典型应用场景

随着“工业 4.0”和“中国制造 2025”的相继提出和不断深化，全球制造业正在向着自动化、集成化、智能化及绿色化方向发展。中国作为全球第一制造大国，以工业机器人为标志的智能制造在各行业中的应用越来越广泛。以下是工业机器人应用的十大场景。

1. 金属成形

金属成形机床是机床工具的重要组成部分，成形加工通常与高劳动强度、噪声污染、金属粉尘等联系在一起，还可能处于高温、高湿甚至有污染的环境中，工作简单枯燥，企业招人困难。工业机器人与成形机床集成，不仅可以解决企业用人问题，还可提高加工效率、精度和安全性，具有很大的发展空间。工业机器人在金属成形领域主要有数控折弯机集成应用、压力机冲压集成应用、热模锻集成应用、焊接应用等几个方面。图 1-1-1 为工业机器人金属成形应用场景。

2. 汽车制造业

在中国，50%的工业机器人应用于汽车制造业，其中50%以上为焊接机器人；在发达国家，汽车工业机器人占机器人总保有量的53%以上。据统计，世界各大汽车制造厂，年产每万辆汽车所拥有的机器人数量为10台以上。

随着机器人技术的不断发展和日臻完善，工业机器人必将对汽车制造业的发展起到极大的促进作用。而中国正由制造大国向制造强国迈进，需要提升加工手段，提高产品质量，增加企业竞争力，这一切都预示机器人的发展前景巨大。图1-1-2为工业机器人汽车制造应用场景。

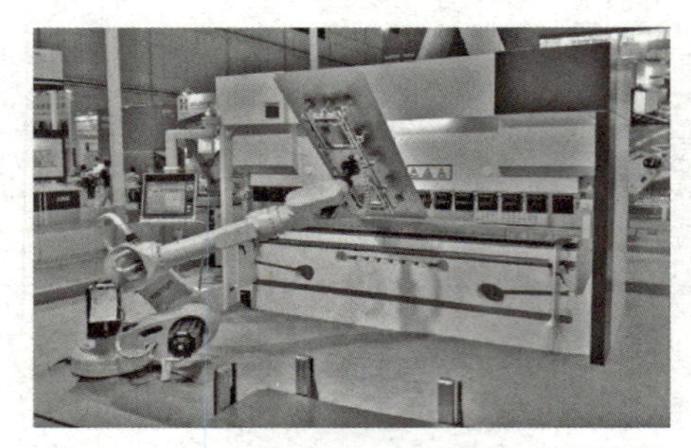

图1-1-1　工业机器人金属成形应用场景

图1-1-2　工业机器人汽车制造应用场景

3. 电子电气行业

工业机器人在电子类的IC、贴片元器件领域的应用均较普遍。目前世界工业界装机最多的工业机器人是SCARA型四轴机器人，第二位是串联关节型垂直六轴机器人。全球工业机器人装机量的一半都是这两种工业机器人。

在手机生产领域，视觉机器人，例如分拣装箱、撕膜系统、激光塑料焊接、高速四轴码垛机器人等适用于触摸屏检测、擦洗、贴膜等一系列流程的自动化系统。图1-1-3为工业机器人电子电气行业应用场景。

4. 橡胶塑料工业

从汽车和电子工业到消费品和食品工业都有塑料的身影。塑料原材料通过注塑机和工具被加工成精细耐用的成品或半成品，这个过程往往少不了工业机器人。

工业机器人不仅适用于净室环境标准下作业，也可在注塑机旁完成高强度作业，提高各种工艺的经济效益。工业机器人的快速、高效、灵活、结实耐用及承重力强等优势，确保塑料企业在市场中的竞争优势。图1-1-4为工业机器人橡胶塑料工业应用场景。

图1-1-3　工业机器人电子电气行业应用场景

图1-1-4　工业机器人橡胶塑料工业应用场景

5. 铸造冶金行业

铸造行业的作业使工人和机器遭受沉重负担，因为他们需要在高污染、高温、重力等极端的工作环境下进行多班作业。因此，绿色铸造被越来越多的企业所重视和推行。

铸造业的浇注、搬运、清理、码垛等工作，都能应用工业机器人来改善工作环境，提高工作效率、产品精度和质量，降低成本，减少浪费，并可获得灵活且高速持久的生产流程，满足绿色铸造的特殊要求。

工业机器人在冶金行业的主要工作范围包括钻孔、铣削、切割以及折弯和冲压等加工过程。此外它还可以缩短焊接、安装、装卸料过程的工作周期并提高生产率。图 1-1-5 为工业机器人铸造冶金行业应用场景。

图 1-1-5　工业机器人铸造冶金行业应用场景

6. 食品行业

食品产品趋向精致化和多元化方向发展，单品种大批量的产品越来越少，而多品种小批量的产品日益成为主流。国内食品生产厂的大部分包装工作，特别是较复杂的包装物品的排列、装配等工作基本上是人工操作，难以保证包装的统一和稳定，可能造成对被包装产品的污染。而机器人的应用能够有效避免这些问题，通过把传感器技术、人工智能和机器人制造等多项高技术集成起来，使机器人系统能自动顺应产品加工中的各种变化，真正实现智能化控制。

工业机器人在食品中的应用主要集中于几种类型：包装机器人、拣选机器人、码垛机器人、加工机器人。目前已经开发出的食品工业机器人有包装罐头机器人、自动午餐机器人和切割牛肉机器人等。图 1-1-6 为工业机器人食品行业应用场景。

图 1-1-6　工业机器人食品行业应用场景

7. 化工行业

化工行业是工业机器人的主要应用领域之一。现代化工产品要求精密化、高纯度、高质量和微型化，生产环境要求洁净，因为洁净技术直接影响着产品的合格率。因此，在化工领域，随着未来更多的化工生产场合对于环境清洁度的要求越来越高，洁净机器人将会得到进一步的应用，因此其具有广阔的市场空间。

8. 玻璃行业

玻璃包括空心玻璃、平面玻璃、管状玻璃，还包括玻璃纤维，现代化、高科技的玻璃纤维是电子和通信、化学、医药和化妆品工业中非常重要的组成部分。而且如今它对于建筑工业和其他工业分支来说也是不可或缺的。对于洁净度要求非常高的玻璃，工业机器人是最好的选择。图 1-1-7 为工业机器人玻璃行业应用场景。

图 1-1-7　工业机器人玻璃行业应用场景

9. 家用电器行业

家电行业对经济性和生产率的要求越来越高。降低工艺成本、提高生产效率成为重中之重，自动化解决方案可以优化家用电器的生产过程。无论是批量生产洗衣机滚筒还是给浴缸上釉，使用机器人可以更经济有效地完成生产、加工、搬运、测量和检验工作。它可以连续可靠地完成生产任务，无须经常将沉重的部件中转，由此可以确保生产流水线的物料流通顺畅，而且始终保持恒定高质量。图 1-1-8 为工业机器人家电生产应用场景。

图 1-1-8　工业机器人家电生产应用场景

10. 烟草行业

工业机器人在我国烟草行业的应用最早出现在 20 世纪 90 年代中期，玉溪卷烟厂

采用工业机器人对其卷烟成品进行码垛作业，用 AGV（自行走小车）搬运成品托盘，节省了大量人力，减少了烟箱破损，提高了自动化水平。图 1-1-9 为工业机器人烟草搬运应用场景。

图 1-1-9　工业机器人烟草搬运应用场景

搜一搜：

搜索工业机器人典型应用场景，了解工业机器人在这些场景中具体完成哪些任务。

二、工业机器人应用系统组成

工业机器人应用系统是指使用一台或多台工业机器人，配备相应的外围设备，用以完成某一特定工序作业的独立生产系统，或称为工业机器人工作单元。它主要由工业机器人、末端执行器、检测装置、核心控制器、人机界面、外围设备组成。

1. 工业机器人

工业机器人是一种专门设计用于自动化生产和制造过程的机器设备。它们被程序化地用来执行各种任务，从简单的物料搬运到复杂的装配和加工。通常由多个关节构成的机械臂是工业机器人的标志，这些关节使其能够在三维空间内移动，并执行精确和重复的动作。

这些机器人的操作可以由预先编制的程序或传感器反馈来控制。随着技术的进步，工业机器人越来越具备自主性和智能化，能够适应不同的环境和任务。它们在制造业中扮演着关键角色，提高了生产效率、产品质量和安全性。

2. 末端执行器

工业机器人的末端执行器是一个安装在移动设备或者机器人手臂上，使其能够拿起一个对象，并且具有处理、传输、夹持、放置和释放对象（到一个准确的离散位置）等功能的机构。

工业机器人末端执行器可能包含机器人抓手、机器人工具快换装置、机器人碰撞传感器、机器人旋转连接器、机器人压力工具、机器人喷涂枪、机器人毛刺清理工具、机器人弧焊焊枪、机器人电焊焊枪等。

机器人末端执行器的种类很多，以适应机器人的不同作业及操作要求。机器人末

端执行器可分为：搬运用末端执行器、加工用末端执行器。

搬运用末端执行器是指各种夹持装置，用来抓取或吸附被搬运的物体。

加工用末端执行器是带有喷枪、焊枪、砂轮、铣刀等加工工具的机器人附加装置，用来进行相应的加工作业。

图 1-1-10 为工业机器人气动柔性抓手工具和焊枪工具。

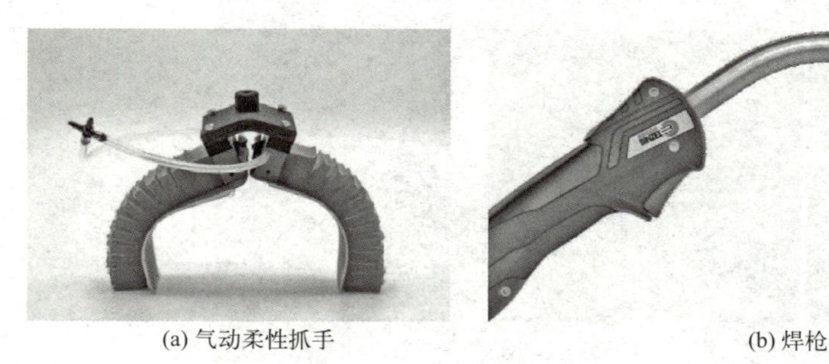

(a) 气动柔性抓手　　(b) 焊枪

图 1-1-10　末端执行器

3. 检测装置

检测装置所起的作用主要是获得反馈。检测（测量）装置主要是传感器。传感器是一个能把物理量、化学量、生物量等转换变成便于利用的电信号的器件。

视觉：工业相机、光电传感器、位置传感器、行程测量传感器等，如图 1-1-11 所示。

(a) 工业相机

(b) 光电传感器

(c) 位置传感器

图 1-1-11　视觉传感器

听觉：RFID、超声波传感器等。

触觉：压力传感器、电感式传感器、电容式传感器、磁敏式传感器等。

味觉：化学类传感器、离子传感器等。

图 1-1-12 所示分别为超声波传感器、压力传感器和离子传感器。

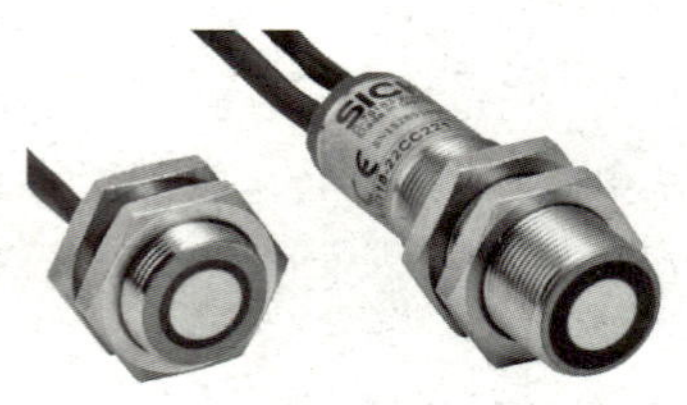

(a) 超声波传感器

(b) 压力传感器

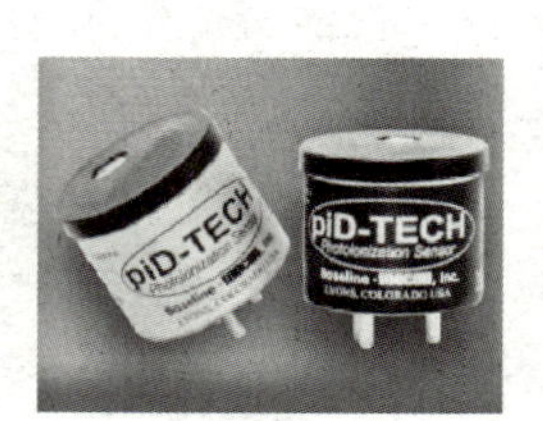

(c) 离子传感器

图 1-1-12　传感器

嗅觉：气体传感器，如图 1-1-13 所示。

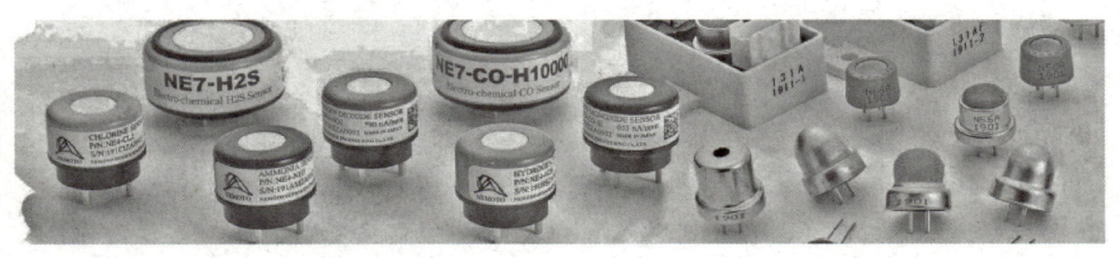

图 1-1-13　电化学式气体传感器

4. 核心控制器

核心控制器的主要作用是进行信号采集，数据转换、运算、处理、发送及本地控制。工业机器人应用系统一般使用可编程逻辑控制器作为控制器。

可编程逻辑控制器（programmable logic controller，PLC），是一种具有微处理器的用于自动化控制的数字运算控制器，可以将控制指令随时载入内存进行储存与执行。可编程控制器由 CPU、指令及数据内存、输入/输出接口、电源、数字模拟转换等功能单元组成。

可编程控制器在工业机器人应用系统中是核心的控制器，负责采集数据并控制其他部件的工作，控制整个系统运行。

图 1-1-14 为西门子 1200PLC 及扩展模块。

图 1-1-14　西门子 1200PLC 及扩展模块

5. 人机界面

人机界面（human machine interface，HMI），也叫人机接口，是交互和信息交换的媒介。人机界面连接可编程序控制器（PLC）、变频器、直流调速器、仪表等工业控制设备，利用显示屏显示，通过输入单元（如触摸屏、键盘、鼠标等）写入工作参数或输入操作命令，实现人与机器的信息交互，由硬件和软件两部分组成。

工业机器人应用系统中常用触摸屏作为人机交互界面设备，触摸屏是众多人机界面设备中的一类。触摸屏（touch panel）又称为“触控屏”“触控面板”，是一种可接收触头等输入信号的感应式液晶显示装置，当接触了屏幕上的图形按钮时，屏幕上的触觉反馈系统可根据预先编程的程式驱动各种连接装置，可用以取代机械式的按钮面板，并借由液晶显示画面制造出生动的效果。

图 1-1-15 为西门子触摸屏和 MCGS 触摸屏。

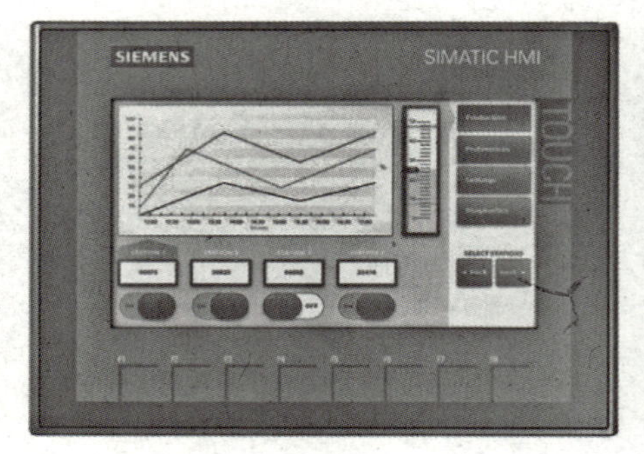

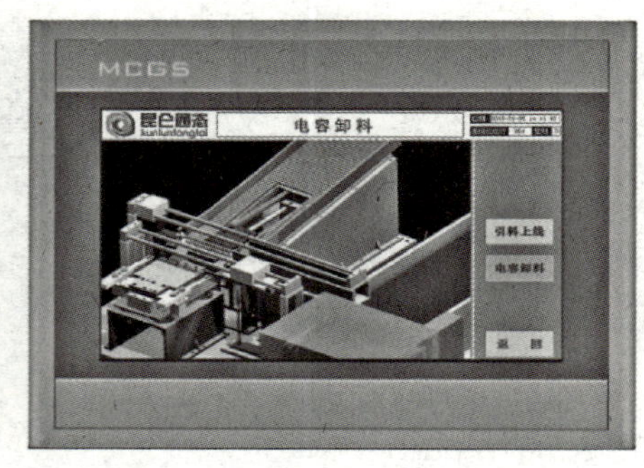

图 1-1-15　西门子触摸屏和 MCGS 触摸屏

6. 外围设备

工业机器人外围设备是指可以附加到工业机器人系统中，用来加强机器人功能的设备。这些设备是除了工业机器人本身的执行机构、控制器、作业对象和环境之外的其他设备与装置，如用于定位、装卡工件的工装，用于保证机器人和周围设备通信的装置等。

在一般情况下，灵活性高的工业机器人，其外围设备较简单，可适应产品型号的变化；反之，灵活性低的工业机器人，其外围设备较复杂，当产品型号改变时，就需要付出高额的投资更换外围设备。

外围设备的功能必须与机器人的功能相协调，包括定位方法、夹紧方式、动作速度等，应根据作业要求确定机器人的外围设备，如表 1-1-1 所示。单一机器人是不可能有效工作的，它必须与外围设备共同组成一个完整的机器人系统才能发挥作用。

表 1-1-1　工业机器人外围设备

作业内容	工业机器人种类	主要外围设备
压力机上的装卸作业	固定程序式	传送带、送料机、升降机、定位装置、取出工件装置、真空装置、切边压力机等
切削加工的装卸作业	可编程式 示教再现式	传送带、上下料装置、定位装置、翻送装置、专用托板夹持与传输装置等
压铸时的装卸作业	固定程序式 示教再现式	浇注装置、冷却装置、切边压力机、胶膜剂涂敷装置、工件检测等
喷涂作业	示教再现式 连续轨迹控制	传送带、工件检测、喷涂装置、喷枪等
点焊作业	示教再现式 点位控制	焊接电源、计时器、次级电缆、焊枪、异常电流检测装置、工具修整装置、焊透性检测、车型检测与辨别、焊接夹具、传送带、夹紧装置等
弧焊作业	示教再现式 连续轨迹控制	弧焊装置、焊丝进给装置、焊枪、气体检测、焊丝余量检测、焊接夹具、位置控制器、夹紧装置等

搜一搜：

搜一搜工业机器人应用案例，熟悉案例中工业机器人应用系统功能、系统组成、机器人工作任务、人机界面功能等。

工作任务单

“工业机器人应用系统集成”工作任务单

工作任务			
小组名称		小组成员	
工作时间		完成总时长	
工作任务描述			

小组分工	姓名	工作任务

任务执行结果记录

序号	工作内容	完成情况	操作员

任务实施过程记录

验收评定		验收签名	

任务实施

系统功能分析与结构设计

我国是水果种植面积和产量大国，但是存在水果等级分拣能力低，大部分以人工进行分拣，分拣成本高、分拣效率低等问题。本系统以水果的大小特性作为分拣等级标准，主要分拣苹果、梨、橘子等球形水果，通过触摸屏界面设定大、中、小三种水果的直径参数，采用输送带传送水果，在输送带上固定位置设置检测传感器与工业相机，当传感器检测到水果输送带暂停传动时，启动机器视觉拍照测量水果直径、读取水果位置坐标，并将结果传送给工业机器人，工业机器人根据检测结果确定水果等级、抓取水果位置与分拣放置位置，最后通过执行对应轨迹程序，使用柔性抓手工具抓取水果，放入相应果箱，完成分拣。

视频 1.1 绘制系统结构图

根据上述系统功能分析，本系统由工业机器人、气动柔性抓手、空气压缩机、输送带、检测传感器、机器视觉、可编程逻辑控制器、伺服驱动器、伺服电机、触摸屏等部分组成，整个系统所有数据采集、设备通信、运动控制都以可编程控制器为核心，绘制系统结构如图 1-1-16 所示。

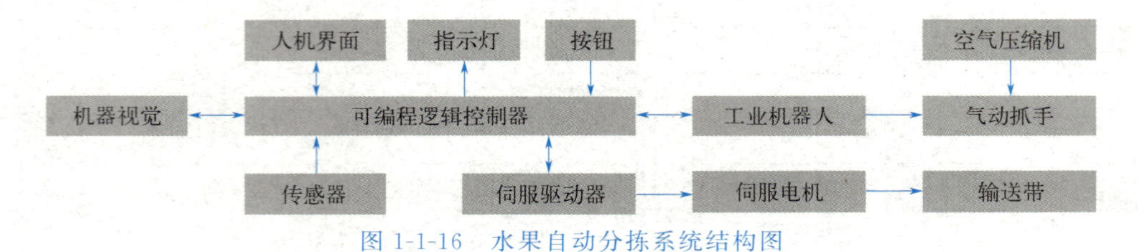

图 1-1-16　水果自动分拣系统结构图

【思考感悟】 可编程逻辑控制器在系统中处于核心地位控制整个系统，机器视觉、工业机器人、伺服驱动系统、人机界面、传感器分工合作，共同实现系统功能，体现了核心意识和团队协作精神。	谈一谈你的感想。

思政故事 1　汽车生产线上的协同交响：核心引领与团队奋进

任务评价

任务评价表

评价类型	赋分	序号	具体指标	分值	得分		
					自评	组评	师评
职业能力	55	1	能准确描述工业机器人应用系统典型应用场景	5			
		2	能准确描述工业机器人应用系统主要组成部件	10			
		3	能准确描述系统主要部件在系统中所起作用	10			
		4	能根据水果自动分拣工业机器人应用系统功能需求，分析出系统组成	10			
		5	能熟练使用绘图软件绘制系统结构框图	10			
		6	能提出具有可行性的项目功能创新点	10			
职业素养	20	7	坚持出勤，遵守纪律	5			
		8	协作互助，解决难点	5			
		9	按照标准规范操作	5			
		10	持续改进优化	5			
劳动素养	15	11	按时完成，认真填写记录	5			
		12	保持工位卫生、整洁、有序	5			
		13	小组团队分工、合作、协调	5			
思政素养	10	14	完成思政素材学习	4			
		15	规范化标准化意识（文档、图样）	6			
综合得分			—	100			

总结反思

目标达成	知识		能力		素养	
学习收获						
问题反思						
教师寄语						

任务拓展

1. 优化完善

根据任务评价结果，在对比其他团队任务完成情况的基础上总结反思，对系统结构图进一步优化完善，将完善后的系统结构图粘贴于“拓展任务表”中。

2. 改进创新

针对任务评价表中提出的“具有可行性的项目功能创新点”，对系统结构进一步改进，并将改进后的系统结构图粘贴于“拓展任务表”中。

拓展任务表

任务优化完善
任务改进创新

任务二 系统通信规划

任务目标

① 熟悉工业现场常用的现场总线、工业以太网和工业无线网络协议和标准。
② 熟悉工业机器人常用通信接口及支持的通信协议。
③ 熟悉可编程控制器常用通信接口及支持的通信协议。
④ 能确定系统各设备间通信方式与通信协议。

任务要求

① 课前自主学习知识准备部分内容，并在线检索工业机器人通信、可编程控制器通信、机器视觉通信、人机界面通信、伺服驱动系统通信等工业机器人应用系统涉及设备的常用接口及通信协议等内容。
② 课中首先交流知识准备部分学习情况，以视频、 PPT、图片、文字等多种方式全面介绍；然后交流在知识准备部分学习过程中存在的疑问，以同学互动、教师指导等方式进行。
③ 分析水果自动分拣工业机器人应用系统各功能部件可以采用的能够实现系统通信要求的通信方式，基于系统结构图规划系统通信方式，在尽可能多的产品调研的基础上确定一套可行方案，完成系统通信方式规划，绘制系统通信规划图。
④ 任务完成后，以组为单位交流设计成果，根据任务评价表中具体指标组内自评、组间互评和教师评价，并就任务完成情况总结反思。
⑤ 课后基于任务完成中存在的问题思考解决办法，改进完善系统通信方案，美化系统结构图。
⑥ 完成课后拓展任务，为后续任务做好准备。

知识准备

一、工业现场网络协议与标准

工业现场网络连接工控设备，完成工业生产控制任务。经过多年的发展，工业现场网络形成了现场总线、工业以太网和工业无线网络等多种类型。典型的现场总线协议有 Modbus RTU、PROFIBUS、HART 等；工业以太网的代表性协议有 PROFINET、EtherNet/IP、Modbus TCP、EtherCAT、POWERLINK、EPA、Sercos Ⅲ等；WIA-PA、WirelessHART、ISA100.11a 则是主流的三种工业无线网络标准。近年来，现场总线的市场份额逐渐被工业以太网占据，工业以太网和工业无线网络的应用越来越广泛。

1. 现场总线

过去，人们在串行接口上进行工业通信，这些接口最初由不同的公司创建，后来都成为标准，于是市场上涌现出很多不同的标准。由于这些标准背后都有大型企业支

持，因此工业自动化设备公司需要在一个工业系统内实施多种协议。由于工业系统的生命周期长，因此，包括PROFIBUS、CAN总线、Modbus和CC-Link在内的很多包含主从配置的基于串行的协议现在仍然非常流行。

(1) PROFIBUS

PROFIBUS是世界上较为成功的现场总线技术，广泛部署于包括工厂和过程自动化在内的工业自动化系统中。PROFIBUS可提供针对过程数据和辅助数据的数字通信，速度高达12Mb/s，并支持多达126个地址。PROFIBUS-DP用于传感器和执行器级的高速数据传输。它以DIN19245的第一部分为基础，根据其所需要达到的目标对通信功能加以扩充，DP的传输速率可达12Mb/s，一般构成单主站系统，主站、从站间采用循环数据传输方式工作。多主站采用令牌传输方式。它的设计旨在用于设备一级的高速数据传输。在这一级，中央控制器（如PLC/PC）通过高速串行线同分散的现场设备（如I/O、驱动器、阀门等）进行通信，同这些分散的设备进行数据交换多数是周期性的。

(2) 控制器局域网络（CAN）

CAN（controller area network）是由以研发和生产汽车电子产品著称的德国BOSCH公司开发的，并最终成为国际标准（ISO 11898），是国际上应用最广泛的现场总线之一。在北美和西欧，CAN总线协议已经成为汽车计算机控制系统和嵌入式工业控制局域网的标准总线协议，并且拥有以CAN为底层协议专为大型货车和重工机械车辆设计的J1939协议。

它可为串行通信提供物理层和数据链路层，速度高达1Mb/s。CANopen和DeviceNet是CAN总线之上更高级别的标准化协议，可与相同工业网络中的设备实现互操作性。CANopen在网络中支持127个节点，而DeviceNet在同一个网络中支持64个节点。

(3) Modbus RTU

Modbus RTU是一种简单而强大的串行总线，它公开发布，不收专利费，在链路中可连接多达247个节点。Modbus易于实施并在RS-232或RS-485物理链路上运行，速度高达115000波特。Modbus协议是一个Master/Slave架构的协议。有一个节点是Master节点，其他使用Modbus协议参与通信的节点是Slave节点。每一个Slave设备都有一个唯一的地址。在串行和MB+网络中，只有被指定为主节点的节点可以启动一个命令。一个Modbus命令包含了打算执行的设备的Modbus地址。所有设备都会收到命令，但只有指定位置的设备会执行及回应指令（地址0例外，指定地址0的指令是广播指令，所有收到指令的设备都会运行，不过不回应指令）。所有的Modbus命令都包含了检查码，以确定到达的命令没有被破坏。基本的Modbus命令能指令一个RTU改变它的寄存器的某个值，控制或者读取一个I/O端口，以及指挥设备回送一个或者多个其寄存器中的数据。

(4) CC-Link

CC-Link是control&communication link（控制与通信链路系统）的缩写，在1996年11月，由以三菱电机为主导的多家公司推出。

CC-Link在亚洲是一种流行的开放式架构工业网络协议。CC-Link基于RS-485，可连接同一网络中的多达64个节点，速度高达10Mb/s。CC-Link数据容量大，通信速度多级可选择，而且它是一个以设备层为主的网络，同时也可覆盖较高层次的控制层和较低层次的传感层。一般情况下，CC-Link 整个一层网络可由 1 个主站和 64 个从站组成。CC-Link 的底层通信协议遵循 RS-485，一般情况下，CC-Link 主要采用广播-轮询的方式进行通信，CC-Link 也支持主站与本地站、智能设备站之间的瞬间通信。

谈一谈：

对比各现场总线，谈谈各个现场总线的优点和不足有哪些？

2. 工业以太网通信协议

以太网无处不在，并且具有成本效益，它采用公共物理链路且速度更快。正因如此，多种工业通信协议正转移到基于以太网的解决方案上。支持 TCP/IP 的以太网通信通常具有不确定性，反应时间通常约为 100ms。工业以太网协议使用经过修改的介质访问控制（MAC）层来实现非常低的延迟和确定性响应。以太网还使系统具备灵活的网络拓扑和灵活的节点数量。

（1）EtherCAT

EtherCAT（以太网控制自动化技术）是一个开放架构，是以以太网为基础的现场总线系统，其名称的 CAT 为控制自动化技术（control automation technology）英文首字母的缩写。EtherCAT 是确定性的工业以太网，最早是由德国的 Beckhoff 公司研发的。

自动化对通信的要求是较短的资料更新时间（或称为周期时间）、资料同步时的通信抖动量低，而且硬件的成本要低，EtherCAT 开发的目的就是让以太网可以运用在自动化系统中。

EtherCAT 支持高速数据包处理并可为自动化应用提供实时以太网，它还为从大型 PLC 直至 I/O 和传感器级别的整个自动化系统提供可扩展的连接。

（2）EtherNet/IP

EtherNet/IP 指的是“以太网工业协议”（Ethernet industrial protocol）。

EtherNet/IP 是最初由 Rockwell 研发的工业以太网协议。与作为 MAC 层协议的 EtherCAT 不同，EtherNet/IP 是 TCP/IP 上的应用层协议。EtherNet/IP 使用标准以太网物理层、数据链路层、网络层和传输层，并使用 TCP/IP 上的通用工业协议（CIP）。CIP 为工业自动化控制系统提供一组通用的消息和服务，可用于多种物理介质。例如，CAN 总线上的 CIP 称为 DeviceNet，专用网络上的 CIP 称为 ControlNet，而以太网上的 CIP 称为 EtherNet/IP。EtherNet/IP 通过一个 TCP 连接、多个 CIP 连接建立从一个应用节点到另一个应用节点的通信，可通过一个 TCP 连接来建立多个 CIP 连接。

EtherNet/IP 使用标准以太网和交换机，因此它在系统中拥有的节点数不受限制。这样，就可以跨工厂车间的多个不同终点部署一个网络。EtherNet/IP 提供完整的生产者-消费者服务，并可实现非常高效的从站对等通信。

EtherNet/IP 兼容多个标准互联网和以太网协议，但其实时和确定性功能比较有限。

EtherNet/IP 同时支持 CIP 的时分的和非时分的消息传输服务。时分的消息交换基于生产者-消费者模型，在这个模型里一个传送者在网络上发送数据并被网络上的

多个设备同时接收到。EtherNet/IP 将以太网的设备以预定义的设备种类加以分类，每种设备有其特别的行为，此外，EtherNet/IP 设备可以：

• 使用用户数据报协议（UDP）的隐式报文传送基本 I/O 资料。

• 使用传输控制协议（TCP）的显式报文上传或下载参数、设定值、程式或配方。

• 使用主站轮询、从站周期性更新或是状态改变（COS）时更新的方式，方便主站监控从站的状态，信息会用 UDP 的报文送出。支持多种通信模式。包括主从（Master/Slaver）、多主（Multi-Master）、对等（Peer-to-Peer），或者三种模式的任意组合。

• 使用一对一、一对多或是广播的方式，用 TCP 的报文送出资料。

（3）PROFINET

PROFINET 由 PROFIBUS 国际组织（PROFIBUS International，PI）推出，是新一代基于工业以太网技术的自动化总线标准。

PROFINET 是一种基于以太网的技术，因此具有和标准以太网相同的一些特性，如全双工、多种拓扑结构等，其速率可达百兆或千兆。另外它也有自己的独特之处，如：能实现实时的数据交换，是一种实时以太网；与标准以太网兼容，可一同组网；能通过代理的方式无缝集成现有的现场总线等。

PROFINET 使用到的三种协议栈。

TCP/IP：TCP/IP 是针对 PROFINET CBA 及工厂调试用的，其反应时间约为 100ms。大多数的 PROFINET 通信是通过没有被修改的以太网和 TCP/IP 包来完成的。这使得人们可以无限制地把办公网络的应用集成到 PROFINET 网络中。

RT：RT（实时）通信协定是针对 PROFINET CBA 及 PROFINET IO 的，其反应时间小于 10ms。RT 的通信不仅使用了带有优先级的以太网报文帧，而且优化掉了 OSI 协议栈的 3 层和 4 层。这样大大缩短了实时报文在协议栈的处理时间，进一步提高了实时性能。由于没有 TCP/IP 的协议栈，所以 RT 的报文不能路由。

IRT：IRT（等时实时）通信协定是针对驱动系统的 PROFINET IO 的，其反应时间小于 1ms。IRT 通信是满足最高的实时要求，特别是针对等时同步的应用。IRT 是基于以太网的扩展协议栈，能够同步所有的通信伙伴并使用调度机制。IRT 通信需要在 IRT 应用的网络区域内使用 IRT 交换机。在 IRT 域内也可以并行传输 TCP/IP 协议包。

以 PROFINET RT 为例来理解在整个通信的过程中实时性能是如何来保证的。从通信的终端设备（PN 控制器和 PN 设备）来看，首先采用了优化的协议栈。这样一来在终端的设备上数据报文被处理的时间大大地缩短，这是实时性能保证的一个方面。其次是终端设备上采用的分时处理机制。这样保证了在每个通信循环的周期内终端设备既可以处理 RT 的实时数据又可以处理 TCP 或 UDP 的数据，且在每个循环内优先处理 RT 的实时数据。

（4）POWERLINK

POWERLINK 最初由 B&R 开发。以太网 POWERLINK 在 IEEE 802.3 上采用，因此可自由选择网络拓扑、交叉连接和热插拔。它使用轮询和时间分片机制来实现实时数据交换。POWERLINK 主站或“托管节点”通过数据包抖动将时间同步控制在数十纳秒范围内。此类系统适用于从 PLC 与 PLC 通信和可视化到运动和 I/O 控制的各种自动化系统。此系统可使用开源堆栈软件，因此实施 POWERLINK 时遇到的障碍很小。此外，CANopen 是标准的构成部分，方便从以前的现场总线协议轻松进行系统升级。

（5）Sercos Ⅲ

Sercos Ⅲ是第三代串行实时通信系统。它结合了高速数据包处理功能，可提供实时以太网和标准 TCP/IP 通信，以打造低延迟工业以太网。

与 EtherCAT 非常相似，Sercos Ⅲ通过快速提取数据并将其插入以太网帧的方法来处理数据包，从而实现低延迟。Sercos Ⅲ将输入数据和输出数据分成两个帧。周期时间从 31.25μs 开始，与 EtherCAT 和 PROFINET IRT 一样快。Sercos Ⅲ支持环形或线形拓扑。使用环形拓扑的一个主要优点是通信冗余，即使因一个从节点故障导致环断开，所有其他从节点仍然可获得包含输入/输出数据的 Sercos Ⅲ帧。Sercos Ⅲ在一个网络中可拥有 511 个从节点，主要用于伺服驱动器控制。

> 谈一谈：
>
> 对比各通信协议，谈谈各个通信协议的优点和不足有哪些？

二、工业机器人常用通信协议

工业机器人在实际项目中经常要配合生产线上的其他动作，并完成整个全自动生产线上的某几个或某些动作，几乎所有工业机器人都需要与 PLC 配合，这就需要用到 PLC 与工业机器人之间的通信。PLC 可以控制机器人去执行动作，机器人完成动作后通知 PLC。通过通信工业机器人可以作为整条生产线上的“一员”，配合生产线上的其他机构完成整个生产任务。

比如 ABB 工业机器人，系统集成了丰富的 I/O 通信接口，支持主流协议，可以轻松地与周边设备通信。

1. DeviceNet 协议

DeviceNet 协议是 ABB 机器人最常用的协议，比如机器人信号板 DSQC652 就是基于 DeviceNet 协议工作的。DeviceNet 协议需要软件选项的支持，协议选项有 709-1 DeviceNet Master/Slave 和 840-4 DeviceNet Anybus Slave。709-1 选项可以支持主站和从站协议，840-4 选项仅支持从站协议。这两种选项都需要对应的硬件支持。

2. PROFINET 协议

ABB 工业机器人支持 PROFINET 软件选项 888-2、888-3、840-3，三个选项在使用上有以下差异：

① 888-2 PROFINET Controller/Device，该选项支持机器人同时作为 Controller（控制器）和 Device（设备），机器人不需要额外的硬件。

② 888-3 PROFINET Device，该选项支持机器人作为 Device（设备），机器人不需要额外的硬件。

③ 840-3 PROFINET Anybus Device，该选项支持机器人作为 Device（设备），机器人需要额外的 Anybus Device 硬件。

3. PROFIBUS 协议

ABB 工业机器人支持 PROFIBUS 协议软件选项有 969-1 和 840-2。两个选项在

使用上有以下差异：

① 969-1 PROFIBUS Controller 选项支持机器人作为 PROFIBUS Controller，机器人需要额外的硬件 PROFIBUS DP Master。

② 840-2 PROFIBUS Anybus Device 选项仅支持机器人作为 PROFIBUS Device 从站，机器人需要额外的 PROFIBUS Anybus Device 硬件。

4. CC-Link 协议

ABB 工业机器人支持 CC-Link 协议，但是需要 DSQC378B 模块的支持。加装了 DSQC378B 模块后，机器人将 DeviceNet 协议转换成 CC-Link 协议。

三、PLC 常用通信协议与接口

PLC 通信是自动化控制领域中非常重要的一部分，能够实现不同设备之间的信息传递和交互，从而协同工作，提高自动化生产系统的效率和智能化程度。

1. PLC 通信协议

PLC 通信协议是用于规范和描述 PLC 设备之间通信协议和数据格式的标准。不同的 PLC 通信协议支持不同的通信方式和数据交换方式。

一般 PLC 都支持 Modbus、PROFIBUS、EtherNet/IP、CAN 等协议。

2. PLC 通信接口

PLC 的接口类型有很多，其中常用接口类型有 RS-232、RS-485、以太网、CAN、PROFIBUS 等。

> 搜一搜：
>
> 通过搜索深入了解各个通信接口，了解各接口的适用场景，熟悉各接口的优点和不足。

工作任务单

"工业机器人应用系统集成"工作任务单

工作任务			
小组名称		小组成员	
工作时间		完成总时长	
工作任务描述			

小组分工	姓名	工作任务

任务执行结果记录

序号	工作内容	完成情况	操作员

任务实施过程记录

验收评定		验收签名	

任务实施

系统设备通信规划

系统设备间通信规划关系到设备间的通信连接方式与数据传输的难易，系统主要器件的选型必须基于系统通信规划进行。

工业机器人通常配备标准 I/O 接口板，可以跟 PLC 进行最基本的 I/O 通信，同时常见品牌的工业机器人和 PLC 也都配有网络接口，可以进行基于网络通信协议的数据通信，所以本系统计划 PLC 与工业机器人的通信以基本 I/O 通信和基于网络通信协议的数据通信相结合的方式进行。

视频 1.2
系统设备
通信规划

同时目前常用的自动化设备，如触摸屏、机器视觉、伺服驱动器等一般都配有标准 RJ45 网线接口，所以本系统中 PLC 与外围设备间的通信也计划以网线通信为主，通过工业交换机将所有设备连通，并尽可能选择相同的通信协议进行数据通信。

基于上述分析与规划，本系统设备间通信规划如图 1-2-1 所示。

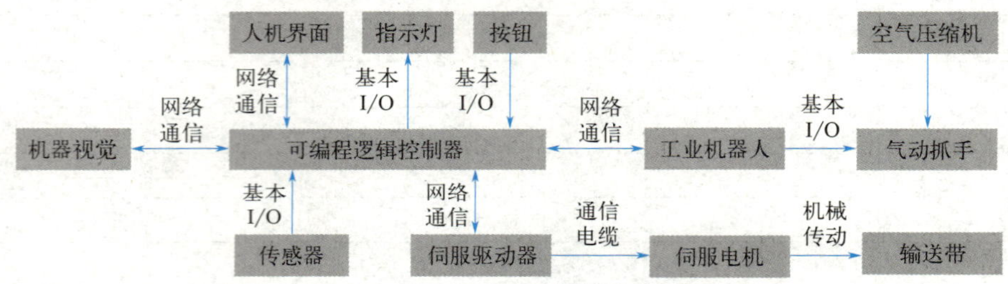

图 1-2-1　系统设备通信规划图

> 练一练：
>
> 针对任务实施过程中提出的“能提出与教材示范方案不同的具有可行性的通信方案”，重新选型、重新规划，绘制系统通信规划图。

任务评价

任务评价表

评价类型	赋分	序号	具体指标	分值	得分		
					自评	组评	师评
职业能力	55	1	能说出工业现场常用通信协议、总线	10			
		2	能说出工业机器人一般集成哪些通信接口、支持哪些通信协议	10			
		3	能说出可编程控制器一般集成哪些通信接口、支持哪些通信协议	10			
		4	能根据系统组成完成系统通信规划	10			
		5	能熟练绘制系统通信规划图	5			
		6	能提出与教材示范方案不同的具有可行性的通信方案	10			
职业素养	20	7	坚持出勤，遵守纪律	5			
		8	协作互助，解决难点	5			
		9	按照标准规范操作	5			
		10	持续改进优化	5			
劳动素养	15	11	按时完成，认真填写记录	5			
		12	保持工位卫生、整洁、有序	5			
		13	小组团队分工、合作、协调	5			
思政素养	10	14	完成思政素材学习	4			
		15	规范化标准化意识（文档、图样）	6			
综合得分			—	100			

总结反思

目标达成	知识		能力		素养	
学习收获						
问题反思						
教师寄语						

任务拓展

1. 优化完善

根据任务评价结果，在组间比拼的基础上总结反思，对系统通信规划进一步优化完善，将完善后的系统通信规划图粘贴于“拓展任务表”中。

2. 改进创新

针对任务评价表中提出的“能提出与教材示范方案不同的具有可行性的通信方案”，重新选型、重新规划，绘制系统通信规划图，粘贴于“拓展任务表”中。

拓展任务表

任务优化完善
任务改进创新

项目评价

亲爱的同学，本项目学习结束了，感谢你始终如一地努力学习和积极配合。为了能使我们不断地做出改进，提高专业教学效果，我们珍视各种建议和批评。为此，我们很乐于了解你对本项目学习的真实看法。当然，这一过程中所收集的数据采用不记名的方式，我们都将保密且不会透漏给第三方。对于有些问题只需做出选择，有些问题则请以几个关键词给出一个简单的答案。

项目评价表

项目名称		地点		教师	
课程时间		满意度			
一、项目教学组织评价	很满意	满意	一般	不满意	很不满意
课堂秩序					
实训室环境及卫生状况					
课堂整体纪律表现					
自己小组总体表现					
教学做一体化教学模式					
二、授课教师评价	很满意	满意	一般	不满意	很不满意
授课教师总体评价					
授课深入浅出通俗易懂					
教师非常关注学生反应					
教师能认真指导学生，因材施教					
实训氛围满意度					
理论实践得分权重分配满意度					
教师实训过程敬业满意度					
三、授课内容评价	很满意	满意	一般	不满意	很不满意
授课项目和任务分解满意度					
课程内容与知识水平匹配度					
教学设备满意度					
学习资料满意度					

项目二

水果自动分拣系统硬件设计与安装测试

项目描述

“水果自动分拣工业机器人应用系统”为软硬件结合的综合性复杂系统，系统集成开发过程需要根据工程项目开发流程的先硬件后软件的步骤实施。本项目为整个系统的硬件设计与实现部分。系统硬件设计与安装测试是后续软件开发的基础，硬件设计的科学性，直接决定了功能是否能如期实现，设备器件选型决定了系统的稳定性与经济性，系统安装接线操作决定了系统运行的稳定性，所以本项目任务完成情况对整个系统的开发起着决定性的作用。

本项目首要任务是根据系统总体架构，依据选型原则，选择满足系统功能需求、合适的系统设备器件。在确定器件型号的基础上，对工业机器人、PLC 等主要设备的输入输出信号资源进行规划分配，编制信号分配表，为绘制系统电气图纸做好准备。明确系统硬件工件原理与连接关系后，在充分熟悉主要设备器件接口电路的基础上选择标准化的电气图绘制软件绘制系统电气图纸，为系统硬件装配接线做好准备。最后，在电气图纸的指导下，依据标准工艺要求实施接线操作，并进行功能测试，以确保设备器件安装的正确性。

项目图谱

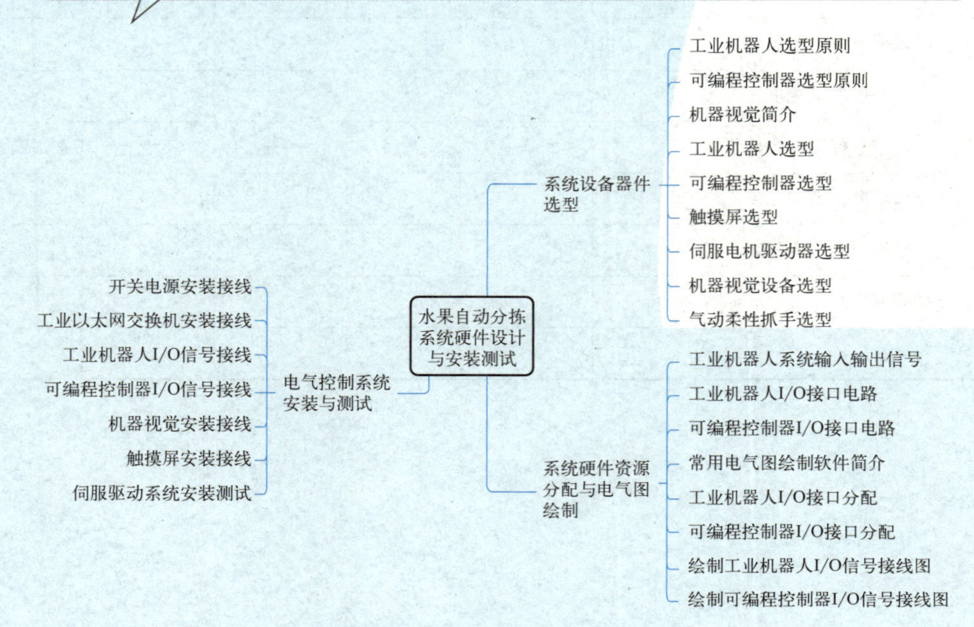

项目要求

通过熟悉工业机器人、PLC选型原则，掌握主要设备器件选型方法。通过产品检索，通过横向对比同类产品功能、技术参数、硬件连接方式、价格等方法，掌握常用电气设备选型的方法，提升对常用电气产品的认知，提升电气设备器件选型的职业技能。

通过电气设备电路图纸查阅和学习，对常用标准化电气图绘制软件的熟悉，对系统电气图纸的绘制，提升电气图识读和标准化制图的职业技能。

通过完成系统硬件设备器件安装、接线、测试任务，提升标准化硬件安装接线检测的职业技能，培养吃苦耐劳的劳动精神，一丝不苟、精益求精、追求卓越的工匠精神。

通过课中分组成果汇报，提升文字表达能力和语言表达能力。通过团队成员分工合作，共同完成项目任务，提升团队合作意识和组织沟通协调能力。

实训过程中，必须严格遵守实训室安全规程，严禁带电接线、带电插拔设备，布线需要整洁美观，保持工位卫生，完成后及时收回工具并按位置摆放，树立热爱劳动、崇尚劳动的态度和精神，养成良好的劳动习惯。

任务一　系统设备器件选型

任务目标

① 熟悉工业机器人、PLC选型原则。
② 掌握机器视觉工作原理及检测过程。
③ 掌握常用电气设备器件选型方法。
④ 能根据系统功能需求，依据器件选择原则，确定系统设备器件型号。

任务要求

① 课前自主学习知识准备部分内容，在线检索系统涉及的所有设备器件，同类产品要多选几个品牌多个档次，并尽可能详细地研究产品功能、技术参数、硬件连接方式、价格等。
② 课中首先交流产品检索情况，建议以视频、PPT、图片、文字等多种方式全面介绍；然后交流在知识准备部分学习过程中存在的疑问，以同学互动、教师指导等方式进行。
③ 在参考教材中选择的示范器件的基础上，确定各组设备器件型号。
④ 任务完成后，以组为单位交流设备器件选型结果，说明选型依据，根据任务评价表中具体指标组内自评、组间互评和教师评价，并就任务完成情况总结反思。
⑤ 课后基于任务完成中存在的问题思考解决办法，改进完善设备器件选型方案。
⑥ 完成课后拓展任务，为后续任务做好准备。

知识准备

一、工业机器人选型原则

工业机器人选型是根据工业应用的需求和要求，从市场上选择适合的工业机器人

设备的过程。选型的目标是找到最适合特定任务的机器人，以提高生产效率、降低生产成本和改善生产质量。

工业机器人的选型原则主要包括以下几个方面：

1. 工作负载能力

确定工业机器人所需的最大负载能力，即机器人能够携带和处理的最大质量。根据应用需求选择负载能力适当的机器人，以确保其能够完成所需的任务。

2. 工作范围和尺寸

考虑工作区域的尺寸和限制，选择机器人臂展的合适尺寸和工作范围。确保机器人能够在给定的工作环境中自由移动并完成任务。

3. 速度和精度

根据应用需求，确定机器人的运动速度和所需的精度水平。某些任务可能需要高速度和低精度，而其他任务可能需要高精度和相对较慢的速度。选择机器人的速度和精度来满足特定任务的要求。

4. 灵活性和可编程性

考虑机器人的灵活性和可编程性。灵活性指机器人能适应多种不同的任务和工艺，可编程性指机器人能够通过编程进行定制和调整。选择具备足够灵活性和可编程性的机器人，以适应未来的变化和需求。

5. 安全性

确保选择的机器人满足相关的安全标准和要求，并具备安全功能，如防止碰撞、紧急停止和安全控制功能。机器人选型应考虑工作环境和任务的安全性，并保障工人和设备的安全。

6. 可靠性和维护性

选择可靠性高的机器人，能够在较长时间内稳定运行，并具备低维护成本。考虑机器人设备的可靠性指标、维修需求和零部件供应等因素，以确保生产线的持续稳定运行。

7. 成本效益

综合考虑机器人购买成本、运行维护成本和预期的回报。选择能够提供较高性价比的机器人，在满足需求的同时最大限度地降低成本，并实现可持续的生产效益。

综合以上原则，工业机器人的选型应根据特定的应用需求和要求进行定制，平衡不同的因素，以选择最适合的机器人设备，提高生产效率和质量。

二、可编程控制器选型原则

在 PLC 系统设计时，首先应确定系统方案，下一步工作就是 PLC 的设计选型。选择 PLC，主要是确定 PLC 的生产厂家和 PLC 的具体型号。对于系统方案要求有分布式系统、远程 I/O 系统，还需要考虑网络化通信的要求。

1. PLC 生产厂家的选择

确定 PLC 的生产厂家，主要应该考虑设备用户的要求、设计者对于不同厂家 PLC 的熟悉程度和设计习惯、配套产品的一致性以及技术服务等方面的因素。

2. 输入输出（I/O）点数的估算

PLC 的输入/输出点数是 PLC 的基本参数之一。I/O 点数的确定应以控制设备所需的所有输入/输出点数的总和为依据。

在一般情况下，PLC 的 I/O 点应该有适当的余量。通常根据统计的输入输出点数，再增加 10%～20%的可扩展余量后，作为输入输出点数估算数据。

实际订货时，还需根据制造厂商 PLC 的产品特点，对输入输出点数进行调整。

3. PLC 存储器容量的估算

存储器容量是指可编程序控制器本身能提供的硬件存储单元大小，各种 PLC 的存储器容量大小可以从该 PLC 的基本参数表中找到。

例如：西门子的 S7-314PLC 的用户程序存储容量为 64kB，S7-315-2DPPLC 的用户程序存储容量为 128kB。

程序容量是存储器中用户程序所使用的存储单元的大小，因此存储器容量应大于程序容量。设计阶段，由于用户应用程序还未编制，因此，需要对程序容量进行估算。

如何估算程序容量呢？许多文献资料中给出了不同公式，大体上都是按数字量 I/O 点数的 10～15 倍，加上模拟 I/O 点数的 100 倍，以此数为内存的总字数（16 位为一个字），另外再按此数的 25%考虑余量。

4. PLC 通信功能的选择

现在 PLC 的通信功能越来越强大，很多 PLC 都支持多种通信协议（有些需要配备相应的通信模块），选择时要根据实际需要选择合适的通信方式。

PLC 系统通信网络的主要形式有下列几种：

① PC 为主站，多台同型号 PLC 为从站，组成简易 PLC 网络；

② 1 台 PLC 为主站，其他同型号 PLC 为从站，构成主从式 PLC 网络；

③ PLC 网络通过特定网络接口连接到大型 DCS（分布式控制系统）中作为 DCS 的子网；

④ 专用 PLC 网络（各厂商的专用 PLC 通信网络）。

为减轻 CPU 通信任务，根据网络组成的实际需要，应选择具有不同通信功能的（如点对点、现场总线、工业以太网等）通信处理器。

5. PLC 机型的选择

PLC 按结构分为整体型和模块型两类。

整体型 PLC 的 I/O 点数较少且相对固定，因此用户选择的余地较小，通常用于小型控制系统。

模块型 PLC 提供多种 I/O 模块，可以在 PLC 基板上插接，方便用户根据需要合理地选择和配置控制系统的 I/O 点数。模块型 PLC 的配置比较灵活，一般用于大中型控制系统。

6. I/O 模块的选择

数字量输入输出模块的选择应考虑应用要求。

例如输入模块，应考虑输入信号的电平、传输距离等应用要求。输出模块也有很多的种类，例如继电器触点输出型、AC 120V/23V 双向晶闸管输出型、DC 24V 晶

体管驱动型、DC 48V 晶体管驱动型等。

通常继电器触点输出型模块具有价格低廉、使用电压范围广等优点，但是使用寿命较短、响应时间较长，在用于感性负载时需要增加浪涌吸收电路。

双向晶闸管输出型模块响应时间较快，适用于开关频繁、电感性低功率因数负荷场合，但价格较贵，过载能力较差。

另外，输入输出模块按照输入输出点数又可以分为 8 点、16 点、32 点等规格，选择时也要根据实际的需要合理配备。

三、机器视觉简介

1. 什么是机器视觉

机器视觉以可靠且一致的方式完成复杂的工业任务。

根据自动成像协会（AIA）定义，机器视觉涵盖所有工业和非工业应用，它综合使用硬件和软件的功能，根据图像的采集和处理，为设备提供操作指引。虽然工业计算机视觉使用许多与学术/教育和政府/军事应用相同的计算机视觉算法和方法，但在某些方面还具有不同之处。

与学术/教育视觉系统相比，工业视觉系统需要更高的坚固性、可靠性和稳定性，通常比政府/军事应用中的成本低得多。因此，工业机器视觉意味着低成本、可接受的精度、高坚固性、高可靠性、高机械性以及温度稳定性。

机器视觉系统依靠工业相机内受保护的数字传感器和专用光学元件采集图像，使计算机硬件和软件能够处理、分析和测量各种特性以帮助制定决策。

2. 机器视觉的优势

视觉可以提高质量和生产率，同时降低生产成本。

人类的视觉适合定性解释复杂、无结构场景，而机器视觉因具有优异的速度、准确度和可重复性更擅长定量测定结构化场景。例如，在一条生产线上，机器视觉系统每分钟可以检测成百甚至上千个零件。利用适当的相机分辨率和光学元件制造的机器视觉可以轻松检测人眼难以看到的物体细节。

在避免测试系统和待测零件发生物理接触方面，机器视觉可以避免零件损坏，避免由机械组件磨损产生的维护和成本支出。机器视觉可以减少制造过程中的人为干预，从而增加安全性和操作便捷性。此外，它还可以避免人为污染无尘室，保护工人误入危险环境。

3. 机器视觉应用

无论是简单的装配验证还是复杂的三维机器料箱拣选，任何机器视觉应用的第一步通常都是通过模式匹配技术在相机视野中找到关注的对象或特征。关注对象的定位通常决定了成功还是失败。如果模式匹配软件工具无法精确定位图像中的零件，则其无法引导、识别、检查、计数或测量零件。虽然找到零件听起来很简单，但在实际生产环境中，零件外观的差异会使此步骤极富挑战性。虽然视觉系统被培训根据图案来识别零件，但即使控制较严格的制造过程，元件在视觉系统中的外观也会有一些差异。

为获得准确、可靠且可重复的结果，视觉系统的零件定位工具必须有足够的智能来快速并准确地将培训模式下的零件和下移至生产线上的实际对象进行比较（模式匹配)。零件定位在引导、识别、测量、检查这四种主要类别的机器视觉应用中都是关键的第一步。

(1) 引导

需要引导的原因可能有多种。首先，机器视觉系统可以定位零件的位置和方向，然后将其与规定的公差进行对比，并确保它位于正确的角度以便准确地验证装配。然后可以通过引导将零件在二维和三维空间中的位置和方向报告给机器人或机器控制器，使机器人能够定位零件或让机器能够对准零件。机器视觉引导在许多任务中可以实现比手动定位更高的速度和准确性，例如在货板上或之外排列零件，包装传送带上的零件，查找并对准零件以与其他组件装配，将零件放到货架上，或从箱子中取出零件。

也可通过引导使零件与其他机器视觉工具对准。这是机器视觉的一个非常强大的功能，因为生产期间零件可能会以未知的方向出现在相机视野中。通过定位零件再将其与其他机器视觉工具对齐，机器视觉可以实现自动工具固定。这涉及定位零件上的关键特征以精确放置卡尺、斑点、边缘或其他视觉软件工具从而正确地与零件产生相互作用。这种方法使制造商能够在同一条生产线上制造多个产品并减少对检测时需要维持零件位置的昂贵的硬件换型的需求。

有时候引导需要几何图案搭配。图案搭配工具必须能处理对比度和照明方面之间存在的差异，以及比例、旋转和其他因素的变化，同时每次都要可靠地找到零件。这是因为其他机器视觉软件工具的对准需要图案搭配获得位置信息。

(2) 识别

视觉技术可以读取代码和字母、数字、字符。

零件标识和识别机器视觉系统可以读取条码（一维）、数据矩阵代码（二维）、直接部件标识（DPM）和零件、标签与包装上印刷的字符。先由光学字符识别（OCR）系统在不知情的情况下读取字母、数字、字符，然后由字符验证（OCV）系统确认字符串的存在。此外，机器视觉系统可以通过定位具体图案来识别零件或根据颜色、形状或大小识别物品。

DPM应用将代码或字符串直接标记到零件上。各行业制造商通常使用该技术在遇到瓶颈难题的工厂中预防错误、启用有效的限制策略、监控工艺控制和质量控制指标，以及量化问题区域。通过直接部件标记进行追溯可以改善资产追溯和零件真伪验证过程。通过记录成品子组件中各元件的谱系信息，它还可以提供单位级数据，从而推动出色技术支持和保修服务的提供。

传统的条形码在商品零售和库存控制方面已被广泛接受。但是追溯信息远不是标准条形码能够容纳的。为了提高数据容量，开发了二维代码，例如Data Matrix，它可以保存更多信息，包括几乎任何成品的制造商、产品标识、批号甚至唯一序列号。

(3) 测量

测量应用中的机器视觉系统计算测量对象上两个点或更多个点或几何位置之间的距离以确定这些测量是否符合规格。如果不符合，视觉系统向机器控制器发送失败信号，触发拒绝机制以将对象从生产线上弹出。

在实际应用中，使用固定安装的相机采集通过相机视野的零件图像，然后系统使用软件计算图像中各个点之间的距离。因为许多机器视觉系统可以测量0.0254mm范围内的对象特征，所以能解决许多手工接触测量无法处理的问题。

（4）检查

通过检查可以识别缺陷、异常和其他制造问题。

检查应用中的机器视觉系统用于检测制造产品中的缺陷、污染、功能缺陷和其他异常。例如检查药物的药片是否有缺陷，验证显示屏上的图标或确认像素的存在，或检测触摸屏以评估背光对比度的水平。

机器视觉也可检查产品的完整性，例如检查食品和药品行业产品和包装是否相符，以及检查瓶子的密封、瓶盖和环的安全性。

设计用于检查的机器视觉系统能够监测被观察材料的视觉外观。通过统计分析自动识别材料表面上的潜在缺陷，然后根据对比度、纹理和/或几何形状等方面的相似性对缺陷进行分组。

大部分机器视觉系统都有一个可以执行各种类型检测的软件工具库，让你能够使用拍摄的图像执行多种检测。以下典型机器视觉检测任务体现了机器视觉检测的多功能性和行业范围。

判断物体位置，例如验证零件放置是否正确；确保医疗产品的包装完整性；验证物体属性是否符合质量标准；检测生产的商品并验证缺陷，例如表面刮擦、弯曲的针尖，以及不完整的焊料痕迹；统计物品；检查已完成的装配品的特性；在元件超出规格前探测加工操作中的工具磨损；测量微观尺寸等。

4. 机器视觉组成部分

机器视觉系统的主要组成部分包括照明、镜头、图像传感器、视觉处理和通信。照明可以照亮要检测的零件，使其特征突出，从而可通过相机清晰地看到。镜头采集图像并以光的形式将其传送给传感器。机器视觉相机中的传感器将此光转换为数字图像，然后将其发送至处理器进行分析。视觉处理包括检查图像和提取所需信息的算法，进行必要的检查并做出决定。最后，通过离散 I/O 信号或串行连接将数据发送到记录信息或使用信息的设备完成通信。

工作任务单

"工业机器人应用系统集成"工作任务单

<table>
<tr><td>工作任务</td><td colspan="3"></td></tr>
<tr><td>小组名称</td><td></td><td>小组成员</td><td></td></tr>
<tr><td>工作时间</td><td></td><td>完成总时长</td><td></td></tr>
<tr><td colspan="4">工作任务描述</td></tr>
<tr><td colspan="4"></td></tr>
<tr><td>小组分工</td><td>姓名</td><td colspan="2">工作任务</td></tr>
<tr><td></td><td></td><td colspan="2"></td></tr>
<tr><td></td><td></td><td colspan="2"></td></tr>
<tr><td></td><td></td><td colspan="2"></td></tr>
<tr><td></td><td></td><td colspan="2"></td></tr>
<tr><td></td><td></td><td colspan="2"></td></tr>
<tr><td colspan="4">任务执行结果记录</td></tr>
<tr><td>序号</td><td>工作内容</td><td>完成情况</td><td>操作员</td></tr>
<tr><td></td><td></td><td></td><td></td></tr>
<tr><td></td><td></td><td></td><td></td></tr>
<tr><td></td><td></td><td></td><td></td></tr>
<tr><td></td><td></td><td></td><td></td></tr>
<tr><td></td><td></td><td></td><td></td></tr>
<tr><td colspan="4">任务实施过程记录</td></tr>
<tr><td colspan="4"></td></tr>
<tr><td>验收评定</td><td></td><td>验收签名</td><td></td></tr>
</table>

任务实施

一、工业机器人选型

IRB 120 是 ABB 第四代机器人系列成员，具有敏捷、紧凑、轻量的特点，控制精度与路径精度俱优，是物料搬运与装配应用的理想选择。

IRB 120 工业机器人具有以下特点。

1. 紧凑轻量

作为 ABB 目前最小的机器人，IRB 120 在紧凑空间内凝聚了 ABB 产品系列的全部功能与技术。其质量减至 25kg，结构设计紧凑，几乎可安装在任何地方，比如工作站内部、机械设备上方，或生产线上其他机器人的近旁。

2. 用途广泛

IRB 120 广泛适用于电子、食品饮料、机械、太阳能、制药、医疗、研究等领域，进一步增强了 ABB 新型第四代机器人系列的实力。

采用白色涂层的洁净室 ISO 5 级机型适用于高标准洁净生产环境，开辟了全新应用领域。

3. 食品级润滑

食品级润滑（NSF H1）选配版本包括洁净室 ISO 5 级，确保食品饮料应用的安全与卫生。洁净室 ISO 5 的设计消除了食品处理区域的潜在污染，该版本具有光滑的表面和特殊的喷漆，易清洗。

4. 易于集成

IRB 120 仅重 25kg，出色的便携性与集成性，使其在同类产品中脱颖而出。该机器人的安装角度不受任何限制。机身表面光洁，便于清洗；空气管线与用户信号线缆从脚底至手腕全部嵌入机身内部，易于机器人集成。

5. 优化工作范围

除水平工作范围达 580mm 以外，IRB 120 还具有出色的工作行程，底座下方拾取距离为 112mm。IRB 120 采用对称结构，第二轴无外凸，回转半径小，可靠近其他设备安装，纤细的手腕进一步增加了手臂的工作范围。

6. 快速、精准、敏捷

IRB 120 配备轻型铝合金电动机，结构轻巧、功率强劲，可实现机器人高加速运行，在各种应用中都能确保优异的精准度与敏捷性。

7. IRC5 紧凑型控制器：小型机器人的最佳“拍档”

ABB 新推出的这款紧凑型控制器身形小巧，它高度浓缩了 IRC5 的先进功能，将以往大型设备“专享”的精度与运动控制引入了更广阔的应用空间。

除节省空间之外，新型控制器还通过设置单相电源输入、外置式信号接头（全部信号）及内置式可扩展 16 路 I/O 系统，简化了调试步骤。

离线编程软件 RobotStudio 可用于生产工作站模拟，为机器人设定最佳位置；还可执行离线编程，避免发生代价高昂的生产中断或延误。

8. 缩小占地面积

文档 2.1
IRB 120 机器人产品手册

紧凑化、轻量化的 IRB 120 机器人与 IRC5 紧凑型控制器这两种新产品的结合，显著缩小了占地面积，特别适用于空间有限的应用场景。

依据上述工业机器人选型原则，根据系统功能需求，结合当前教学用工业机器人选型现状，本系统选用 IRB 120 工业机器人。ABB IRB 120 机器人本体、控制器、示教器如图 2-1-1 所示。

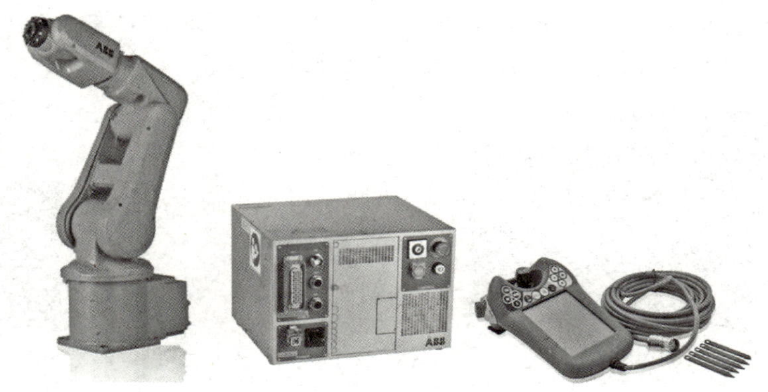

图 2-1-1　ABB IRB 120 机器人本体、控制器、示教器

> 谈一谈：
>
> 你为什么选择这款工业机器人？如果需要替代方案，还可以选择哪些品牌哪些型号的机器人？

二、可编程控制器选型

全球 PLC 市场的主要生产商包括西门子、罗克韦尔、三菱电机、欧姆龙、施耐德、ABB 等。在市场份额方面，几个主要的 PLC 厂商仍然占据了市场的主导地位。根据统计数据，2023 年市场占比最高的 PLC 厂商是 Siemens（西门子），其市场份额达到了 40%，2023 年营收 778 亿欧元，比 2022 年增长 11 个百分点。2023 年 PLC 市场份额如图 2-1-2 所示。

依据 PLC 选型原则，根据系统功能需求、系统各模块间的通信要求、PLC 市场

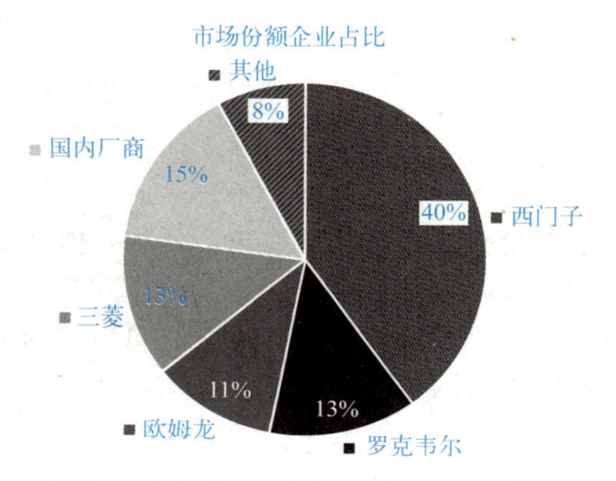

图 2-1-2　2023 年 PLC 市场份额

占有率、PLC教学选型等众多因素，计划选用西门子基础型S7-1200系列PLC。

S7-1200控制器使用灵活、功能强大，可用于控制各种各样的设备以满足自动化系统功能需求。S7-1200设计紧凑、组态灵活且具有功能强大的指令集，这些特点的组合使它成为控制各种应用的完美解决方案。S7-1200 CPU将微处理器、集成电源、输入和输出电路、内置PROFINET、高速运动控制I/O及板载模拟量输入组合到一个设计紧凑的外壳中来形成功能强大的控制器。在下载用户程序后，CPU将包含监控应用中的设备所需的逻辑。CPU根据用户程序逻辑监视输入并更改输出，用户程序包含布尔逻辑、计数、定时、复杂数学运算以及与其他智能设备的通信。本系统选择实验室现有的西门子S7-1200系列PLC的1215C DC/DC/DC型开发。图2-1-3为西门子S7-1200PLC CPU1215C DC/DC/DC实物图。

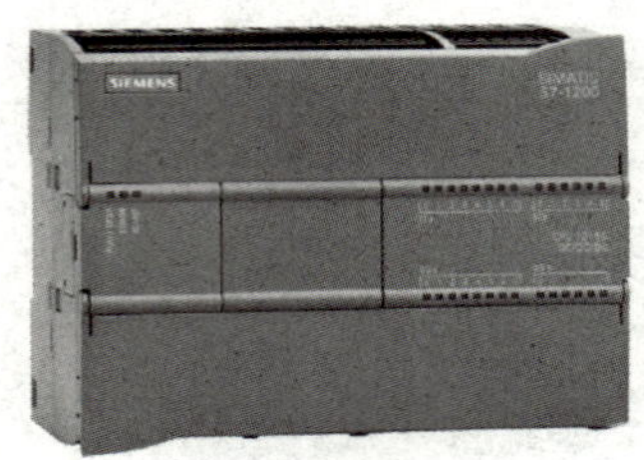

图2-1-3　西门子S7-1200PLC CPU1215C DC/DC/DC实物图

文档2.2　CPU1215C DC/DC/DC产品手册

SIMATIC S7-1200PLC CPU1215C DC/DC/DC型PLC是紧凑型CPU，有2个PROFINET接口，机载I/O：14个24V DC数字输入，10个24V DC数字输出；电流0.5A；2AI 0～10V DC，2AO 0～20mA DC；电源20.4～28.8V DC；程序存储器/数据存储器200kB。

> 谈一谈：
>
> 你为什么选择这款PLC？如果需要替代方案，还可以选择哪些品牌哪些型号的PLC？

三、触摸屏选型

作为系统最主要的人机交互接口，触摸屏的选用首先要满足通信要求，由于选用了西门子S7-1200系列的PLC，因此触摸屏的选择可以基于PLC选择，西门子最常用的触摸屏是精简系列和精智系列。精智系列面板功能强大，适合苛刻要求应用的产品，精简系列面板具备基本功能，适用于简单HMI应用。SIMATIC HMI面板类产品选型建议参考以下注意事项。

1. 通信

面板选型首要考虑通信是否能满足项目要求，例如：能和什么控制器（PLC）通信，最多连接几个控制器（PLC）等。

面板的通信接口参数也需要了解，例如：是否有对应的物理接口，如果面板仅有MPI/DP接口，就不可能做以太网通信。

2. 尺寸/工作环境

面板尺寸包括显示区尺寸、前面板尺寸、开孔尺寸。除了考虑面板在现场的安装，还要注意现场的工作环境对面板的要求。例如：温度、湿度、防护等级等。这些参数都关系到面板是否能在所处环境中正常工作。

3. 功能/技术参数

不同系列的面板，功能上会有很大差异，即便同系列的面板，技术参数也会有不同。

具体选型方法可以登录西门子官方网站查询“SIMATIC HMI 面板选型快速入门”文档，此文档介绍了几类常用面板的功能，以及如何获取面板的功能信息。本系统出于现有设备考虑，选用了实验室现有的精智系列 TP700 触摸屏，TP700 集成 PROFINET 接口，仅需要一根网线就可以实现与 PLC 通信。图 2-1-4 为西门子 TP700 精智面板。

文档 2.3　TP700 精智面板数据手册

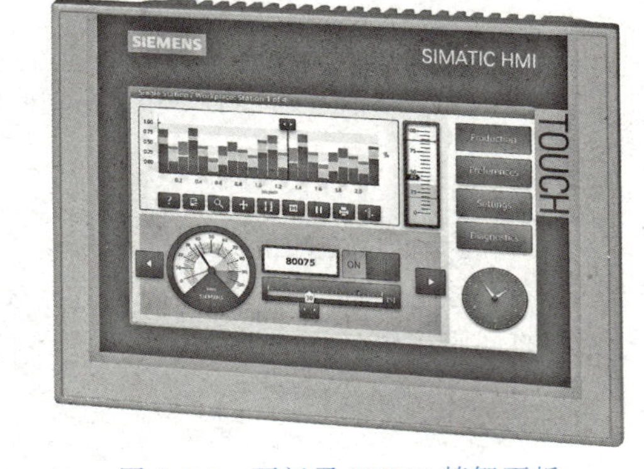

图 2-1-4　西门子 TP700 精智面板

谈一谈：

你为什么选择这款触摸屏？如果需要替代方案，还可以选择哪些品牌哪些型号的触摸屏？

四、伺服电机驱动器选型

文档 2.4　SINAMICS V90 伺服驱动系统手册

SINAMICS V90 伺服驱动器和 SIMOTICS S-1FL6 伺服电机组成了性能优化、易于使用的伺服驱动系统，有八种驱动类型、七种不同的电机轴高规格，功率范围从 0.05kW 到 7.0kW，有单相和三相的供电系统，使其可以广泛用于各行各业，如定位、传送、收卷等设备中，同时该伺服系统可以与 S7-1500T、S7-1500、S7-1200 进行完美配合实现丰富的运动控制功能。

1. SINAMICS V90 伺服驱动器版本

V90 伺服驱动器根据不同的应用分为两个版本。

（1）脉冲序列版本（集成了脉冲，模拟量，USS/Modbus）

SINAMICS V90 脉冲版本可以实现内部定位块功能，同时具有脉冲位置控制、速度控制、力矩控制模式。

（2）PROFINET 通信版本

SINAMICS V90 PN 版本集成了 PROFINET 接口，可以通过 PROFIdrive 协议与上位控制器进行通信，如图 2-1-5 所示。

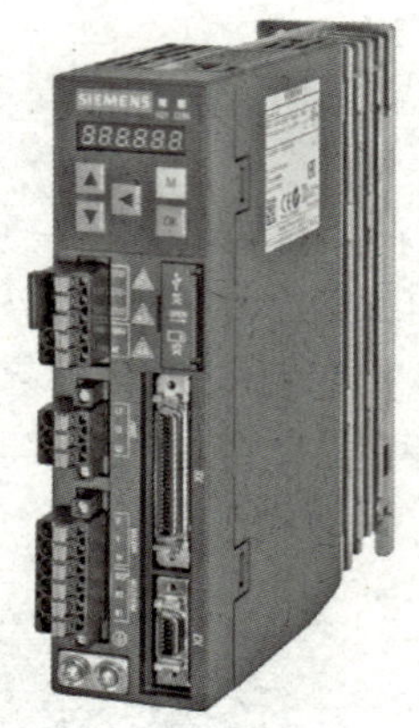

图 2-1-5　西门子 V90 伺服驱动器

2. SIMOTICS S-1FL6 伺服电机

S-1FL6 伺服电机为自然冷却的永磁同步电机，通过电机表面散热，自锁式快插接头使电机安装变得轻松快捷。1FL6 支持 3 倍过载，配合 SINAMICS V90 驱动系统可形成功能强大的伺服系统。图 2-1-6 为西门子 S-1FL6 伺服电机。

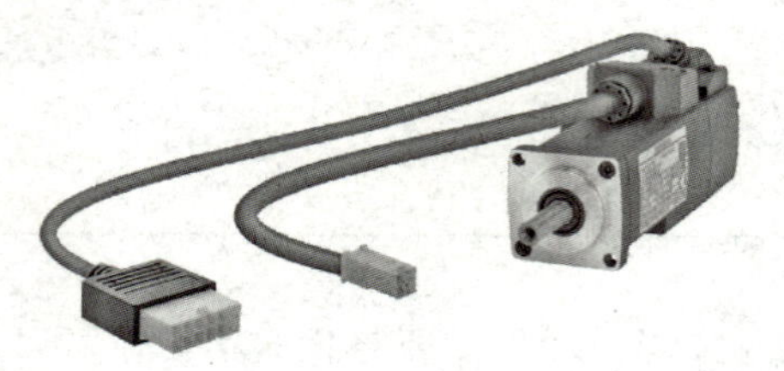

图 2-1-6　西门子 S-1FL6 伺服电机

西门子 V90 伺服驱动器和 S-1FL6 伺服电机，采用自锁式快插接头连接。图 2-1-7 为西门子驱动器与电机连接电缆。

图 2-1-7　西门子驱动器与电机连接电缆

3. SINAMICS V90 及 SIMOTICS S-1FL6 伺服驱动系统亮点

（1）伺服性能优异

- 先进的一键优化及自动实时优化功能使设备获得更高的动态性能；
- 自动抑制机械谐振频率；
- 1MHz 高速脉冲输入；

• 支持不同的编码器类型以满足不同的应用需求。

(2) 易于使用

• 与控制系统的连接快捷简单；

• 西门子一站式提供所有组件；

• 快速便捷的伺服优化和机械优化；

• 通用 SD 卡参数复制；

• 简单易用的 SINAMICS V-ASSISTANT 调试工具；

• 集成了 PTI、PROFINET、USS、Modbus RTU 多种上位接口方式；

• PROFINET 版本具有 PROFINET 接口，只需一根电缆即可实时传输用户、过程数据以及诊断数据。该解决方案提供了广泛的功能并降低了系统复杂性。

4. SINAMICS V90 及 S-1FL6 伺服驱动系统选型

SINAMICS V90 伺服驱动系统有 1AC/3AC 200～240V 的低惯量版本和 3AC 380～480V 的高惯量版本，低惯量版本具有高动态性能，高惯量版本具有平稳运行性能。两款版本参数对比如表 2-1-1 所示。

表 2-1-1 SINAMICS V90 伺服驱动系统高低惯量版本参数对比

项目		低惯量版本	高惯量版本
SINAMICS V90 伺服驱动	电源及功率	1AC 200～240V(－15%/＋10%),0.05～0.75kW 3AC 200～240V(－15%/＋10%),0.05～0.2kW	3AC 380～480V(－15%/＋10%),0.4～7kW
	脉冲序列(PTI)版本控制模式	外部脉冲位置控制、内部设定值位置控制、速度控制、扭矩控制	外部脉冲位置控制、内部设定值位置控制、速度控制、扭矩控制
	PROFINE(PN)版本控制模式	通过 PROFINET 使用 PROFIdrive 协议进行速度控制	通过 PROFINET 使用 PROFIdrive 协议进行速度控制
	防护等级	IP20	IP20
SIMOTICS S-1FL6 伺服电机	轴高	20mm、30mm、40mm、50mm	45mm、65mm、95mm
	额定扭矩	0.16～6.37Nm	1.27～33.40Nm
	额定/最大转速	3000(r/min)/5000(r/min)	2000(r/min)/3000(r/min)
	编码器	增量式编码器 TTL2500 脉冲/转；21 位单圈绝对值编码器	增量式编码器 TTL2500 脉冲/转；多圈绝对值编码器 20 位＋12 位圈数
	防护等级	IP65，自然冷却	IP65，自然冷却
优点		高动态性能：小惯量系统，更高加速度，更短运行周期 高转速：最大转速高达 5000r/min，提高设备生产率 体积小：相对于高惯量型，电机的长度/高度降低，小体积驱动器可满足苛刻的安装要求	平稳运行：更高的扭矩精度和极低的速度波动，保证更优良的产品质量 可靠性设计：高品质的金属连接器，电机标配油封，可适应恶劣环境 扭矩输出：额定扭矩输出达 33.4Nm

在熟悉 SINAMICS V90 伺服驱动系统版本的基础上，需要根据系统功能需求确定具体的电机功率与伺服驱动器型号。表 2-1-2 所示为低惯量版本驱动系统型号与电

机功率对照表。

表 2-1-2　SINAMICS V90 低惯量版驱动系统参数

电源		200～240V 1AC/3AC						
订货号	脉冲序列：6SL3210-5F PROFINET：6SL3210-5F	B10-1UA0 B10-1UF0	B10-2UA0 B10-2UF0	B10-4UA1 B10-4UF1	B10-8UA0 B10-8UF0	B11-0UA1 B11-0UF1	B11-5UA0 B11-5UF0	B12-0UA0 B12-0UF0
最大电机功率/kW		0.1	0.2	0.4	0.75	1	1.5	2
额定输入电流/A		1.2	1.4	2.6	4.7	6.3	10.6	11.6
最大输出电流/A		3.6	4.2	7.8	14.1	18.9	31.8	34.8
电源	电压	1/3AC 200～240V(−15%/+10%)				3AC 200～240V(−15%/+10%)		
	频率	50Hz/60Hz,(−10%/+10%)						
	容量(kVA)(1AC)	0.5	0.7	1.2	2	—	—	—
	容量(kVA)(3AC)	0.5	0.7	1.1	1.9	2.7	4.2	4.6
冷却		自冷却				风扇冷却		
外形尺寸		FSA		FSB	FSC	FSD		
几何尺寸 W×H×D/mm		45×170×170		55×170×170	80×170×195	95×170×195		
质量/kg		1.07		1.20	1.94	2.49		

由于本系统使用电机驱动输送带传送水果，输送带传动所需功率不高，因此本系统最终选择了 0.2kW 的伺服电机，为了方便伺服驱动器与 PLC 通信，最终选择了 PROFINET 版本 6SL3210-5F B10-2UF0 型号的伺服驱动器，PROFINET 版本系统使得 SINAMICS V90 伺服驱动系统仅需要一根网线就可以实现与 PLC 通信。

谈一谈：

请谈一谈你为什么选择这套伺服驱动系统，如果需要替代方案，还可以选择哪些品牌哪些型号的伺服驱动系统。

五、机器视觉设备选型

根据机器视觉应用介绍，水果自动分拣系统中的机器视觉系统属于“测量”类机器视觉系统。系统运行过程中机器视觉负责拍照测量水果直径、水果在输送带上的 X 坐标和 Y 坐标等数据，然后将测量结果传送给 PLC。

本系统经过功能分析，性能对比，最终选用的相机为康耐视智能化一体相机，智能相机型号 IS2000C，相机通过内含的 CCD/CMOS 传感器采集高质量现场图像，内嵌数字图像处理（DSP）芯片，能脱离 PC 机对图像进行运算处理，PLC 在接收到相机的图像处理结果后，进行动作输出。

康耐视 IS2000C 相机有两个接口，分别为网络通信接口与 I/O 电源接口，支持的通信方式包括：RS-232、Modbus/TCP、EtherNet/IP、PROFINET、TCP/IP 等。相机通过以太网可以与所有支持以太网通信协议的设备通信。本系统中计划通过网线

将相机与 PLC 连接，使用 PROFINET 协议传送测量结果数据。图 2-1-8 为康耐视 IS2000C 相机。

图 2-1-8　康耐视 IS2000C 相机

> 谈一谈：
>
> 请谈一谈你为什么选择这套机器视觉系统，如果需要替代方案，还可以选择哪些品牌哪些型号的相机。

六、气动柔性抓手选型

本系统中工业机器人末端执行器的功能是抓取机器视觉识别到的水果，水果抓取过程中要注意夹持力度，刚性的抓手工具容易在抓取过程中损伤水果，在本系统中不宜选取，所以本系统中工业机器人末端执行器选取了气动柔性抓手工具。出于抓取水果大小通用性的考虑，最终选取了夹取范围可调节的抓手工具，图 2-1-9 为范围可调节柔性抓手工具。

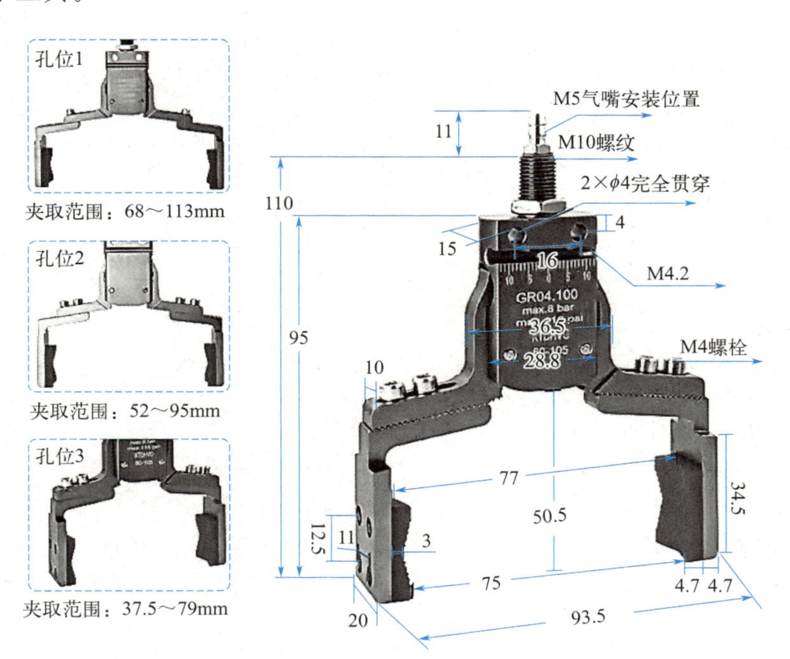

图 2-1-9　范围可调节柔性抓手工具（测量单位为毫米）

【思考感悟】 通过协调任务分工，相互沟通、倾听交流、相互帮助、相互配合，合理理性地解决问题和意见冲突，从而养成相互尊重、欣赏、平等、宽容、谦逊、推己及人的品格和团队协作精神。在协作劳动的过程中，培养尊重宽容、团结友善、和睦友好的品质，学会换位思考、设身处地为他人着想，努力形成社会主义的新型劳动关系。	谈一谈你们组是如何做的。

思政故事2　青藏铁路建设中的协作之光：尊重包容铸就团结新篇

任务评价

任务评价表

评价类型	赋分	序号	具体指标	分值	得分		
					自评	组评	师评
职业能力	55	1	能简洁准确地描述工业机器人的选型原则	5			
		2	能简洁准确地描述 PLC 选型原则	5			
		3	能准确描述常用电气设备器件选型注意事项	10			
		4	能选择适用的工业机器人与 PLC	10			
		5	能根据系统功能要求选择适用的设备器件	15			
		6	能提出具有可行性的备选选型方案	10			
职业素养	20	7	坚持出勤，遵守纪律	5			
		8	协作互助，解决难点	5			
		9	按照标准规范操作	5			
		10	持续改进优化	5			
劳动素养	15	11	按时完成，认真填写记录	5			
		12	保持工位卫生、整洁、有序	5			
		13	小组团队分工、合作、协调	5			
思政素养	10	14	完成思政素材学习	4			
		15	规范化标准化意识（文档、图样）	6			
综合得分			—	100			

总结反思

目标达成	知识		能力		素养	
学习收获						
问题反思						
教师寄语						

任务拓展

1. 优化完善

根据任务评价结果，在对比其他团队任务完成情况的基础上总结反思，对设备器件选型方案进一步优化完善，将完善后的选型结果填写于“拓展任务表”中。

2. 改进创新

针对任务评价表中提出的“能提出具有可行性的备选选型方案”，落实备选方案，并将备选选型结果填写于“拓展任务表”中。

拓展任务表

任务优化完善
任务改进创新

任务二　系统硬件资源分配与电气图绘制

任务目标

① 掌握工业机器人系统输入输出信号功能。
② 掌握工业机器人输入输出信号接口电路。
③ 掌握可编程控制器输入输出信号接口电路。
④ 熟悉常用电气图绘图软件功能，了解常用软件优点和不足。
⑤ 会分析工业机器人与 PLC 通信需求，能合理分配设备 I/O 信号。
⑥ 能熟练标准地绘制工业机器人和 PLC 的 I/O 信号接线图。

任务要求

① 课前自主学习知识准备部分内容，在线检索其他不同品牌工业机器人、可编程控制器的系统控制信号、I/O 接口电路等。
② 课中首先交流知识准备部分内容学习情况，以及不同品牌设备相关信息检索的情况；然后交流在知识准备部分学习过程中存在的疑问，以同学互动、教师指导等方式进行。
③ 在教材示范方案的引导下自主分配接口功能、连接关系，规范化标准化地绘制设备电气接线图。
④ 任务完成后，以组为单位交流系统硬件资源分配与电气图绘制结果，根据任务评价表中具体指标组内自评、组间互评和教师评价，并就任务完成情况总结反思。
⑤ 课后基于任务完成中存在的问题思考解决办法，改进完善资源分配，优化电气图纸。
⑥ 完成课后拓展任务，为后续任务做好准备。

知识准备

一、工业机器人系统输入输出信号

ABB 机器人的系统 I/O 功能可以指定具体的系统输入和输出项，即 ABB 机器人的 System Input 和 System Output 信号，可以通过信号配置将 I/O 信号与机器人系统的一些特殊功能相关联，从而使信号实现某些特殊功能。I/O 功能使得我们不需要通过示教器或者其他硬件就可以对机器人进行某种控制和监控机器人系统的状态。比如系统输入中的 Start 可用于机器人的启动控制，系统输出中的 Cycle On 表示机器人正在运行。

1. 系统输入信号

ABB 工业机器人系统输入信号值与输入信号含义如表 2-2-1 所示。

表 2-2-1　ABB 工业机器人系统输入信号

输入信号值	输入信号值含义
Backup	机器人执行备份操作
Disable Backup	禁止机器人备份
Enable Energy Saving	使控制器进入节能状态
Interrupt	机器人执行一次中断程序
Limit Speed	限制机器人运行速度
Load	载入程序文件
Load and Start	载入程序文件并且启动
Motors Off	电机下电
Motors On	电机上电
Motors On and Start	电机上电并且启动
PP to Main	程序指针移至主程序
Quick Stop	快速停止
Reset Emergency Stop	急停复位
Reset Execution Error Signal	执行错误信号复位
SimMode	机器人进入模拟状态
Soft Stop	缓停止
Start	机器人启动
Start at Main	从主程序启动
Stop	机器人停止
Stop at End of Cycle	在执行完当前循环后停止
Stop at End of Instruction	在执行完当前指令后停止
System Restart	复位系统运行状态
Write Access	请求写权限

2. 系统输出信号

ABB 工业机器人系统输出信号值与输出信号含义如表 2-2-2 所示。

表 2-2-2　ABB 工业机器人系统输出信号

输出信号值	输出信号值含义
Absolute Accuracy Active	绝对精度已启用
Auto On	机器人在自动模式
Backup Error	备份错误
Backup in progress	正在备份
CPU Fan not Running	风扇转动不正常
Cycle On	机器人程序循环中
Emergency Stop	机器人处于急停状态
Energy Saving Blocked	机器人正处于节能状态
Execution Error	机器人执行发生错误

续表

输出信号值	输出信号值含义
Limit Speed	机器人处于限速状态
Mechanical Unit Active	机械单元已激活
Mechanical Unit Not Moving	机械单元处于停止状态，未移动
Motion Supervision Triggered	动作监控触发
Motion Supervision On	动作监控启用
Motors Off	安全链未关闭机器人电机关闭
Motors On	机器人电机开启但处于保护停止状态
Motors Off State	机器人电机关闭
Motors On State	机器人电机开启
Path Return Region Error	机器人离编程路径太远
Power Fail Error	上电失败程序无法启动
Production Execution Error	程序执行、碰撞、系统错误
Robot Not On Path	机器人停止后离编程路径太远
Run Chain OK	运行链正常
SimMode	机器人已进入模拟状态
Simulated I/O	信号处于模拟状态
SMB Battery Charge LowSMB	电池即将耗尽
System Input Busy	系统输入繁忙
Task Executing	任务正在执行
TCP SpeedTCP	当前的实际速度
TCP Speed Reference	TCP 当前的编程速度
Temperature Warning	温度报警
Write Access	相关 I/O 客户端拥有写权限

搜一搜：

搜一搜其他品牌工业机器人的系统输入输出信号是如何定义的。

二、工业机器人 I/O 接口电路

ABB IRB120 工业机器人配备 IRC5 紧凑型控制器，机器人标准 I/O 板 DSQC652 在控制器上的接口分别是 XS12、XS13、XS14 和 XS15，其中 XS12、XS13 为数字量输入接口，XS14、XS15 为数字量输出接口。具体接口电路及接口照片如图 2-2-1 所示。

图 2-2-2 为 DSQC652 数字量输入输出接口电路图，图中显示 XS12 接口 1～8 为 DI1～DI8，XS13 接口 1～8 为 DI9～DI16，XS14 接口 1～8 为 DO1～DO8，XS15 接口 1～8 为 DO9～DO16。此外，需要特别注意的是，所有接口的 9 号引脚必须接 0V，输入接口 10 号引脚悬空，输出接口 10 号引脚接 24V。

图 2-2-3 为 ABB IRC5 紧凑型控制器数字量输入输出接线端子照片，接线端子上一般都粘贴有引脚序号，接线过程中需要严格按照顺序接线。

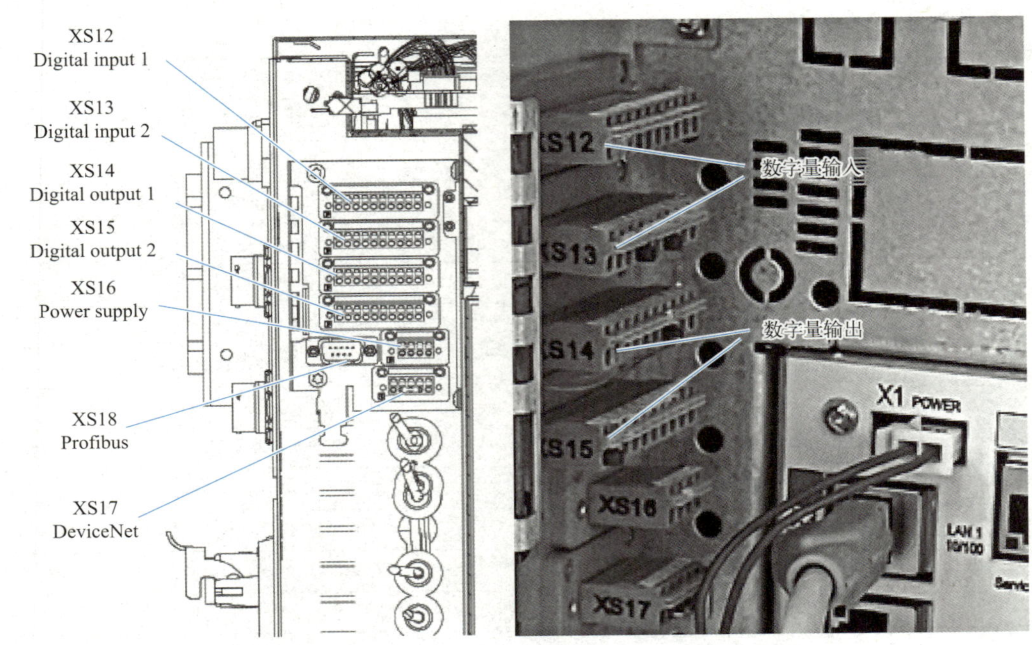

图 2-2-1　IRC5 紧凑型控制器 DSQC652 DI/DO 接口

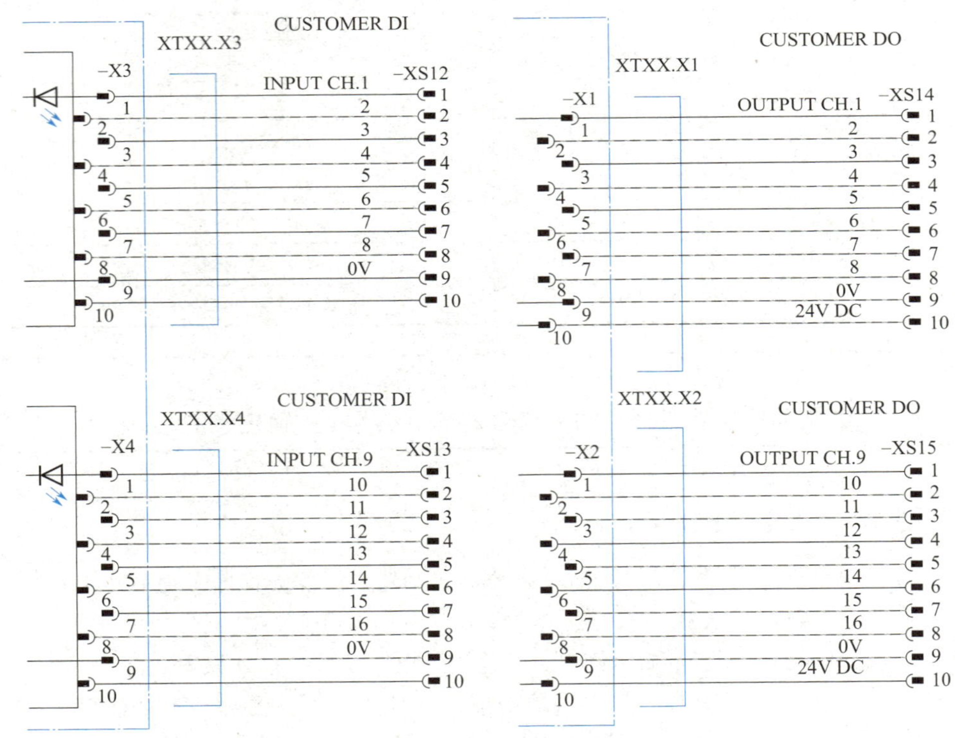

图 2-2-2　IRC5 紧凑型控制器 DI/DO 模块电路图

搜一搜：

查阅工业机器人电路图，对照工业机器人认一认相关电路接口。

三、可编程控制器 I/O 接口电路

图 2-2-3　ABB 机器人控制器 DI/DO 信号接线端子

西门子 S7-1200PLC CPU1215C DC/DC/DC 型 PLC 外部引脚图如图 2-2-4 所示，此款 PLC 为 24V DC 供电，PLC 数字输入信号连接 DIa. 0～DIa. 7、DIb. 0～DIb. 5 引脚，数字输出信号连接 DQa. 0～DQa. 7、DQb. 0、DQb. 1 引脚，具体引脚位置在电路图和 PLC 实物上都有明确的标注，实际接线操作过程中必须严格按照正确引脚接线。此外，需要特别注意的是 PLC 输入端 1M 引脚必须接 0V，输出端 4L＋引脚必须接 24V，4M 引脚必须接 0V。

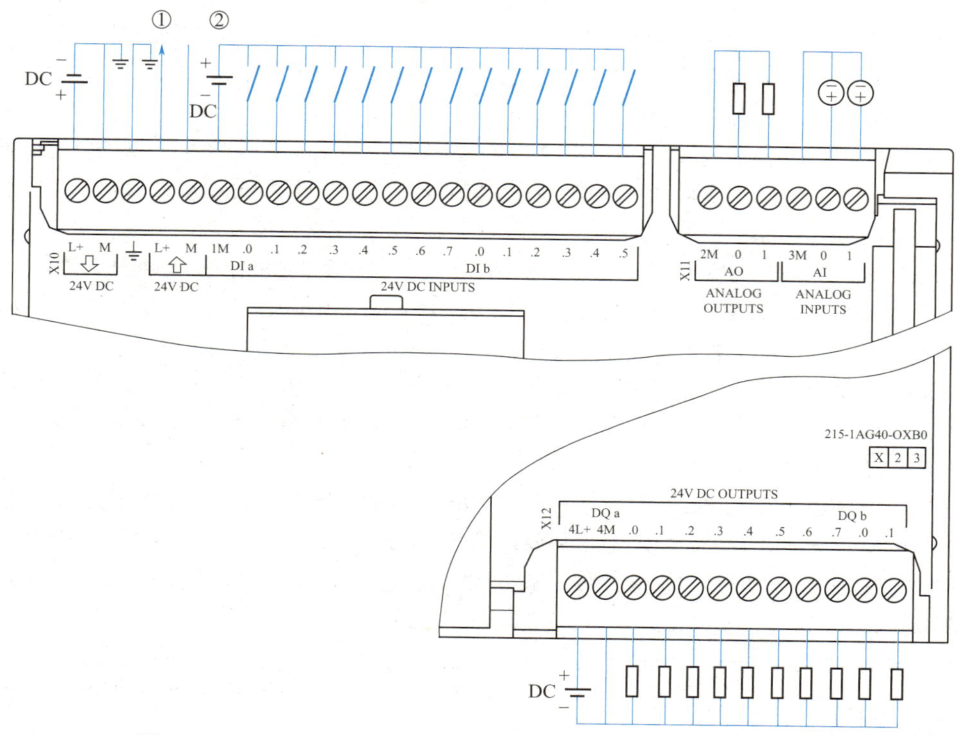

图 2-2-4　S7-1200PLC CPU1215C DC/DC/DC 型 PLC 外部引脚图

> 搜一搜：
>
> 查阅 PLC 技术手册，对照 PLC 实物认一认相关电路接口。

四、常用电气图绘制软件简介

主流的电气图绘制软件有 ACE（AutoCAD Electrical）和 EPLAN 两种，这两款软件到底有哪些区别呢？图 2-2-5 为 AutoCAD Electrical 和 EPLAN 软件标志性的启动画面。

AutoCAD Electrical 软件可自动执行常见设计任务并提高绘图效率。它除了具备

图 2-2-5 AutoCAD Electrical 和 EPLAN

AutoCAD 软件的所有功能外，还包含诸如符号库、BOM 表报告和 PLC I/O 设计等可更快速、更高效地执行控制设计的电气 CAD 功能。

EPLAN Electric P8 提供了多种多样的功能，用以实现快速原理图设计、多种报表自动生成、工程项目管理等。一旦原理图被建立，EPLAN 就能根据它自动生成各式各样的报表，这些报表可直接用于生产、装配、发货和维修。此外，EPLAN 还提供了专门的接口，用来和其他的 CAE 软件进行项目数据交换，确保 EPLAN 项目中的数据与整个产品开发流程中的数据保持一致。

AutoCAD Electrical 基于 AutoCAD 的平台，同时兼具 AutoCAD 的机械设计功能，相比 EPLAN，功能更加强大。AutoCAD 的一些快捷键同样适用于 AutoCAD Electrical。

EPLAN Electric P8 基于 EPLAN 的平台，根据项目的理念进行绘制，和同一平台下的其他产品，如 EEC ONE、PROPANEL 等软件互通，在功能延展性以及项目管理上，相比 AutoCAD Electrical 更加强大。

AutoCAD Electrical 和 EPLAN Electric P8 都具有功能强大的电气符号库，设计者可以根据不同的电气标准，如 IEC、GB、JIC、NEMA 等，切换不同的符号库。同时不同标准的原理图可以方便地转换。

API 扩展性方面，两款绘图软件均可以进行二次开发，使用第三方开发的 API 插件，能扩展软件的功能，如 Rockwell 基于 AutoCAD Electrical 开发的 NEWS 软件，只需在表格中输入不同的参数，就可以自动生成原理图纸，和 EPLAN 的 EEC ONE 是同一个理念。而 EPLAN 可以和 SAP 系统进行数据交换，一些部件库可以方便地从 SAP 系统中导入 EPLAN 中，同时可以生成制造数据供 Kiesling 机床进行自动开孔、自动接线的操作。EPLAN 已经形成了一个从项目规划到自动化设计、自动化生产全方位的闭环链。

上手难易程度方面，AutoCAD Electrical 的上手比较简单，很多功能和 AutoCAD 是通用的，参考资料比较丰富，自学容易上手。EPLAN Electric P8 的入门比较复杂，需要通过 EPLAN 的专业培训，自学难度比较大。

普及性方面，最近几年 EPLAN 软件的理念已经被越来越多的国内企业所接受，其高效性以及强大管理功能，能更高效地进行图纸设计。

自动化程度方面，EPLAN 可以自动生成项目所需的任何报表，可以方便制作所需的任何标签。

搜一搜：

在熟悉 ACE 与 EPLAN 的基础上，搜一搜其他电气图绘制软件，特别是国内新出的制图软件，研究各款软件的优缺点。

工作任务单

"工业机器人应用系统集成"工作任务单

<table>
<tr><td>工作任务</td><td colspan="3"></td></tr>
<tr><td>小组名称</td><td></td><td>小组成员</td><td></td></tr>
<tr><td>工作时间</td><td></td><td>完成总时长</td><td></td></tr>
<tr><td colspan="4">工作任务描述</td></tr>
<tr><td colspan="4"></td></tr>
</table>

小组分工	姓名	工作任务

<table>
<tr><td colspan="4">任务执行结果记录</td></tr>
<tr><td>序号</td><td>工作内容</td><td>完成情况</td><td>操作员</td></tr>
<tr><td></td><td></td><td></td><td></td></tr>
<tr><td></td><td></td><td></td><td></td></tr>
<tr><td></td><td></td><td></td><td></td></tr>
<tr><td></td><td></td><td></td><td></td></tr>
<tr><td></td><td></td><td></td><td></td></tr>
<tr><td colspan="4">任务实施过程记录</td></tr>
<tr><td colspan="4"></td></tr>
<tr><td>验收评定</td><td></td><td>验收签名</td><td></td></tr>
</table>

任务实施

一、工业机器人 I/O 接口分配

ABB 机器人的标准 I/O 板可以实现与外界的 I/O 通信，常见的标准 I/O 板包括 DSQC651、DSQC652、DSQC653、DSQC355A 及 DSQC377A 等。由于本系统不涉及模拟量通信，所以标准 I/O 板可以选用 DSQC652，DSQC652 集成 16DI 和 16DO，完全满足基本 I/O 通信需求。

工业机器人基本 I/O 通信主要有两个任务：第一个任务是通过与 PLC 通信，实现用 PLC 控制工业机器人复位、退出急停状态、电机上电、从主程序启动、自动进入水果抓取待机位置等，同时 PLC 也可以通过机器人系统输出信号判断工业机器人系统工作状态，如是否报警、电机是否上电、程序是否在循环等；第二个任务是机器人使用输出信号控制气动柔性抓手工具实施抓取或释放动作，同时还需要预留几个输入输出接口，用于 PLC 向机器人发送子程序执行命令和机器人向 PLC 反馈程序执行结果。

视频 2.5
工业机器人
I/O 分配

根据以上分析，编制出工业机器人输入输出信号分配表如表 2-2-3 所示。

表 2-2-3　ABB IRB120 机器人 I/O 信号分配表

输入	功能	信号类型	输出	功能	信号类型
DI01	电机上电	系统输入	DO01	自动模式	系统输出
DI02	从主程序启动	系统输入	DO02	上电中	系统输出
DI03	复位报警	系统输入	DO03	下电中	系统输出
DI04	复位急停	系统输入	DO04	循环中	系统输出
DI05	启动	系统输入	DO05	报警中	系统输出
DI06	停止	系统输入	DO06	急停中	系统输出
DI07	电机下电	系统输入	DO08	柔性抓手	数字输出

谈一谈：

谈一谈，如果要拓展功能，工业机器人还可能需要用到哪些 I/O 信号。

二、可编程控制器 I/O 接口分配

在本系统中 PLC 作为系统的核心控制器，其基本 I/O 信号一方面需要与工业机器人通信，控制工业机器人正常工作，实时掌握工业机器人工作状态，另一方面需要检测外部物理按钮、传感器，控制物理指示灯显示。而信号分配结果是后续电气接线图纸绘制的依据。根据上述分析，编制出 PLC 输入输出信号分配如表 2-2-4 所示。

视频 2.6
PLC I/O 分配

表 2-2-4　西门子 PLC CPU1215C I/O 信号分配表

输入	功能	输出	功能
DIa. 0	机器人自动模式	DQa. 0	机器人电机上电

续表

输入	功能	输出	功能
DIa. 1	机器人电机上电中	DQa. 1	机器人从主程序启动
DIa. 2	机器人电机断电中	DQa. 2	复位机器人报警
DIa. 3	机器人程序循环中	DQa. 3	复位机器人急停
DIa. 4	机器人报警中	DQa. 4	启动机器人程序
DIa. 5	机器人急停中	DQa. 5	停止机器人程序
DIb. 0	水果检测传感器	DQa. 6	机器人电机断电

谈一谈：

如果要拓展功能，PLC 还可能需要用到哪些 I/O 信号。

三、绘制工业机器人 I/O 信号接线图

工业机器人输入输出信号接线图需要依据工业机器人 I/O 信号的分配结果绘制，工业机器人 I/O 信号接线图是工业机器人输入输出信号接线操作的依据，图纸绘制不强制使用绘图软件，但电气图形符号必须符合国标规定，所以建议采用标准化电气图纸绘制软件绘制，如电气版 CAD 软件或自动化程度更高的 EPLAN 软件。依据工业机器人 I/O 信号分配表，绘制工业机器人 I/O 信号接线图如图 2-2-6 和图 2-2-7 所示。

视频 2.7
绘制工业机器人接线图

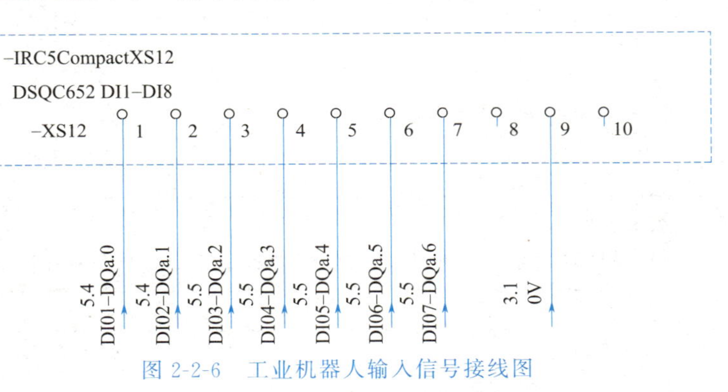

图 2-2-6　工业机器人输入信号接线图

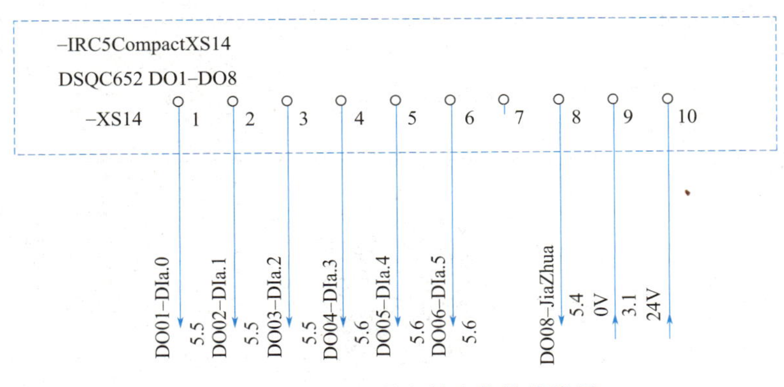

图 2-2-7　工业机器人输出信号接线图

四、绘制可编程控制器 I/O 信号接线图

视频 2.8
绘制 PLC 接线图

可编程控制器 I/O 信号接线图需要依据 PLC 的 I/O 信号分配结果绘制。依据 PLC 的 I/O 信号分配表，绘制 PLC 的 I/O 信号接线图如图 2-2-8 所示。

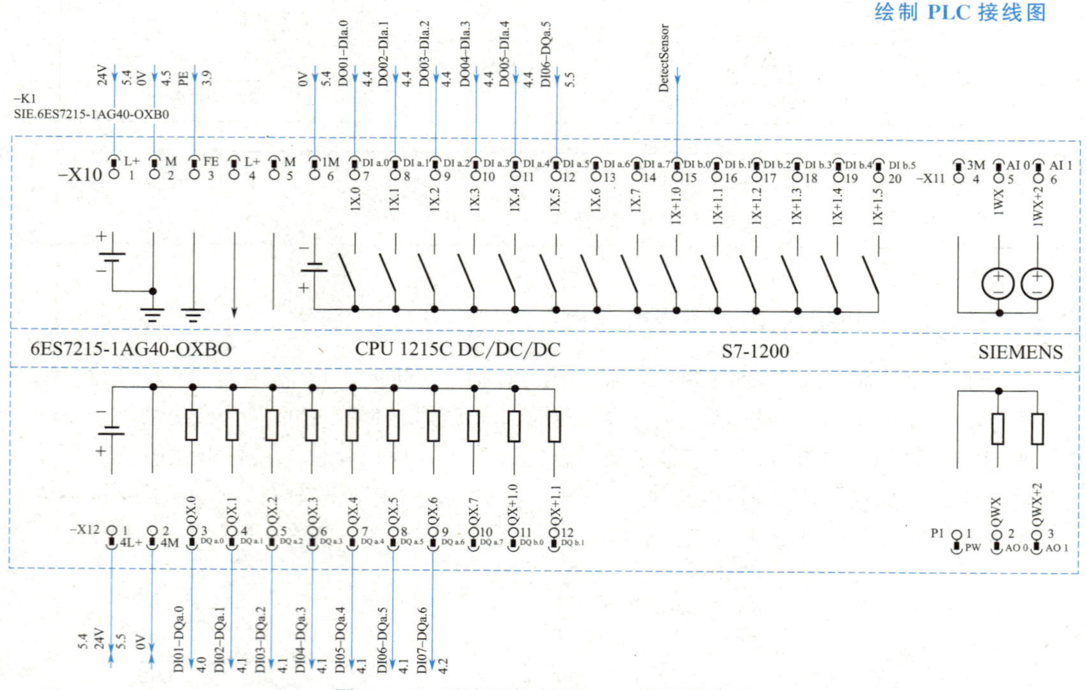

图 2-2-8　可编程控制器 I/O 信号接线图

> 搜一搜：
> 在绘制接线图时，导线功能标识符号可以用哪几种标准标注。

【思考感悟】 充分了解设备硬件接口电路功能，在满足系统硬件功能需要的基础上，合理分配接口资源，培养求真务实的职业素养。通过使用标准化的专业电气制图软件，规范化、标准化地绘制设备电气接线图，培养规范严谨的职业精神。	谈一谈你们组是如何做的。

思政故事 3　电气蓝图中的职业坚守：求真务实与严谨规范

任务评价

任务评价表

评价类型	赋分	序号	具体指标	分值	得分		
					自评	组评	师评
职业能力	55	1	能准确描述工业机器人系统输入输出信号功能	10			
		2	能准确识别工业机器人I/O信号接口	10			
		3	能准确识别可编程控制器I/O信号接口	5			
		4	能根据水果自动分拣工业机器人应用系统功能需求，合理分配系统I/O资源	10			
		5	能熟练使用绘图软件绘制电气接线图	15			
		6	能提出具有可行性的改进或备选方案	5			
职业素养	20	7	坚持出勤，遵守纪律	5			
		8	协作互助，解决难点	5			
		9	按照标准规范操作	5			
		10	持续改进优化	5			
劳动素养	15	11	按时完成，认真填写记录	5			
		12	保持工位卫生、整洁、有序	5			
		13	小组团队分工、合作、协调	5			
思政素养	10	14	完成思政素材学习	4			
		15	规范化标准化意识（文档、图样）	6			
综合得分			—	100			

总结反思

目标达成	知识		能力		素养	
学习收获						
问题反思						
教师寄语						

任务拓展

1. 优化完善

根据任务评价结果，在对比其他团队任务完成情况的基础上总结反思，基于任务完成中存在的问题思考解决办法，完善资源分配，优化电气图纸，将完善情况填写于“拓展任务表”中“任务优化完善”栏。

2. 改进创新

针对任务评价表中提出的“能提出具有可行性的改进或备选方案”，尝试落实改进或备选方案，并将实施情况填写于“拓展任务表”中“任务改进创新”栏。

拓展任务表

任务优化完善
任务改进创新

任务三 电气控制系统安装与测试

任务目标

① 熟悉工业机器人应用系统安装接线工作流程。
② 明确工业机器人应用系统安装标准规范。
③ 掌握常用低压电气设备器件安装与接线方法。
④ 能根据电气接线图正确标准地安装接线。
⑤ 能使用常用电工工具检测安装接线的正确性。
⑥ 能使用伺服调试软件测试伺服驱动系统安装接线正确性。

任务要求

① 课前自主复习前续“电工实训”类课程中所学安装接线知识、标准、要求，自主检索自动化系统安装接线相关国家标准和企业行业规范，学习标准化电气安装接线操作要求。
② 课中首先交流标准化电气安装接线操作学习情况，建议以视频、PPT、图片、文字等多种方式全面介绍；然后交流在学习过程中存在的疑问，以同学互动、教师指导等方式进行。
③ 在教材展示的接线结果引导下，分组完成系统安装与接线操作，使用常用电工工具检测安装接线正确性，使用伺服调试软件测试伺服驱动系统安装接线正确性。
④ 任务完成后，以组为单位展示安装接线结果，说明在安装接线操作过程中使用的检测方法及检测结果，根据任务评价表中具体指标组内自评、组间互评和教师评价，并就任务完成情况总结反思。
⑤ 课后基于任务完成中存在的问题思考解决办法，改正错误优化走线，完善安装接线实施成果。
⑥ 完成课后拓展任务，为后续任务做好准备。

工作任务单

"工业机器人应用系统集成"工作任务单

工作任务			
小组名称		小组成员	
工作时间		完成总时长	
工作任务描述			

小组分工	姓名	工作任务

任务执行结果记录

序号	工作内容	完成情况	操作员

任务实施过程记录

验收评定		验收签名	

任务实施

一、开关电源安装接线

本系统电气设备器件都是标准24V供电，所以本系统电源选择的是输出24V直流的开关电源，开关电源的接线分为交流220V的进线侧和直流24V的出线侧，在开关电源接线位置都有明确的标识，接线操作必须按照标准化的工艺要求实施标准化接线，并且导线颜色不可随便选择，三相绝缘电线的黄、绿、红三色分别表示交流电的U、V、W三相，220V市电相线（或称为火线）一般用红色或棕色表示，零线用蓝色或绿色、黑色表示，接地线用黄绿相间颜色表示。一般最常用的是相线红色，零线蓝色，接地黄绿。需要特别注意的是开关电源必须可靠接地。开关电源安装效果如图2-3-1所示。

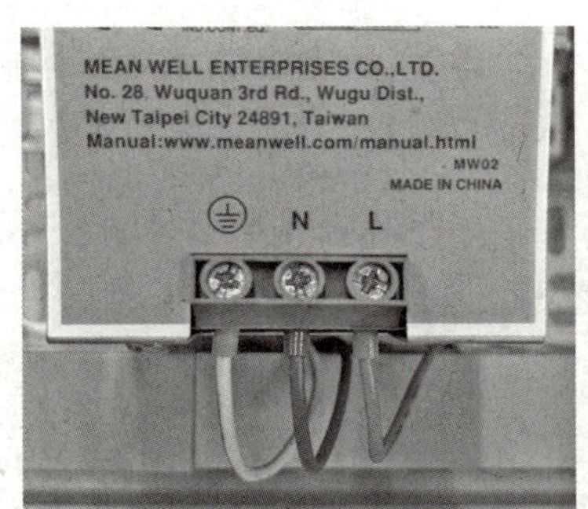

图 2-3-1　开关电源接线

> 谈一谈：
>
> 标准化接线操作可以避免哪些安全问题？

二、工业以太网交换机安装接线

工业以太网交换机是系统以及网络通信的核心交换设备，所有基于以太网络通信的设备器件都通过RJ45网线与交换机相连接。工业以太网交换机电源的接线如图2-3-2所示，只需要图示位置的接线端子与24V DC电源的V+、V−以及接地线相连接即可。交换机所有网络接口都没有区别，系统中需要网络通信的设备只需要使用网线连接设备和交换机即可。

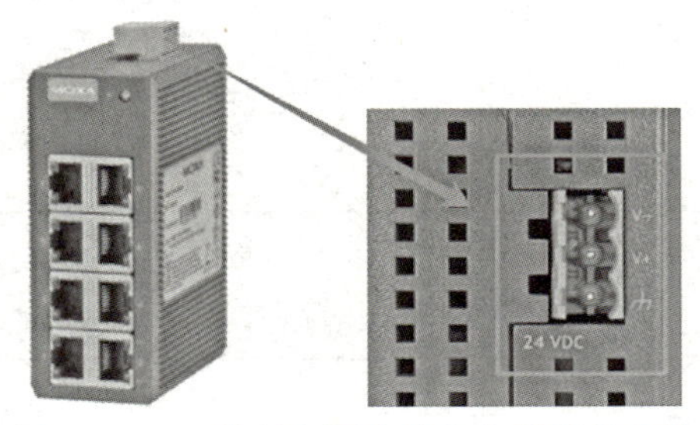

图 2-3-2　工业以太网交换机电源接线方法

三、工业机器人I/O信号接线

工业机器人输入输出信号是通过DSQC652的输入输出接线端子与PLC以及控制机器人柔性抓手工具动作的电磁阀气阀相连接的，即工业机器人控制器上的XS12、XS13、XS14、XS15端子。

视频2.9
工业机器人接线操作

工业机器人的DO信号与PLC的DI信号相连，PLC的DQ信号与工业机器人的DI信号相连。依据工业机器人和PLC的输入输出信号分配，以及接线图所示对应关系，实施接线操作，要求I/O信号导线要有清晰明了的标识。图2-3-3和图2-3-4分别为工业机器人XS12端子DI信号接线和工业机器人XS14端子DO信号接线。

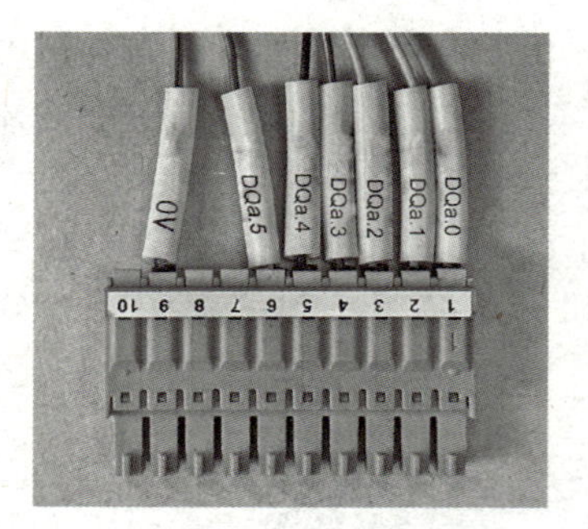

图2-3-3　工业机器人XS12端子DI信号接线

图2-3-4　工业机器人XS14端子DO信号接线

同时，出于系统安全考虑，本系统设置了一个外部急停按钮，此按钮直接与工业机器人外部急停按钮接口相连，IRC5紧凑型控制器可以通过XS7、XS8分别连接两个外部急停按钮，本系统急停按钮连接工业机器人控制器的XS7端子的7号、8号接线位置，急停按钮接线如图2-3-5所示。

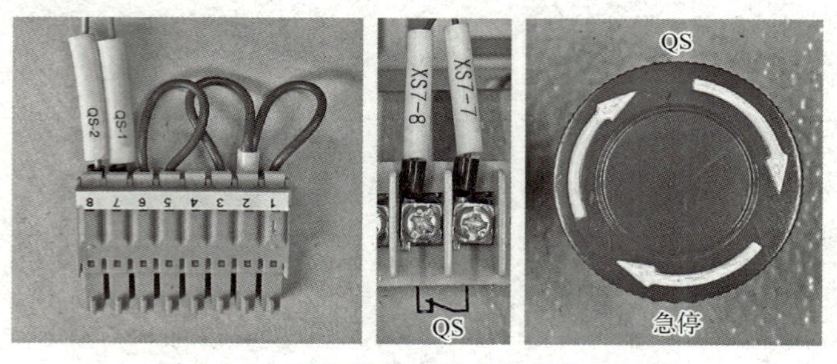

图2-3-5　工业机器人外总急停按钮接线

谈一谈： 如果接线操作过程中没有明确标注导线，会带来哪些问题？

四、可编程控制器I/O信号接线

PLC输入信号主要与工业机器人输出信号相连，同时，输送带上机器视频拍照位置的水果检测传感器输出信号也与PLC输入信号相连，本系统水果检测传感器选择的是激光对射光电开关，两根线的为发射端，三根线的为接收端，其中电源正极为棕色接24V，电源负极为蓝色接0V，信号线为黑色，接收端接收激光信号线输出24V。传感器功能示意图如图2-3-6所示。

视频 2.10
PLC接线操作

PLC输入信号接线如图2-3-7所示。PLC输出信号主要与工业机器人输入信号相连，PLC 输出信号接线如图 2-3-8 所示。

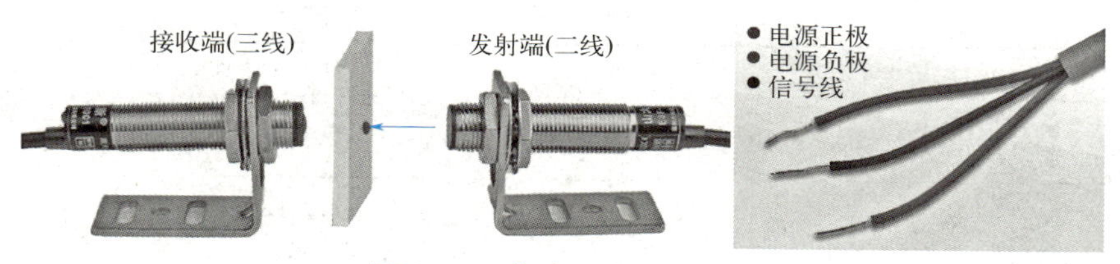

图 2-3-6　传感器功能示意图

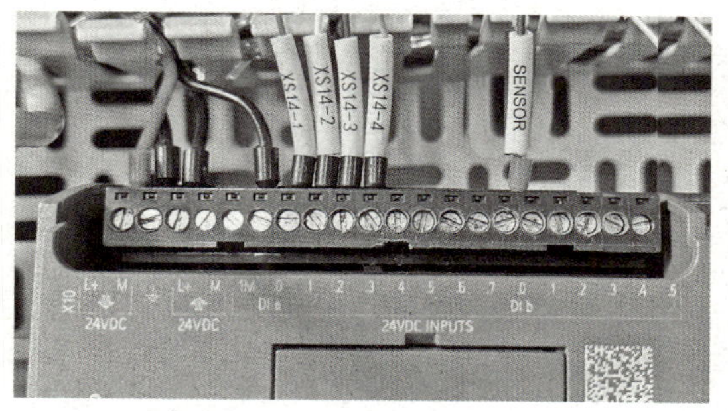

图 2-3-7　PLC 输入信号接线

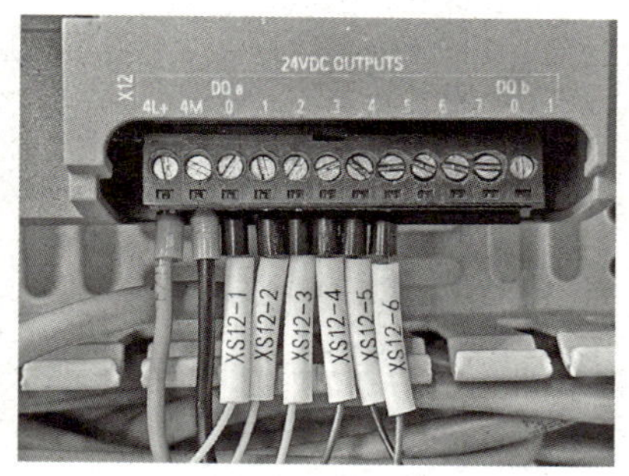

图 2-3-8　PLC 输出信号接线

五、机器视觉安装接线

机器视觉的固定安装需要考虑相机拍照的位置，因为本系统中拍照对象为输送带上的水果，所以相机支架应该架设在输送带上水果检测传感器处，这样传感器检测到水果，输送带停止传动，等待机器视觉相机拍照处理提取相关数据。

1. 相机构成

康耐视 IS2000 相机由 5 个部分构成，分别为相机镜头、白色光源、保护罩，相机主体、CPU、状态指示灯，EtherNet 接口，I/O、RS-232、24V DC 电源接口和手动按键，如图 2-3-9 所示。康耐视相机状态指示灯与按键详情见图 2-3-10。

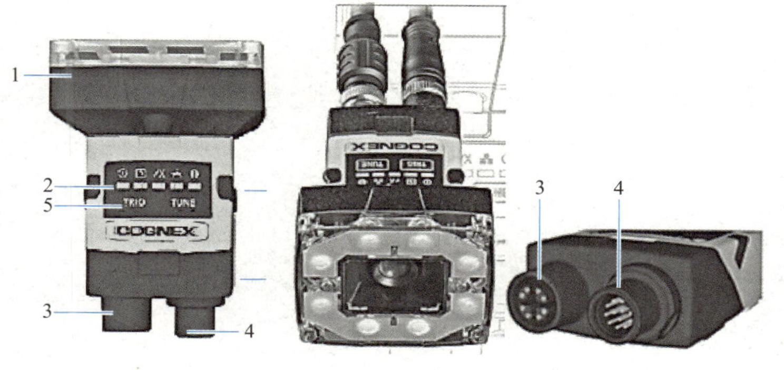

图 2-3-9　康耐视 IS2000 相机构成

1—相机镜头、白色光源、保护罩；2—相机主体、CPU、状态指示灯；3—EtherNet 接口；4—I/O、RS-232、24V DC 电源接口；5—手动按键

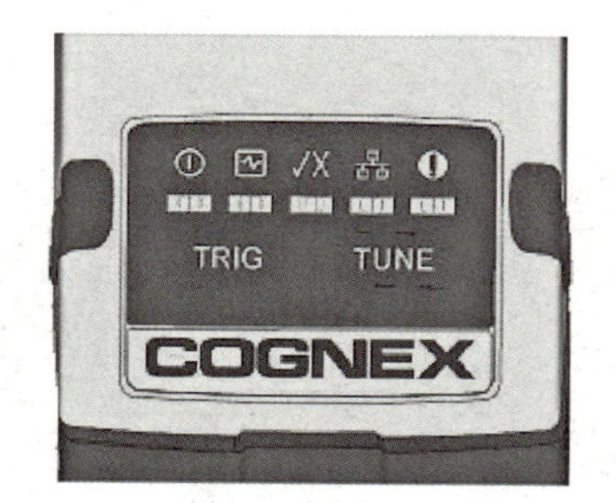

图 2-3-10　康耐视相机状态指示灯与按键

康耐视相机状态指示灯和按键说明如表 2-3-1 所示。

表 2-3-1　相机状态指示灯和按键说明

指示灯/按键	功能说明
电源指示灯	绿色通电正常
状态指示灯	黄色相机正常
✓X 通过/失败指示灯	绿色通过/红色失败
通信指示灯	黄色通信正常
错误指示灯	红色相机出现错误
TRIG 手动触发	手动触发拍照按钮
TUNE 调频按钮	不支持

2. 相机网络接线

以太网电缆用于连接视觉系统和其他的网络设备。以太网电缆可连接一个单独的设备或可通过网络交换机、路由器连接多个设备，见图 2-3-11～图 2-3-13。

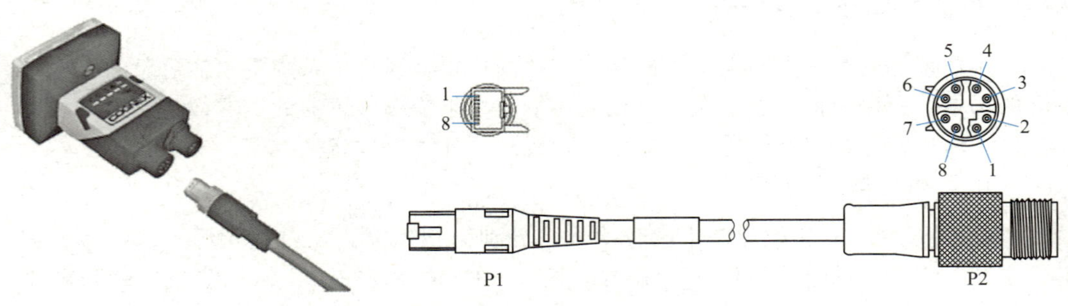

图 2-3-11　网络连接示意图

图 2-3-12　网络接口引脚说明

RJ45

网线	连接器 M12*8P/X型/针	RJ45	网线
橙/白	1	1	橙/白
橙	2	2	橙
绿/白	3	3	绿/白
蓝	8	4	蓝
蓝/白	7	5	蓝/白
绿	4	6	绿
棕/白	5	7	棕/白
棕	6	8	棕

图 2-3-13　网络连接接线图

3. 相机电源接线

电源和 I/O 分接电缆可提供与外部电源、采集触发器输入、通用输入、高速输出和 RS-232 串行通信之间的连接。电源和 I/O 分接电缆不是封闭的，见图 2-3-14～图 2-3-16。

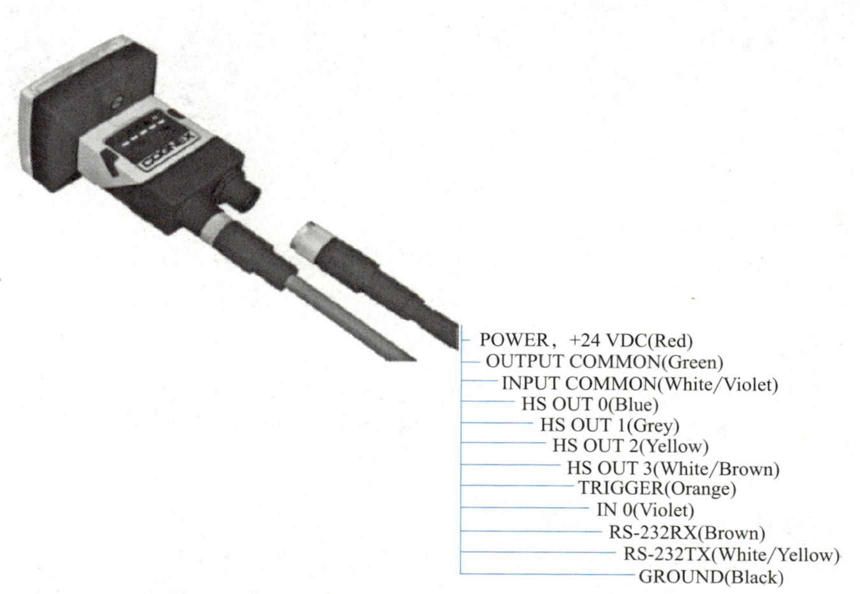

图 2-3-14　电源连接示意图

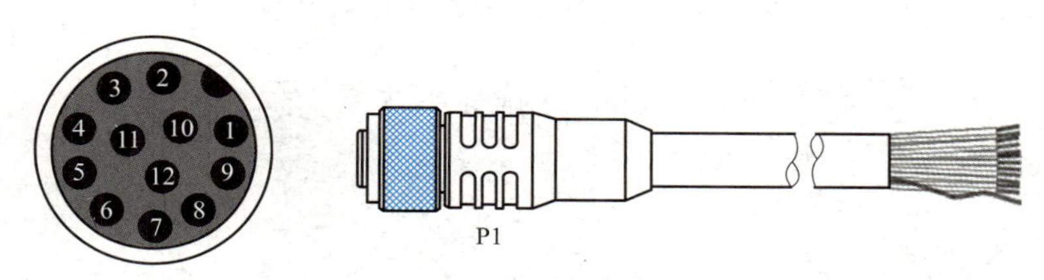

图 2-3-15　电源接口引脚说明

4. 相机焦距调节

不同的相机会有一点差别，但旋钮一般在指示灯旁边，调节时切不可过分用力，感觉拧不动，说明这个方向到头了，反向调节，见图 2-3-17。

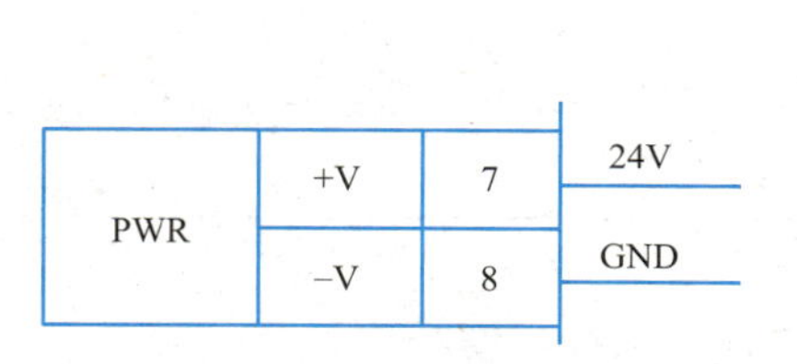

图 2-3-16　相机电源供电接线

图 2-3-17　相机焦距调节示意图

5. 相机安装

康耐视相机支持两种角度安装，可以根据实际场景进行选择，如图 2-3-18 和图 2-3-19 所示。

6. 连接电源

① 按照上述的接线图连接好电源线，注意正负禁止接反；

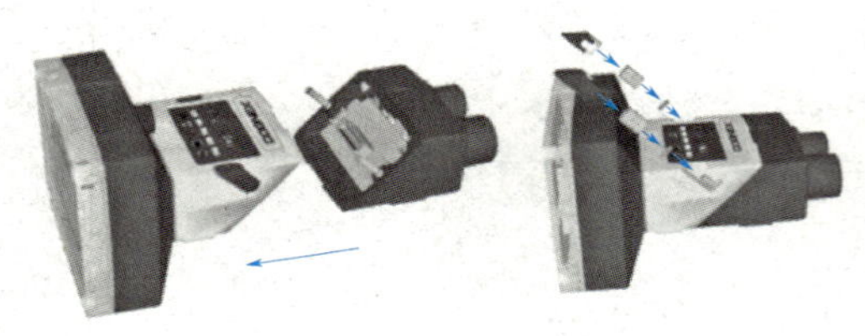

图 2-3-18　相机安装方法 1

图 2-3-19　相机安装方法 2

② 按照上述的接线图连接好通信电缆；

③ 按照接线端口形状和连接标记，找准接线端标记位后，垂直插入，不要扭转，不要大力按压。

7. 相机通电

① 给相机通电，观察相机指示灯状态，正常如图 2-3-20 所示。

② 如果有错误根据指示灯状态进行处理，直到指示灯状态正常。

8. 断开电源

关闭供电电源，断开相机电源。

需要特别注意的是相机支架的高度需要根据相机拍照范围确定，架设过高拍摄范围太大，架设过低拍摄范围将不能覆盖检测区域，所以安装过程需要根据现场实际情况实时调整，图 2-3-21 为相机支架安装和机器视觉相机接线方法。

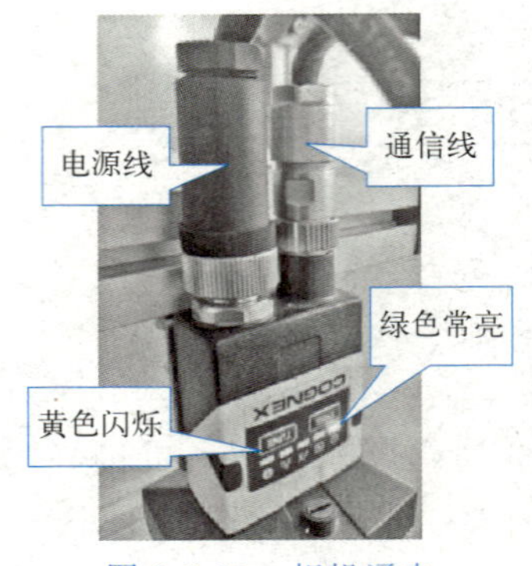

图 2-3-20　相机通电

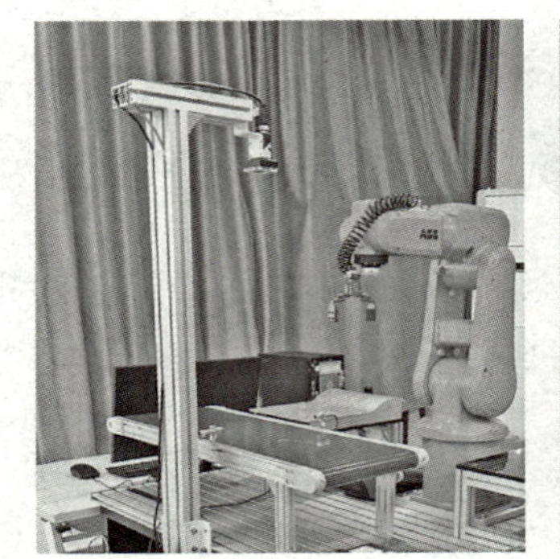

图 2-3-21　相机支架安装和机器视觉相机接线

机器视觉相机的接线主要有供电电缆与 24V DC 电源的连接和数据通信接口使用 RJ45 网线与系统工业交换机的连接。

> 练一练：
>
> 安装完成后，可以尝试使用软件测试视觉系统高度与位置是否合适，如有问题及时调整。

六、触摸屏安装接线

西门子 TP700 Comfort 触摸屏集成了丰富的接口，在安装接线之前需要明确接口位置与连接方法。本系统只需要为 TP700 Comfort 触摸屏连接 24V DC 电源和基于 PROFINET 通信的 RJ45 标准接口网线。图 2-3-22 为 TP700 Comfort 触摸屏接口标识与接口位置照片。

24V DC 电源需要通过标准接线端子与触摸屏相连，通信网线直接插接即可。TP700 Comfort 触摸屏接线如图 2-3-23 所示。

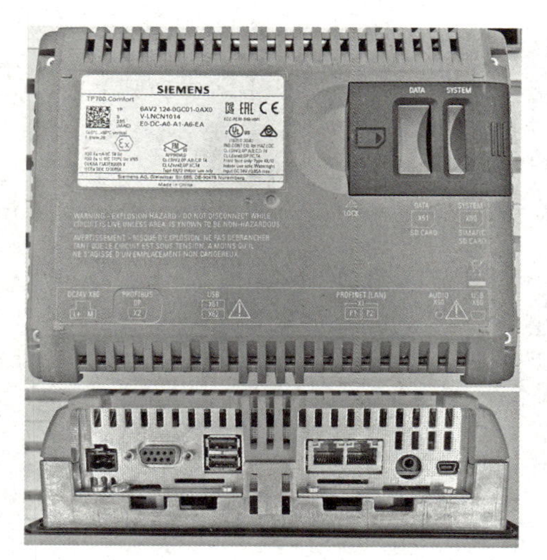

图 2-3-22　TP700 Comfort 触摸屏接口标识与接口位置

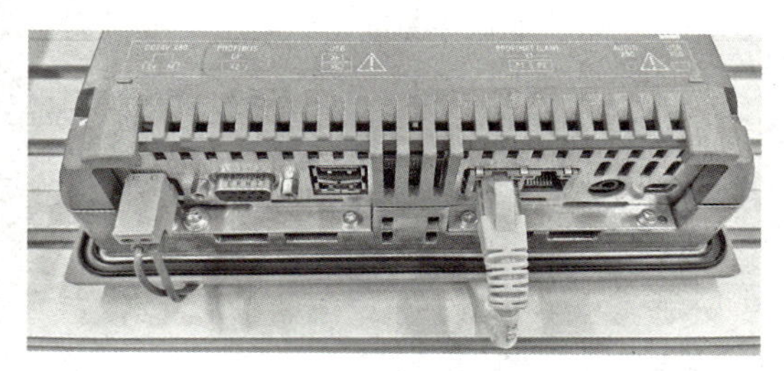

图 2-3-23　TP700 Comfort 触摸屏接线

七、伺服驱动系统安装测试

1. 安装驱动器

西门子 V90 伺服驱动器只允许在封闭的壳体或控制柜内运行，并且必须安装保护装置和保护盖。在金属控制柜中安装该设备或采用同等措施安装保护装置时必须防止控制柜外的明火和放射物蔓延。

SINAMICS V90 PN 200V 系列中，400W 及 750W 型号的驱动器可同时支持垂直安装和水平安装，其他型号的驱动仅支持垂直安装。在屏蔽柜中安装驱动时须遵守安装方向和安装间距要求。在水平安装驱动时，须确保驱动器前面板至电柜顶壁的间距大于 100mm，西门子 V90 伺服驱动器安装方向如图 2-3-24 所示。

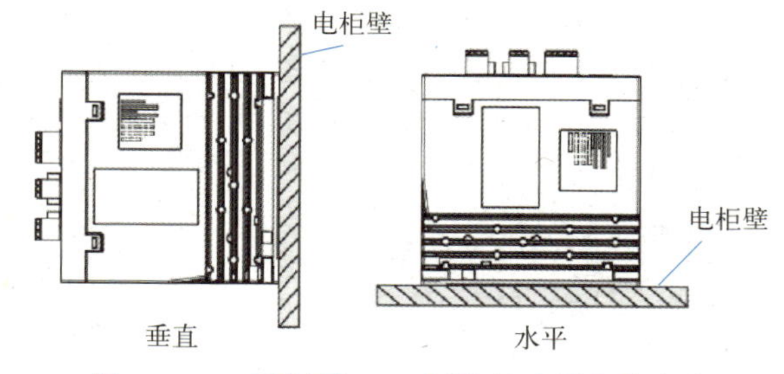

图 2-3-24　西门子 V90 伺服驱动器安装方向

2. 驱动系统连接

SINAMICS V90 PN 伺服驱动内置数字量输入/输出接口以及 PROFINET 通信端口。可将驱动与西门子控制器 S7-1200 或 S7-1500 相连。图 2-3-25 为 SINAMICS V90 PN 伺服系统的配置示例。

① SINAMICS V90 PN 伺服驱动；

② 熔断器/E 型组合电机控制器（选件）；

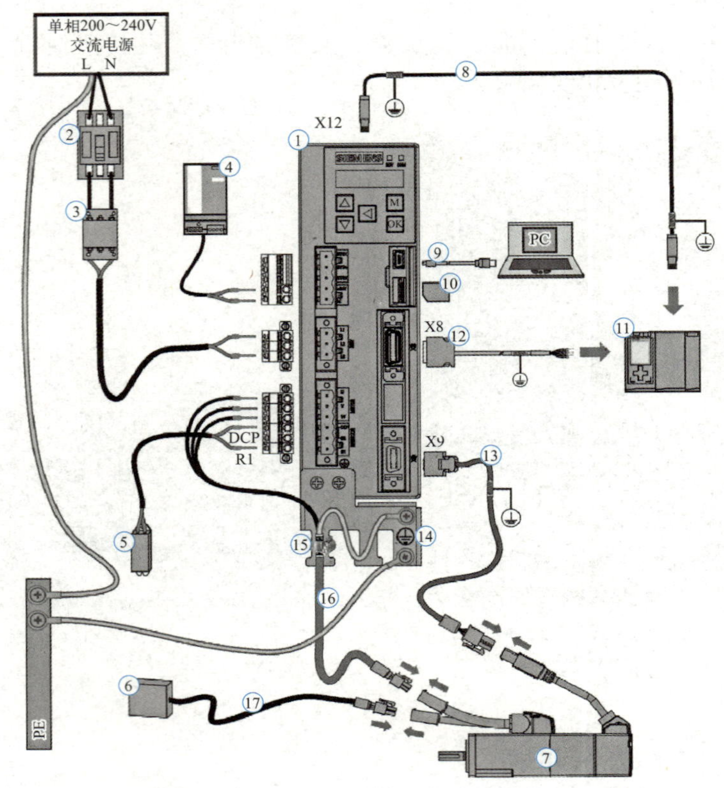

图 2-3-25　SINAMICS V90 PN 伺服系统的配置示例

③ 滤波器（选件）；

④ 24V DC 电源（选件）；

⑤ 外部制动电阻（选件）；

⑥ 外部继电器（第三方设备）；

⑦ SIMOTICS S-1FL6 伺服电机；

⑧ PROFINET 电缆；

⑨ USB 电缆；

⑩ 微型 SD 卡；

⑪ 上位机；

⑫ PROFINET I/O 电缆（20 针）；

⑬ 编码器电缆；

⑭ 屏蔽板（包含在 V90 包装中）；

⑮ 卡箍（附带在电机动力电缆上）；

⑯ 电机动力电缆；

⑰ 抱闸电缆。

根据上述接线指导，为 V90 PN 伺服驱动器连接 24V DC 电源，使用标准电缆连接 V90 PN 伺服驱动器与 SIMOTICS S-1FL6 伺服电机，使用 RJ45 接口标准网线连接伺服驱动器与系统工业交换机，V90 PN 伺服驱动器接线完毕，安装到位前的照片如图 2-3-26 所示。

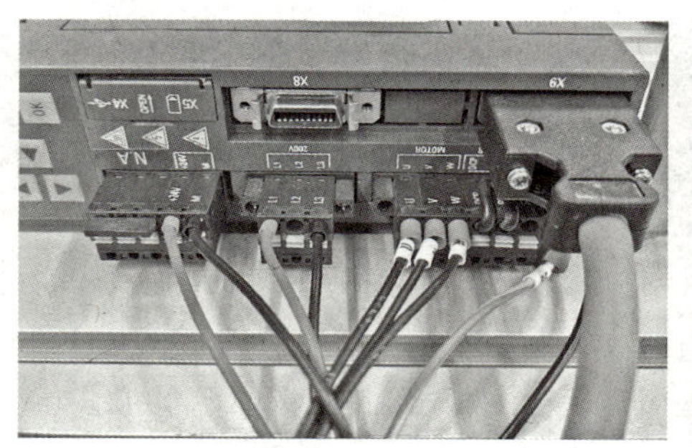

图 2-3-26 V90 PN 伺服驱动器接线

3. 使用 SINAMICS V-ASSISTANT 配置和测试 V90 伺服

SINAMICS V-ASSISTANT 是 SINAMICS V90 伺服系统的调试和诊断工具，可以用于带有 PROFINET 接口的 SINAMICS V90 驱动（简称 V90 PN）和带有脉冲 USS/Modbus 接口的 SINAMICS V90 驱动（简称 V90 PTI）两个驱动版本伺服系统的调试和诊断。该软件可在装有 Windows 操作系统的个人电脑上运行，利用图形用户界面与用户互动，并能通过 Mini USB 电缆或带有 RJ45 接口的网线与 SINAMICS V90 通信，修改伺服参数、监控状态。

SINAMICS V-ASSISTANT 启动时会弹出连接模式对话框，如图 2-3-27 所示。

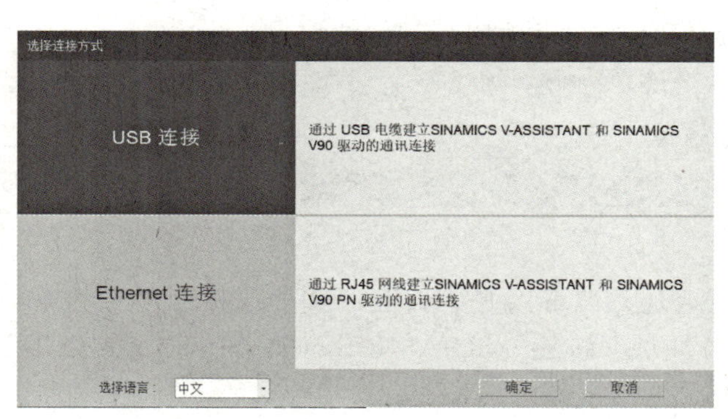

图 2-3-27 SINAMICS V-ASSISTANT 连接方式选择

视频 2.11
V90 伺服配置测试

USB 连接方式适用于通过 USB 电缆连接至 PC 的 V90 PN 和 V90 PTI 两个版本的驱动。而 Ethernet 连接方式仅适用于通过 RJ45 接口连接至 PC 的 SINAMICS V90 PN 驱动，并且 SINAMICS V-ASSISTANT 通过 Ethernet 连接与 SINAMICS V90 PN 驱动通信时仅支持在线模式通信。

本项目选择使用 RJ45 接口网线直接连接伺服驱动器与电脑，使用 SINAMICS V-ASSISTANT 软件的 Ethernet 连接方式配置和测试伺服驱动系统。选择 Ethernet 连接方式并按下“确定”按钮，打开网络视图窗口，当前所有串联的 SINAMICS V90 PN 驱动都会显示在列表中，图 2-3-28 为网络视图窗口。

网络视图窗口中，如果勾选了相应 V90 PN 驱动的“LED 闪烁”复选框，所对应驱动上的 RDY LED 指示灯便会以 2Hz 的频率黄绿交替闪烁。

必要时，可点击刷新按钮刷新网络中的设备。

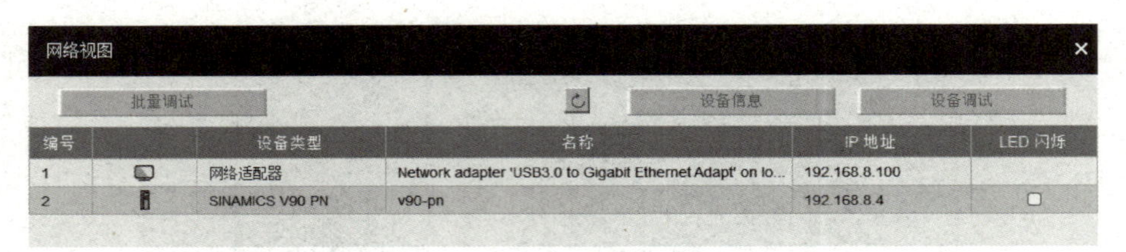

图 2-3-28　网络视图窗口

右上角的“设备信息”和“设备调试”按钮仅在选择了一个目标 V90 PN 驱动后才生效。左上角的按钮仅在选择了批量调试的源设备后才生效。

如需按照设备名称或 IP 地址排序，可以点击列标题“名称”或“IP 地址”排序。

如果需要更改某一伺服的名称或 IP 地址，可以选择需要修改的目标 V90 PN 驱动并点击“设备信息”按钮，在出现的如图 2-3-29 所示的“设备信息”对话框中修改。

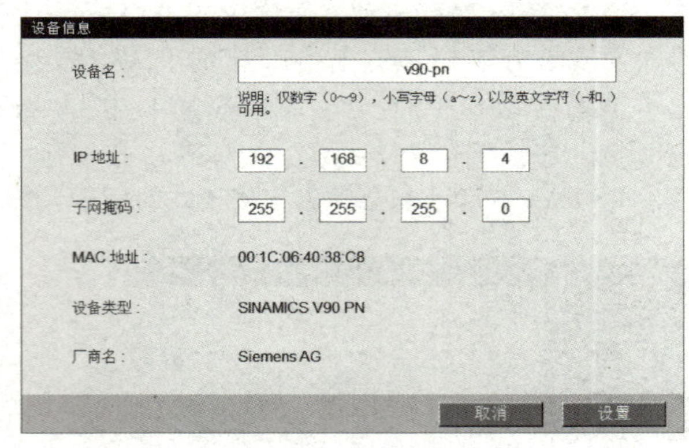

图 2-3-29　“设备信息”对话框

更改好伺服名称和 IP 地址，即可以开始伺服调试。选择网络视图窗口中目标 V90 PN 驱动并点击“设备调试”按钮。SINAMICS V-ASSISTANT 打开主窗口如图 2-3-30 所示。

当使用 RJ45 网线连接伺服驱动器，点击“伺服使能”后，伺服会提示“获取控制优先权失败”，如图 2-3-31 所示。出现这一问题的原因是当伺服驱动器通过 RJ45

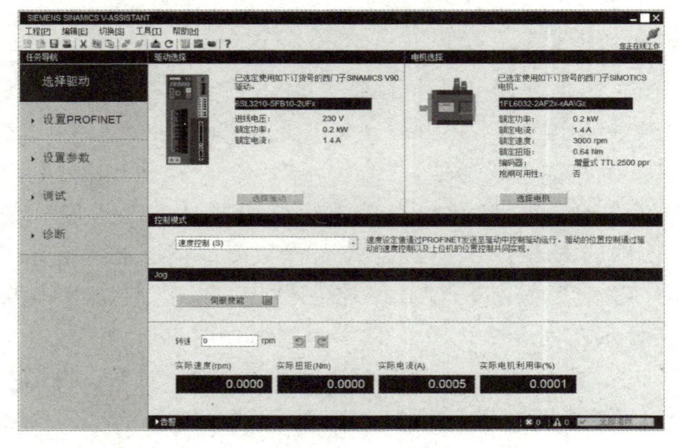

图 2-3-30　SINAMICS V-ASSISTANT 主窗口

网线连接时，电脑上 V-ASSISTANT 软件的优先权低于 PLC，所以无法控制伺服驱动器，无法调试。

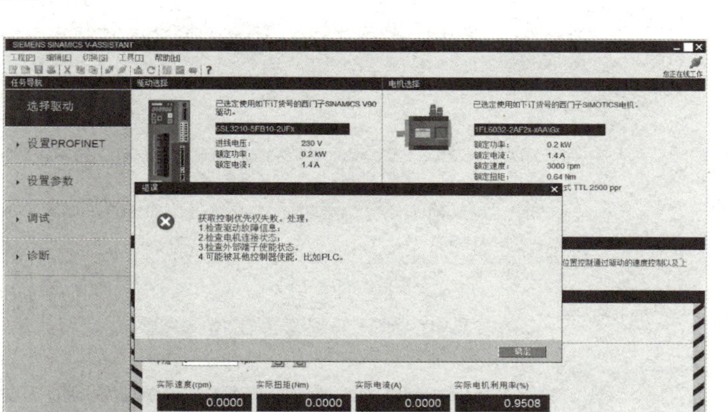

图 2-3-31　获取控制优先权失败

当出现上述问题后，应该选择使用 Mini USB 电缆，通过伺服驱动器的 X4 接口连接电脑，如图 2-3-32 所示，使用 Mini USB 电缆连接 V-ASSISTANT 软件可以获得比 PLC 更高的控制权限。

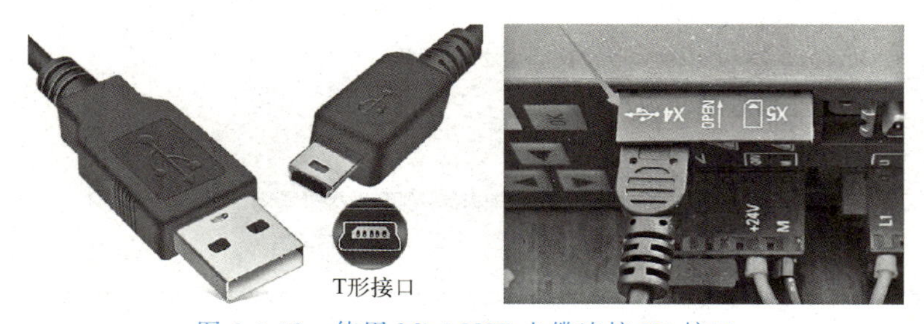

图 2-3-32　使用 Mini USB 电缆连接 X4 接口

在图 2-3-27 所示的操作界面选择“USB 连接”，进入伺服选择界面，如图 2-3-33 所示。

点击确定，打开 V-ASSISTANT 软件，控制模式选择“速度控制”，点击“伺服使能”，输入转速，按下“正转”或“反转”按钮，电机正向或反向转动，即可在画面中监视电机的实际速度、实际扭矩、实际电流和实际电机利用率等参数。如图 2-3-34 所示。

USB 连接模式下，同样可以设置伺服驱动器 IP 地址和设备名称，打开“设置 PROFINET”，选择“配置网络”，输入 PN 站名，输入 IP 地址、子网掩码、默认网关，点击“保存并激活”。如图 2-3-35 所示。最后点击工具菜单中的“重启驱动器”重启伺服，更改生效。

图 2-3-33　伺服选择界面

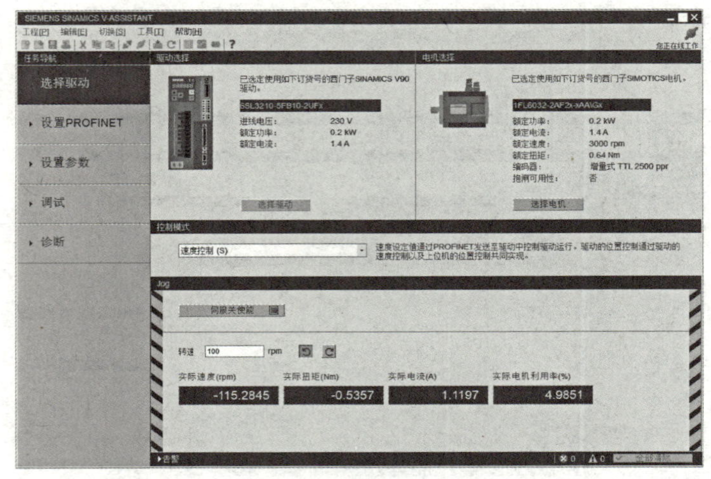

图 2-3-34　伺服点动测试

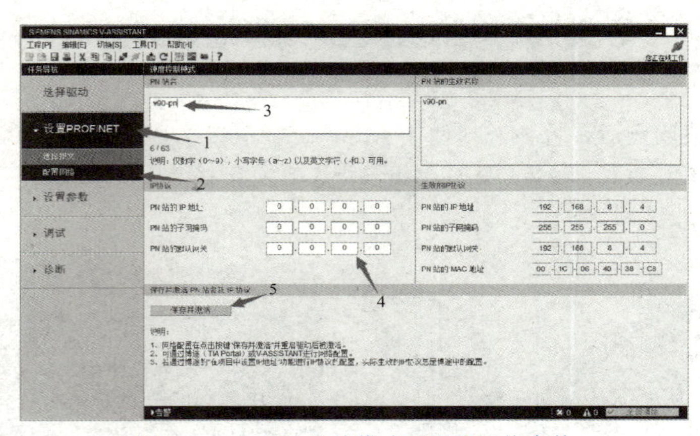

图 2-3-35　USB 连接模式下配置网络参数

> 练一练：
>
> 尽量使用实验室现有输送带驱动系统，如步进驱动器、步进电机或变频器，尝试优化输送带驱动方案。

【思考感悟】

电气设备安装接线，安全永远第一位，必须严格执行安全操作规程，不断强化安全意识；安装、接线必须标准化、规范化，不断提升标准意识，做事一丝不苟、精益求精，要有严谨细致、专注负责的工作态度，不断增强自动化人的职业认同感与责任感，弘扬工匠精神；操作过程协同合作，各尽其能，共同完成团队任务，实现个人价值，充分体现团队精神。

谈一谈你们组是如何做的。

思政故事 4　电气安装舞台上的责任与协作之歌

任务评价

任务评价表

评价类型	赋分	序号	具体指标	分值	得分		
					自评	组评	师评
职业能力	55	1	能正确安装常用低压电气设备	5			
		2	能标准化、规范化实施接线操作	5			
		3	能正确为开关电源、工业以太网交换机等电气设备接线	5			
		4	能依据资源分配表正确连接工业机器人与PLC	10			
		5	能合理使用常用电工工具实施检测操作	10			
		6	能使用伺服调试软件测试伺服驱动系统安装接线正确性	10			
		7	能提出具有可行性的安装接线优化方案	10			
职业素养	20	8	坚持出勤，遵守纪律	5			
		9	协作互助，解决难点	5			
		10	按照标准规范操作	5			
		11	持续改进优化	5			
劳动素养	15	12	按时完成，认真填写记录	5			
		13	保持工位卫生、整洁、有序	5			
		14	小组团队分工、合作、协调	5			
思政素养	10	15	完成思政素材学习	4			
		16	规范化标准化意识（文档、图样）	6			
综合得分			—	100			

总结反思

目标达成	知识		能力		素养	
学习收获						
问题反思						
教师寄语						

任务拓展

1. 优化完善

根据任务评价结果，改正安装接线过程中产生的错误，或不合规范、未按标准实施等问题，将任务实施过程中存在的问题、解决办法、处理结果填写到“拓展任务表”中“任务优化完善”栏。

2. 改进创新

针对任务评价表中提出的“能提出具有可行性的安装接线优化方案”，对安装接线或系统布局等实施改进，并将改进情况填写于“拓展任务表”中。

拓展任务表

任务优化完善
任务改进创新

项目评价

亲爱的同学，本项目学习结束了，感谢你始终如一地努力学习和积极配合。为了能使我们不断地做出改进，提高专业教学效果，我们珍视各种建议和批评。为此，我们很乐于了解你对本项目学习的真实看法。当然，这一过程中所收集的数据采用不记名的方式，我们都将保密且不会透漏给第三方。对于有些问题只需做出选择，有些问题，则请以几个关键词给出一个简单的答案。

项目评价表

<table>
<tr><td>项目名称</td><td colspan="2"></td><td>地点</td><td></td><td>教师</td><td></td></tr>
<tr><td>课程时间</td><td></td><td colspan="5">满意度</td></tr>
<tr><td colspan="2">一、项目教学组织评价</td><td>很满意</td><td>满意</td><td>一般</td><td>不满意</td><td>很不满意</td></tr>
<tr><td colspan="2">课堂秩序</td><td></td><td></td><td></td><td></td><td></td></tr>
<tr><td colspan="2">实训室环境及卫生状况</td><td></td><td></td><td></td><td></td><td></td></tr>
<tr><td colspan="2">课堂整体纪律表现</td><td></td><td></td><td></td><td></td><td></td></tr>
<tr><td colspan="2">自己小组总体表现</td><td></td><td></td><td></td><td></td><td></td></tr>
<tr><td colspan="2">教学做一体化教学模式</td><td></td><td></td><td></td><td></td><td></td></tr>
<tr><td colspan="2">二、授课教师评价</td><td>很满意</td><td>满意</td><td>一般</td><td>不满意</td><td>很不满意</td></tr>
<tr><td colspan="2">授课教师总体评价</td><td></td><td></td><td></td><td></td><td></td></tr>
<tr><td colspan="2">授课深入浅出通俗易懂</td><td></td><td></td><td></td><td></td><td></td></tr>
<tr><td colspan="2">教师非常关注学生反应</td><td></td><td></td><td></td><td></td><td></td></tr>
<tr><td colspan="2">教师能认真指导学生，因材施教</td><td></td><td></td><td></td><td></td><td></td></tr>
<tr><td colspan="2">实训氛围满意度</td><td></td><td></td><td></td><td></td><td></td></tr>
<tr><td colspan="2">理论实践得分权重分配满意度</td><td></td><td></td><td></td><td></td><td></td></tr>
<tr><td colspan="2">教师实训过程敬业满意度</td><td></td><td></td><td></td><td></td><td></td></tr>
<tr><td colspan="2">三、授课内容评价</td><td>很满意</td><td>满意</td><td>一般</td><td>不满意</td><td>很不满意</td></tr>
<tr><td colspan="2">授课项目和任务分解满意度</td><td></td><td></td><td></td><td></td><td></td></tr>
<tr><td colspan="2">课程内容与知识水平匹配度</td><td></td><td></td><td></td><td></td><td></td></tr>
<tr><td colspan="2">教学设备满意度</td><td></td><td></td><td></td><td></td><td></td></tr>
<tr><td colspan="2">学习资料满意度</td><td></td><td></td><td></td><td></td><td></td></tr>
</table>

项目三

水果自动分拣系统机器人控制程序开发

项目描述

机器人控制程序主要是实现对机器人的精确控制和自动化操作。通过开发控制程序，可以指导机器人执行特定的任务和动作，确保其在生产过程中高效、准确地完成工作。这些控制程序包括各种指令、算法和逻辑，以确保机器人按照预定的路径和步骤执行任务。总的来说，工业机器人控制程序的开发旨在实现生产过程的自动化和高效化，为企业提供更加可靠的生产解决方案，推动工业生产的现代化和智能化发展。

项目图谱

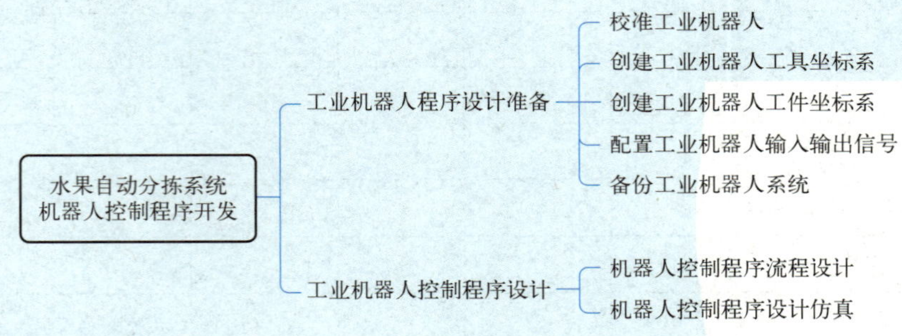

项目要求

根据思政目标要求，实现工业机器人控制程序设计与开发，并不断优化和完善，从而养成精益求精、一丝不苟的工匠精神。

按照“工业机器人应用系统集成”职业技能等级证书考核大纲中相应的工业机器人程序设计要求，完成项目任务，养成规范严谨的职业素养。

熟悉工业机器人应用现状，掌握工业机器人应用系统编程设计过程，通过工业机器人编程过程中的信息查找、文献检索与阅读，以及信息选取与整合，提升信息获取和知识运用能力。

通过团队成员分工合作，共同完成项目任务，提升团队合作意识和组织沟通协调能力。

任务一 工业机器人程序设计准备

任务目标

① 熟悉工业机器人校准及相关操作。
② 熟练掌握工业机器人工具坐标系创建与示教操作。
③ 熟练掌握工业机器人工件坐标系创建与示教操作。
④ 熟练掌握工业机器人输入输出信号的配置。
⑤ 熟练掌握工业机器人系统输入、系统输出信号配置。
⑥ 养成定期备份工业机器人系统的习惯。

任务要求

① 课前自主学习，在线学习工业机器人校准、工具/件坐标系示教等相关视频，熟悉各操作任务的注意事项，做到课前心中有数。
② 课中首先交流工业机器人校准、工具/件坐标系示教等操作步骤，建议以视频、PPT、图片、文字等多种方式全面介绍；然后交流在学习过程中存在的疑问，以同学互动、教师指导等方式进行。
③ 厘清水果自动分拣工业机器人应用系统的输入输出信号，采用 Word 或 Excel 绘制机器人输入输出信号表，并明确机器人的系统输入和系统输出信号。
④ 任务完成后，以组为单位交流设计成果，根据任务评价表中具体指标组内自评、组间互评和教师评价，并就任务完成情况总结反思。
⑤ 课后基于任务完成中存在的问题思考解决办法，改进操作过程中的不当之处。
⑥ 完成课后拓展任务，为后续任务做好准备。

工作任务单

“工业机器人应用系统集成”工作任务单

<table>
<tr><td>工作任务</td><td colspan="3"></td></tr>
<tr><td>小组名称</td><td></td><td>小组成员</td><td></td></tr>
<tr><td>工作时间</td><td></td><td>完成总时长</td><td></td></tr>
<tr><td colspan="4">工作任务描述</td></tr>
<tr><td colspan="4"></td></tr>
<tr><td>小组分工</td><td>姓名</td><td colspan="2">工作任务</td></tr>
<tr><td></td><td></td><td colspan="2"></td></tr>
<tr><td></td><td></td><td colspan="2"></td></tr>
<tr><td></td><td></td><td colspan="2"></td></tr>
<tr><td></td><td></td><td colspan="2"></td></tr>
<tr><td></td><td></td><td colspan="2"></td></tr>
<tr><td colspan="4">任务执行结果记录</td></tr>
<tr><td>序号</td><td>工作内容</td><td>完成情况</td><td>操作员</td></tr>
<tr><td></td><td></td><td></td><td></td></tr>
<tr><td></td><td></td><td></td><td></td></tr>
<tr><td></td><td></td><td></td><td></td></tr>
<tr><td></td><td></td><td></td><td></td></tr>
<tr><td></td><td></td><td></td><td></td></tr>
<tr><td colspan="4">任务实施过程记录</td></tr>
<tr><td colspan="4"></td></tr>
<tr><td>验收评定</td><td></td><td>验收签名</td><td></td></tr>
</table>

任务实施

一、校准工业机器人

视频 3.1
工业机器人校准

工业机器人在出厂时，厂家对各关节轴的机械零点进行了设定，该零点作为各关节轴运动的基准。各关节轴的机械零点位置数据存储在转数计数器中，更新转数计数器可以保证机器人各关节轴按照正确的基准运动。将机器人各个轴停到机械零点，把各关节轴上的同步标记对齐，如图 3-1-1 所示，然后在示教器上进行校准更新的操作即为转数计数器的更新。

图 3-1-1　六个轴转到机械原点刻度的位置图

ABB IRB120 型工业机器人转数计数器的更新顺序为轴 4—5—6—1—2—3，分别通过手动操作，依次顺序把工业机器人六个轴转到机械原点刻度的位置，具体的操作步骤如表 3-1-1 所示。

表 3-1-1　工业机器人校准操作步骤

序号	操作步骤	示意图
1	打开示教器主界面	

续表

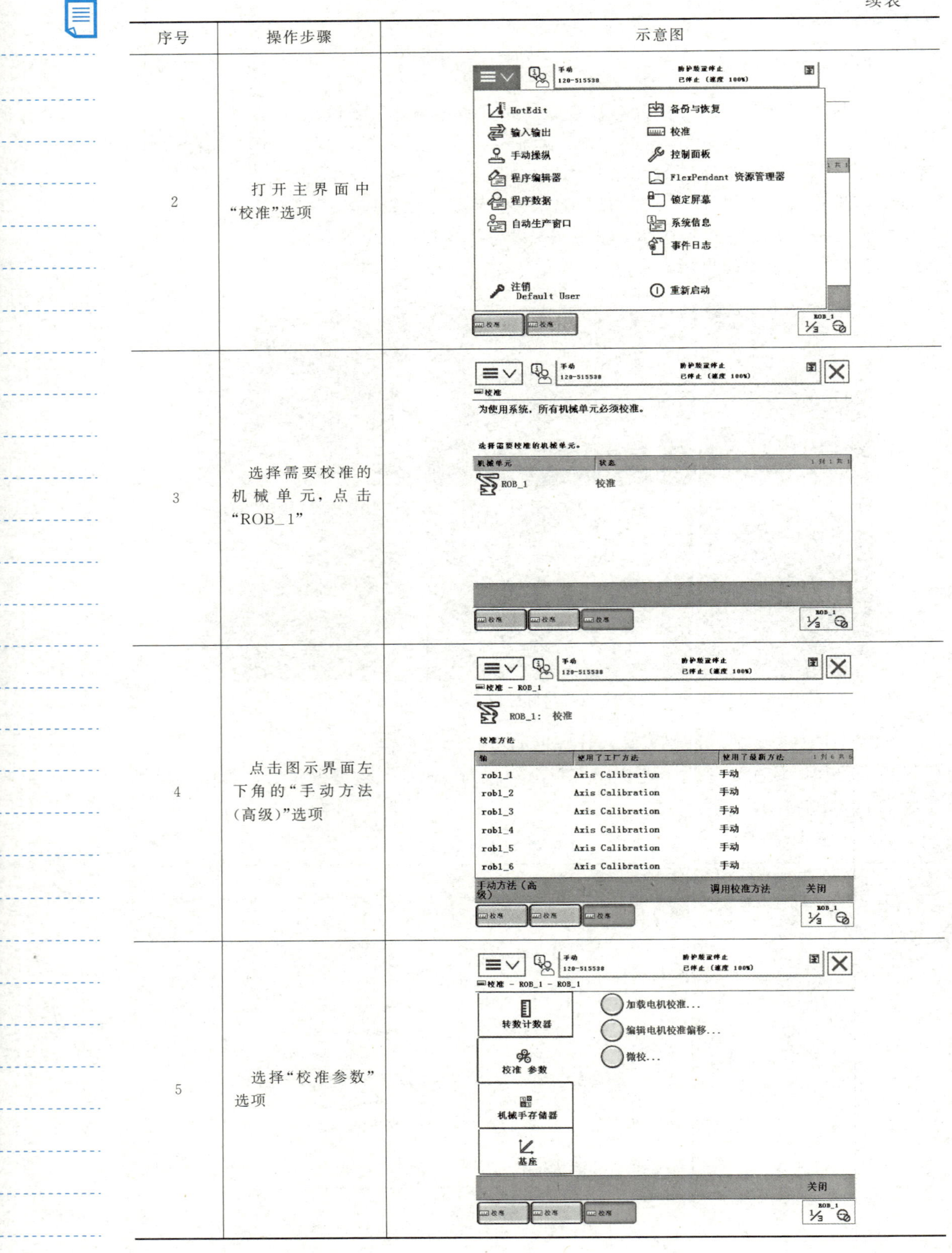

序号	操作步骤	示意图
2	打开主界面中“校准”选项	
3	选择需要校准的机械单元，点击“ROB_1”	
4	点击图示界面左下角的“手动方法（高级）”选项	
5	选择“校准参数”选项	

续表

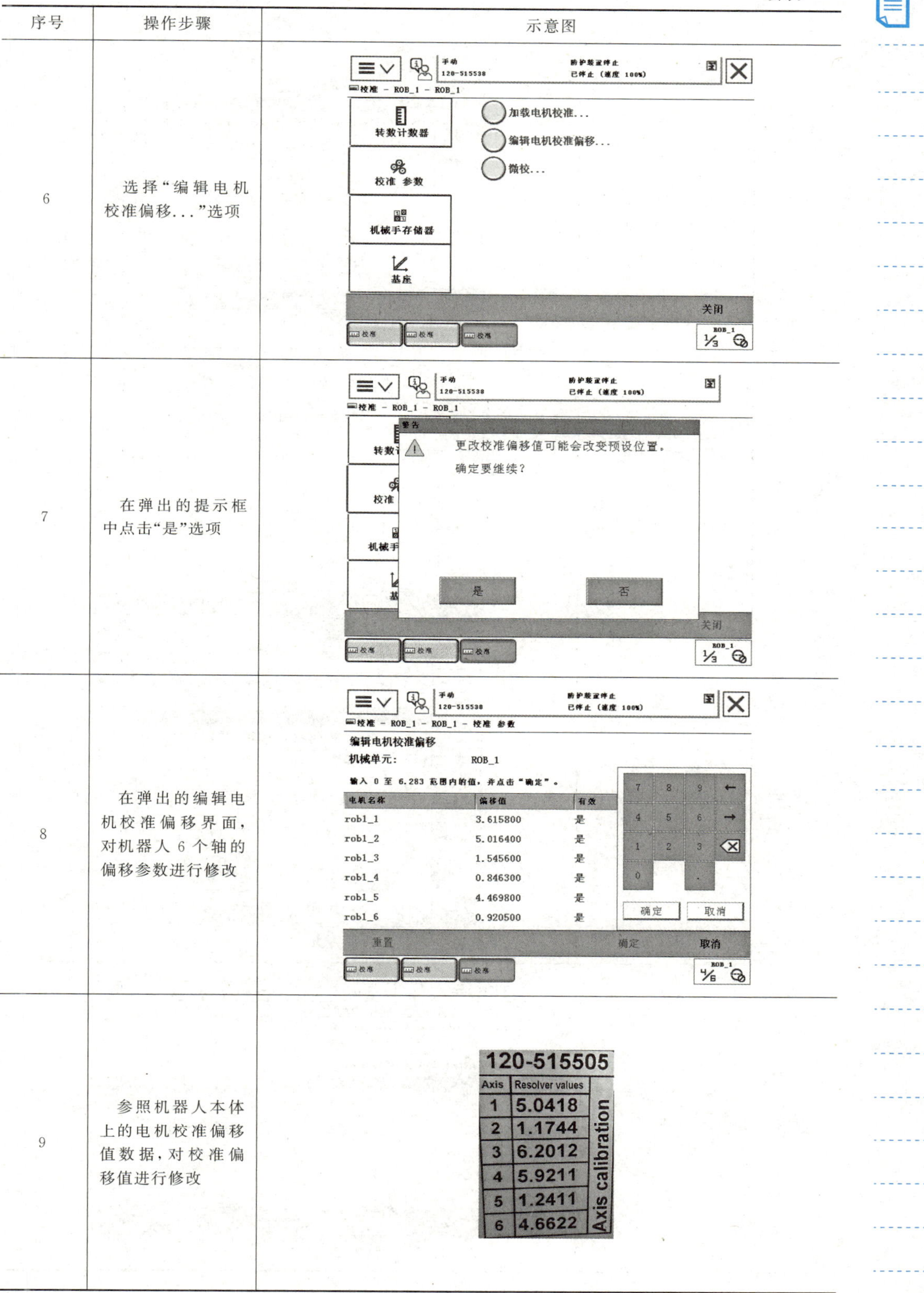

序号	操作步骤	示意图
6	选择“编辑电机校准偏移...”选项	
7	在弹出的提示框中点击“是”选项	
8	在弹出的编辑电机校准偏移界面，对机器人6个轴的偏移参数进行修改	
9	参照机器人本体上的电机校准偏移值数据，对校准偏移值进行修改	

续表

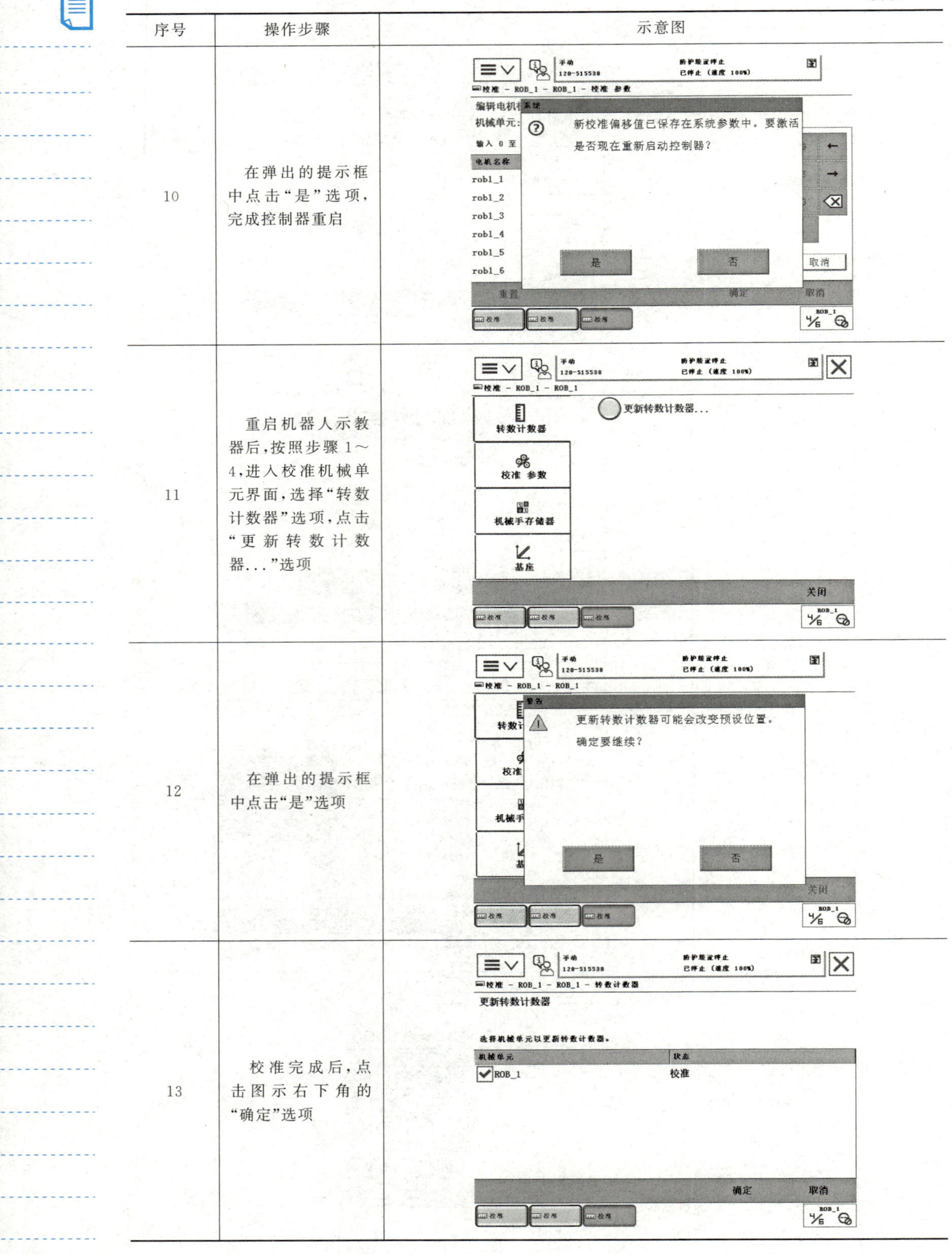

序号	操作步骤	示意图
10	在弹出的提示框中点击“是”选项，完成控制器重启	
11	重启机器人示教器后，按照步骤1～4，进入校准机械单元界面，选择“转数计数器”选项，点击“更新转数计数器...”选项	
12	在弹出的提示框中点击“是”选项	
13	校准完成后，点击图示右下角的“确定”选项	

续表

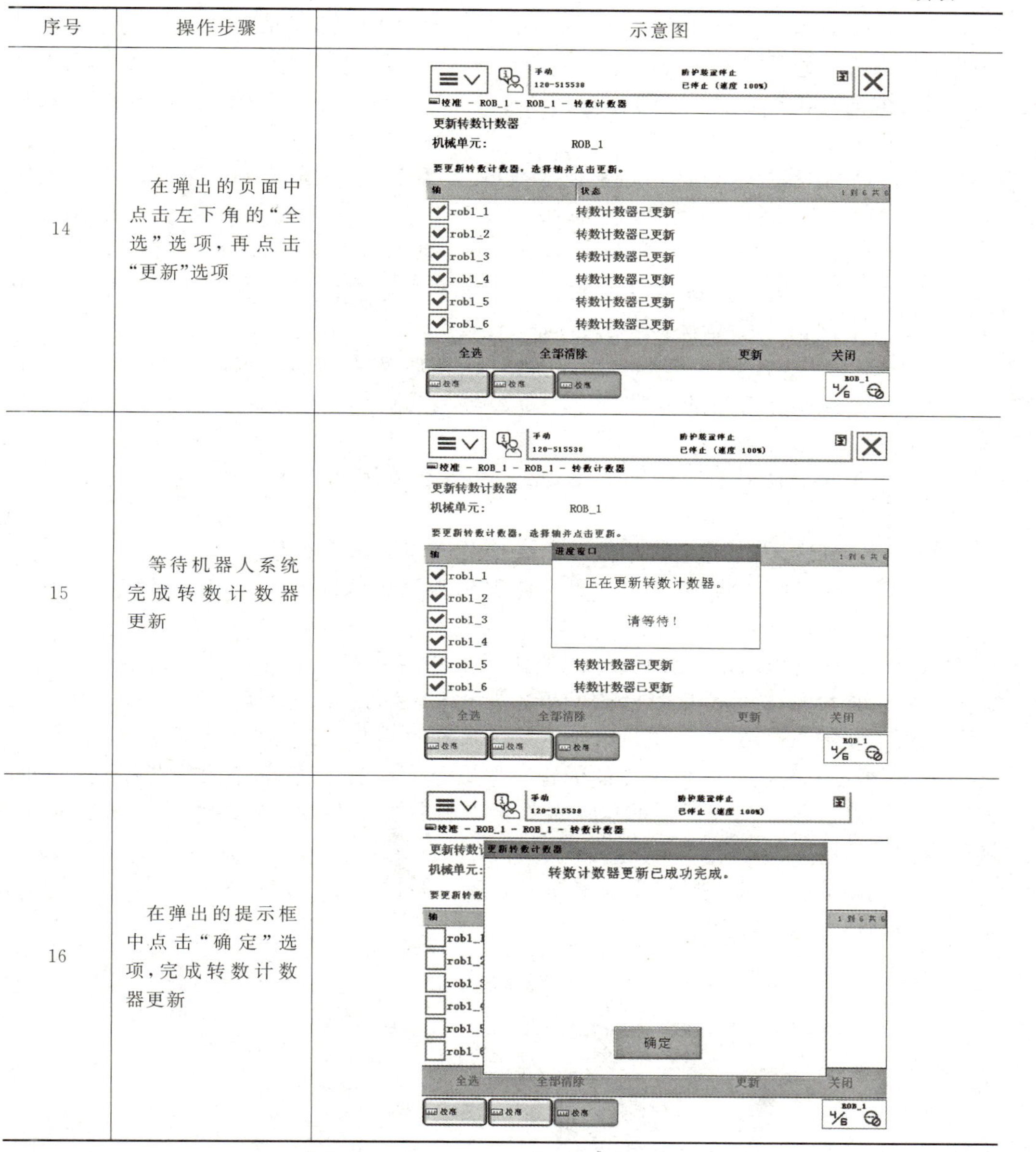

序号	操作步骤	示意图
14	在弹出的页面中点击左下角的“全选”选项，再点击“更新”选项	
15	等待机器人系统完成转数计数器更新	
16	在弹出的提示框中点击“确定”选项，完成转数计数器更新	

练一练：

请按照上述方法，练习工业机器人的校准吧！

二、创建工业机器人工具坐标系

工具数据 tooldata 用于描述安装在机器人第六轴上的工具坐标 TCP［工具坐标系的原点被称为 TCP（tool center point），即工具中心点］、质量、重心等参数数据。tooldata 会影响机器人的控制算法（例如计算加速度）、速度和加速度监控、力矩监控、碰撞监控、能量监控等，因此机器人的工具数据需要正确设置。工具数据 tool-

data 是机器人系统的一个程序数据类型，用于定义机器人的工具坐标系，出厂默认的工具坐标系数据被存储在命名为 tool0 的工具数据中，编辑工具数据可以对相应的工具坐标系进行修改。

工具数据 tooldata 的设定方法包括 N（$3 \leqslant N \leqslant 9$）点法、TCP 和 Z 法、TCP 和 Z、X 法。

① N（$3 \leqslant N \leqslant 9$）点法：机器人工具的 TCP 通过 N 种不同的姿态同参考点接触，得出多组解，通过计算得出当前工具 TCP 与机器人安装法兰中心点（默认 TCP）相对位置，其坐标系方向与默认工具坐标系（tool0）一致。

② TCP 和 Z 法：在 N 点法基础上，增加 Z 点与参考点的连线为坐标系 Z 轴的方向，改变了默认工具坐标系的 Z 方向。

③ TCP 和 Z、X 法：在 N 点法基础上，增加 X 点与参考点的连线为坐标系 X 轴的方向，Z 点与参考点的连线为坐标系 Z 轴的方向，改变了默认工具坐标系的 X 和 Z 方向。

本章中设定柔性抓手工具数据 tooldata 的方法采用 N（$N=4$）点法。其设定原理如下：

① 首先在机器人工作范围内找一个精确的固定点作为参考点。

② 然后在工具上确定一个参考点（此点作为工具坐标系的 TCP，最好是工具的中心点）。

③ 手动操纵机器人，以四种不同的机器人姿态将工具上的参考点，尽可能与固定点刚好重合接触。机器人前三个点的姿态相差尽量大些，这样有利于 TCP 精度的提高。为了获得更准确的 TCP，第四点是用工具的参考点垂直于固定点。

④ 机器人通过这几个位置点的位置数据确定工具坐标系 TCP 的位置和坐标系的方向数据，然后将工具坐标系的这些数据保存在数据类型为 tooldata 的程序数据中，被程序调用。

水果自动分拣机器人集成系统中的工具选用柔性夹爪，如图 3-1-2 所示。该工具坐标系的具体示教方法如表 3-1-2 所示。

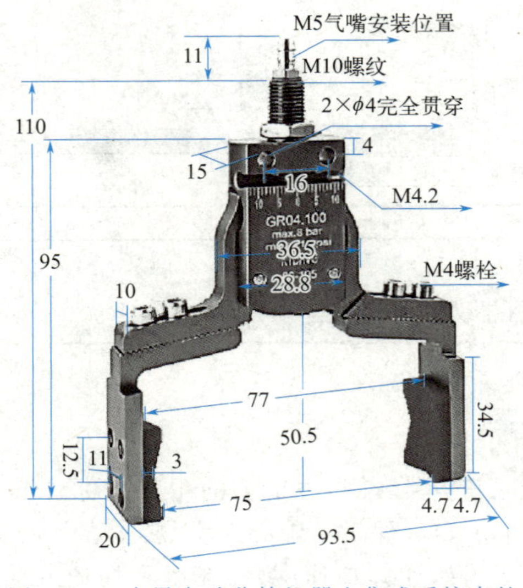

图 3-1-2 水果自动分拣机器人集成系统中的柔性夹爪工具

视频 3.2
工具坐标系示教

表 3-1-2　工具坐标系示教方法

序号	操作步骤	示意图
1	打开示教器主界面	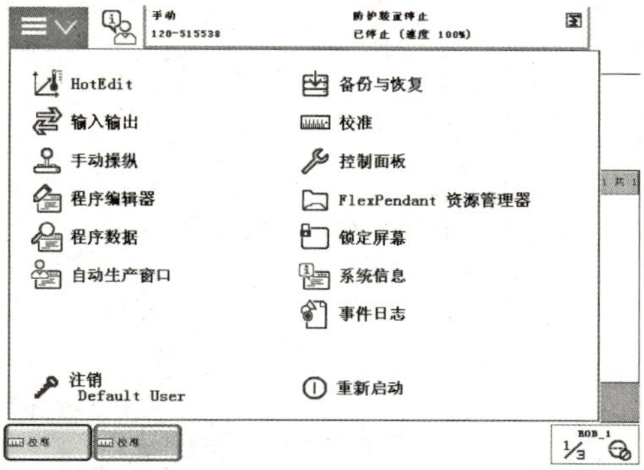 手动 120-515538 防护装置停止 已停止（速度 100%） HotEdit　备份与恢复 输入输出　校准 手动操纵　控制面板 程序编辑器　FlexPendant 资源管理器 程序数据　锁定屏幕 自动生产窗口　系统信息 事件日志 注销 Default User　重新启动 ROB_1 1/3
2	打开主界面中“手动操纵”选项	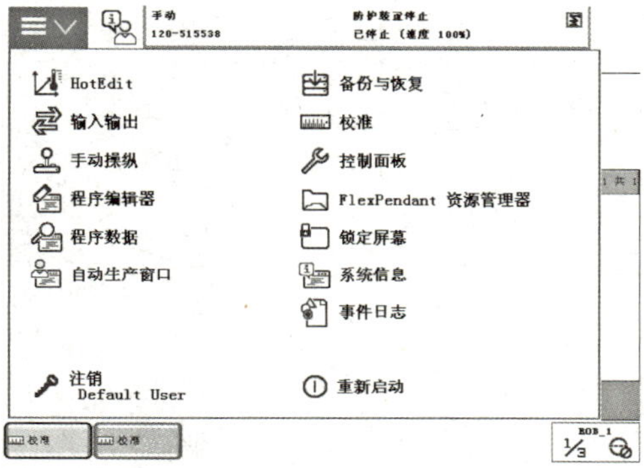 手动 120-515538 防护装置停止 已停止（速度 100%） HotEdit　备份与恢复 输入输出　校准 手动操纵　控制面板 程序编辑器　FlexPendant 资源管理器 程序数据　锁定屏幕 自动生产窗口　系统信息 事件日志 注销 Default User　重新启动 ROB_1 1/3
3	在弹出的页面中点击“工具坐标”选项	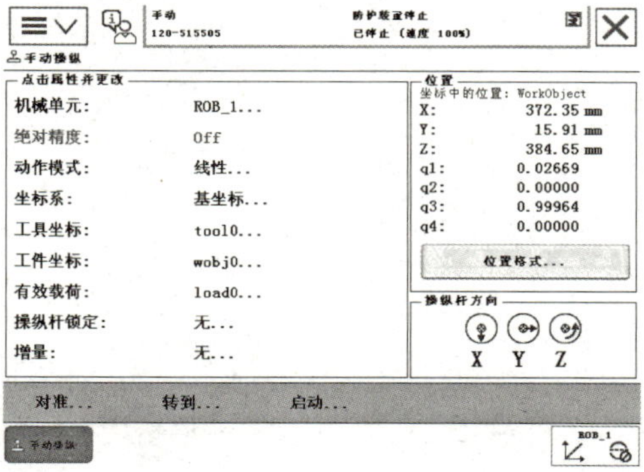 手动 120-515505 防护装置停止 已停止（速度 100%） 手动操纵 点击属性并更改 机械单元：ROB_1... 绝对精度：Off 动作模式：线性... 坐标系：基坐标... 工具坐标：tool0... 工件坐标：wobj0... 有效载荷：load0... 操纵杆锁定：无... 增量：无... 位置 坐标中的位置：WorkObject X: 372.35 mm Y: 15.91 mm Z: 384.65 mm q1: 0.02669 q2: 0.00000 q3: 0.99964 q4: 0.00000 位置格式... 操纵杆方向 X Y Z 对准...　转到...　启动... 手动操纵 ROB_1
4	在弹出的页面中点击左下角“新建”选项	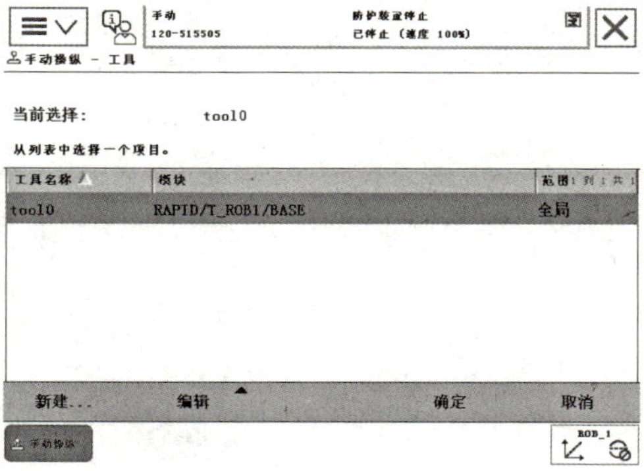 手动 120-515505 防护装置停止 已停止（速度 100%） 手动操纵 - 工具 当前选择：tool0 从列表中选择一个项目。 工具名称　模块　范围：到 共 tool0　RAPID/T_ROB1/BASE　全局 新建...　编辑　确定　取消 手动操纵 ROB_1

续表

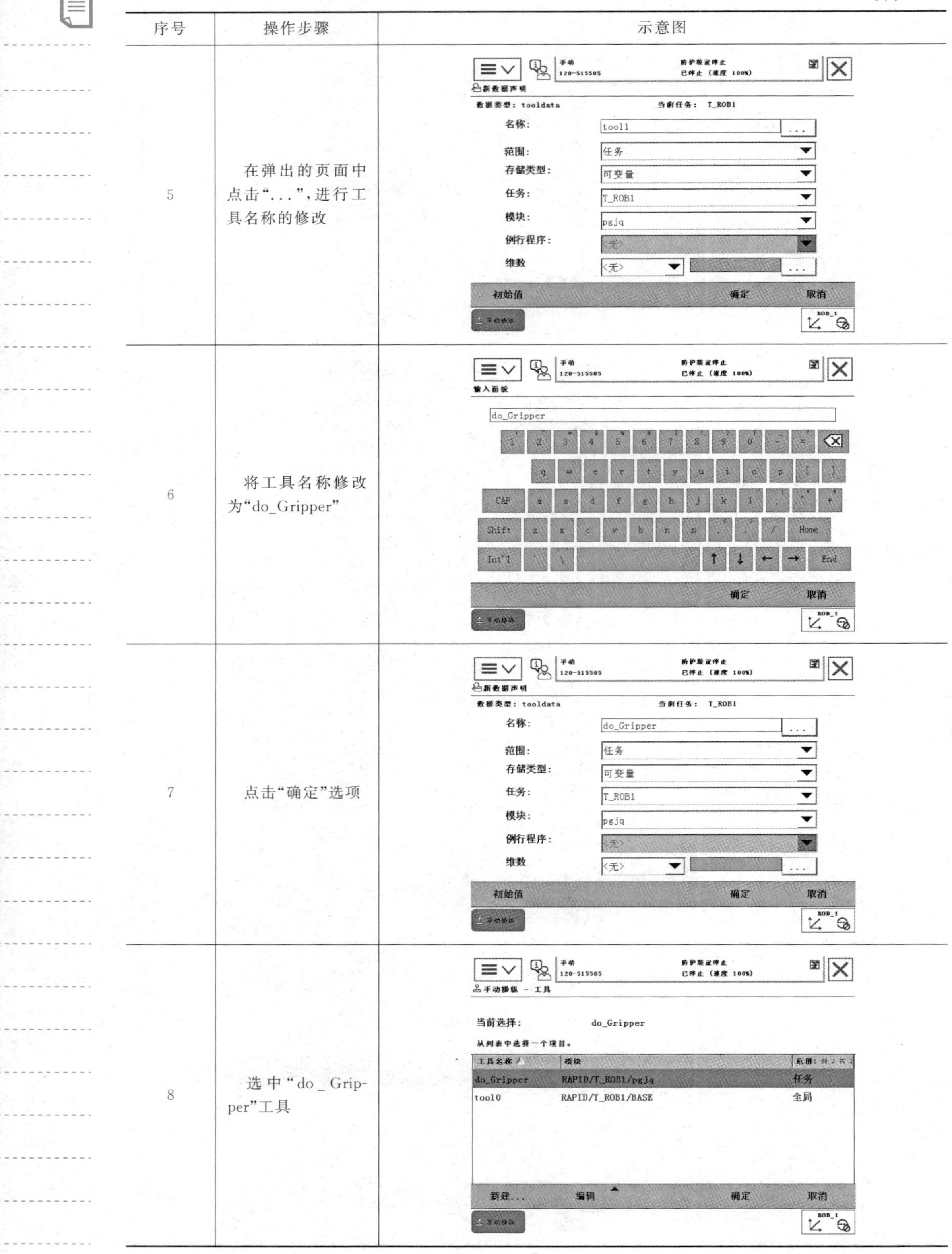

序号	操作步骤	示意图
5	在弹出的页面中点击“...”，进行工具名称的修改	
6	将工具名称修改为“do_Gripper”	
7	点击“确定”选项	
8	选中“do_Gripper”工具	

续表

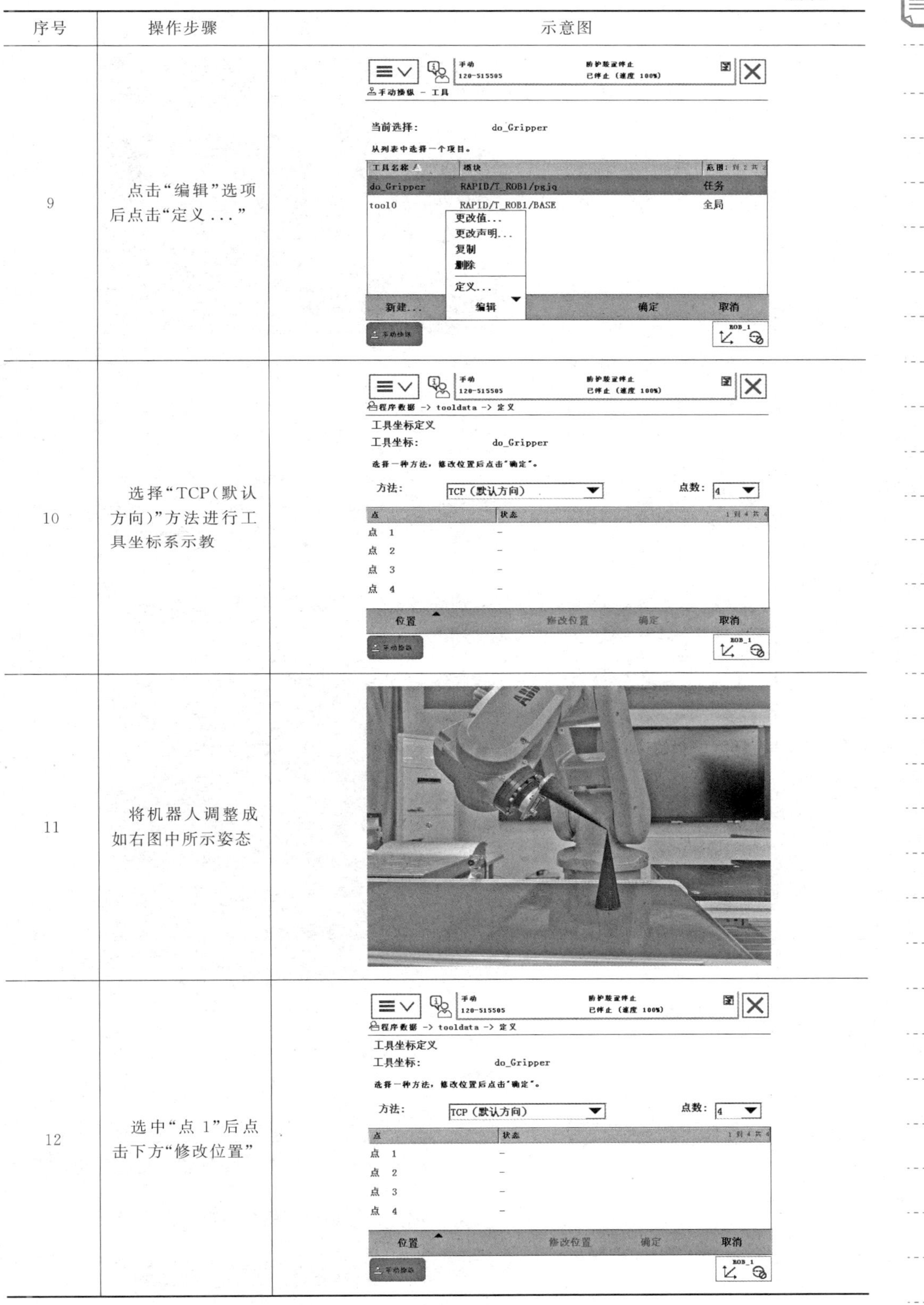

序号	操作步骤	示意图
9	点击“编辑”选项后点击“定义...”	
10	选择“TCP(默认方向)”方法进行工具坐标系示教	
11	将机器人调整成如右图中所示姿态	
12	选中“点 1”后点击下方“修改位置”	

续表

序号	操作步骤	示意图
13	将机器人调整成如图中所示姿态	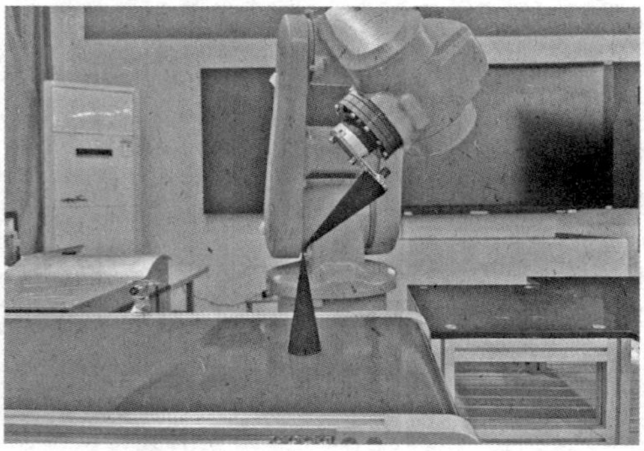
14	选中“点 2”后点击下方“修改位置”	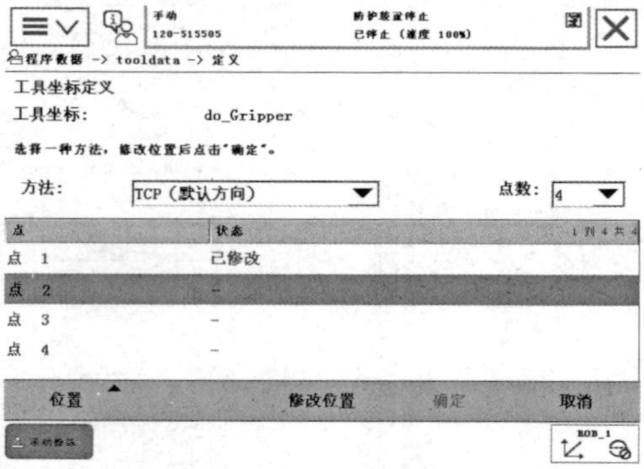
15	将机器人调整成如右图中所示姿态	
16	选中“点 3”后点击下方“修改位置”	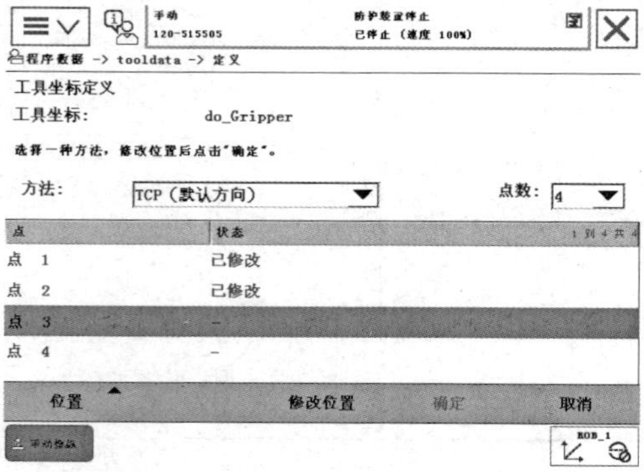

续表

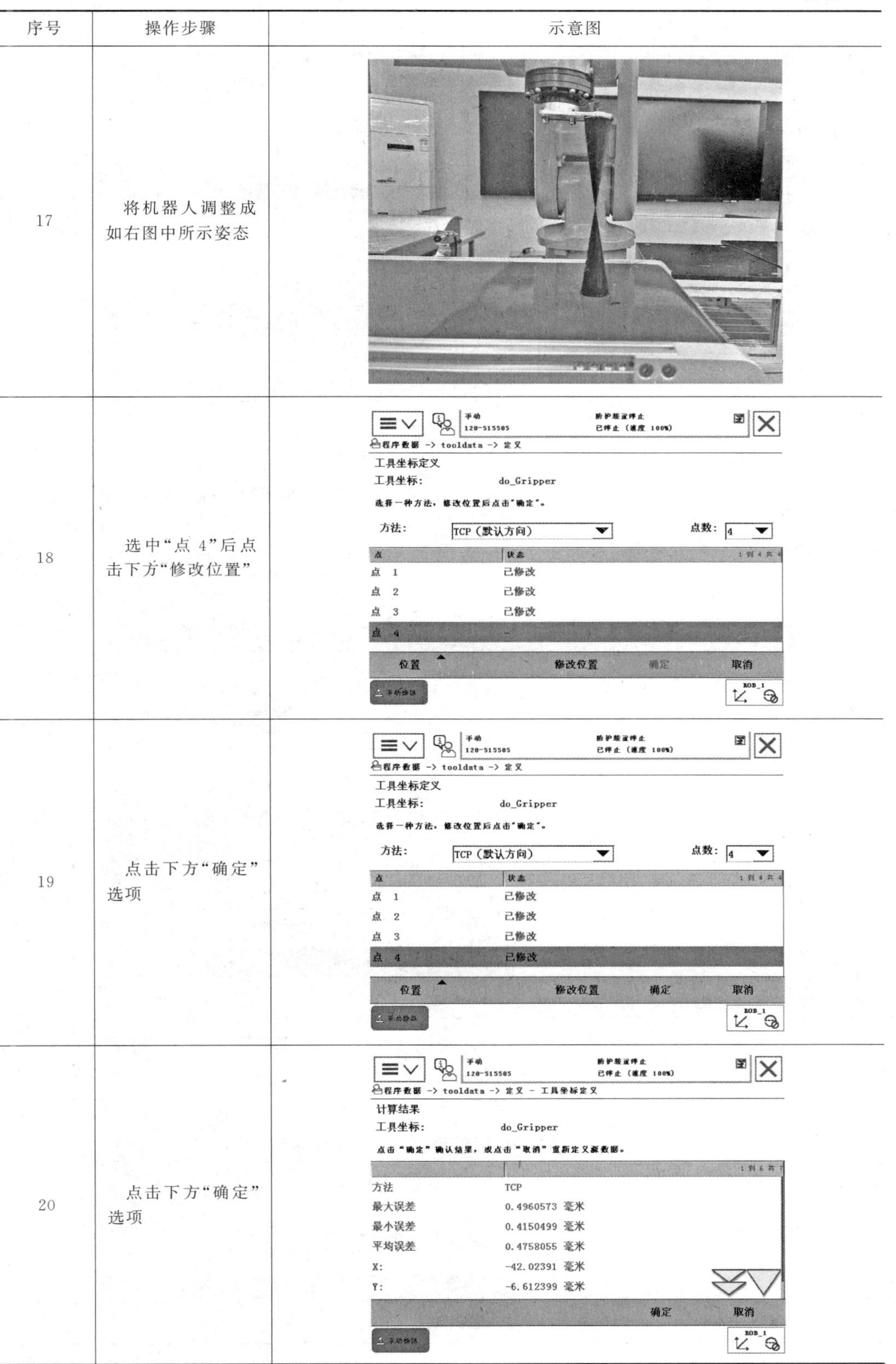

序号	操作步骤	示意图
17	将机器人调整成如右图中所示姿态	
18	选中"点 4"后点击下方"修改位置"	
19	点击下方"确定"选项	
20	点击下方"确定"选项	

续表

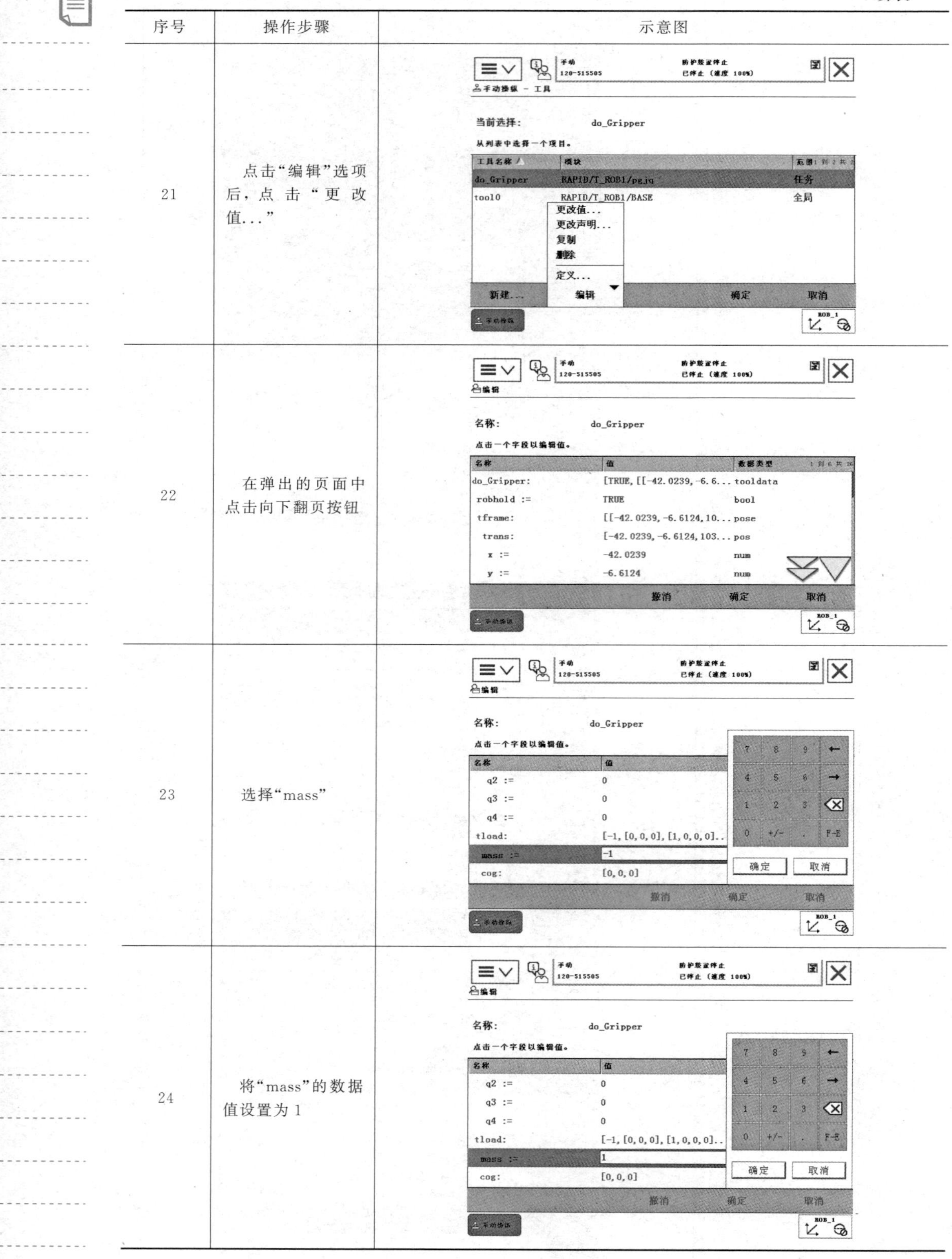

序号	操作步骤	示意图
21	点击“编辑”选项后，点击“更改值...”	
22	在弹出的页面中点击向下翻页按钮	
23	选择“mass”	
24	将“mass”的数据值设置为1	

续表

序号	操作步骤	示意图
25	将重心偏移的 z 轴值设置为 95，后点击“确定”选项	
26	点击“确定”选项，完成工具坐标系“do_Gripper”的示教	

> 练一练：
> 请按照上述方法练习一下工具坐标系的示教吧！

三、创建工业机器人工件坐标系

工件坐标对应工件，用于定义工件相对于大地坐标的位置。机器人可以有若干工件坐标系，或者表示不同工件，或者表示同一工件在不同位置的若干副本。

工件坐标系的设定方法通常采用三点法，只需在对象表面位置或工件边缘角位置上，定义三个点位置。其设定原理如下：

① 手动操纵机器人，在工件表面或边缘角的位置找到一点 X_1，作为坐标系的原点；

② 手动操纵机器人，沿着工件表面或边缘找到一点 X_2，X_1、X_2 确定工件坐标系的 X 轴的正方向（X_1 和 X_2 距离越远，定义的坐标系轴向越精准）；

③ 手动操纵机器人，在 XY 平面上并且 Y 值为正的方向找到一点 Y_1，确定坐标系 Y 轴的正方向。

视频 3.3
工件坐标系示教

本项目以传送带平台为例，进行工件坐标系的示教。具体操作方法如表 3-1-3 所示。

表 3-1-3　工件坐标系示教方法

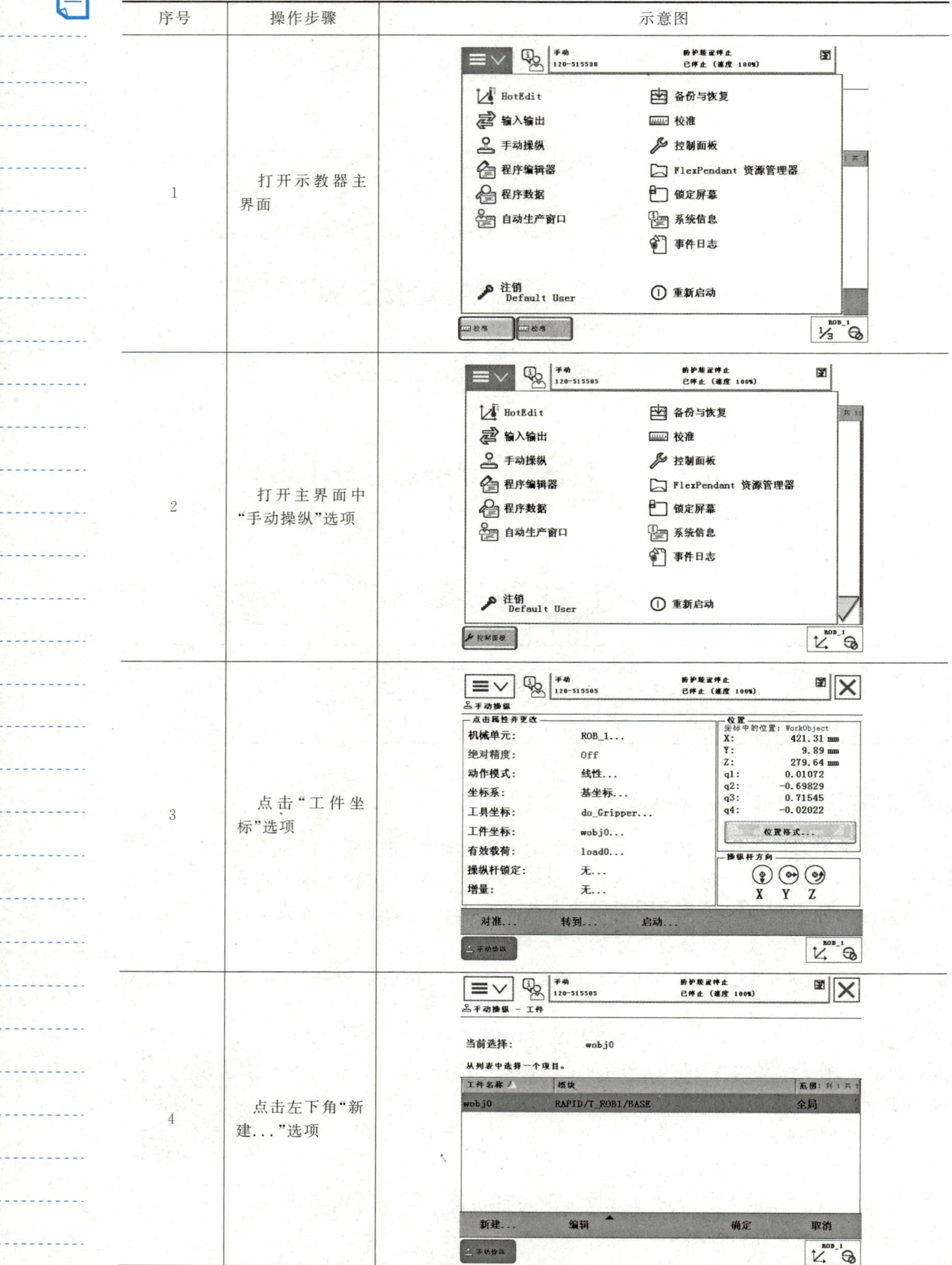

序号	操作步骤	示意图
1	打开示教器主界面	
2	打开主界面中“手动操纵”选项	
3	点击“工件坐标”选项	
4	点击左下角“新建...”选项	

续表

序号	操作步骤	示意图
5	修改工件坐标系名称	
6	选中新建的工件坐标 wobj1	
7	点击下方“编辑”后点击“定义...”	
8	选择“用户方法”	

续表

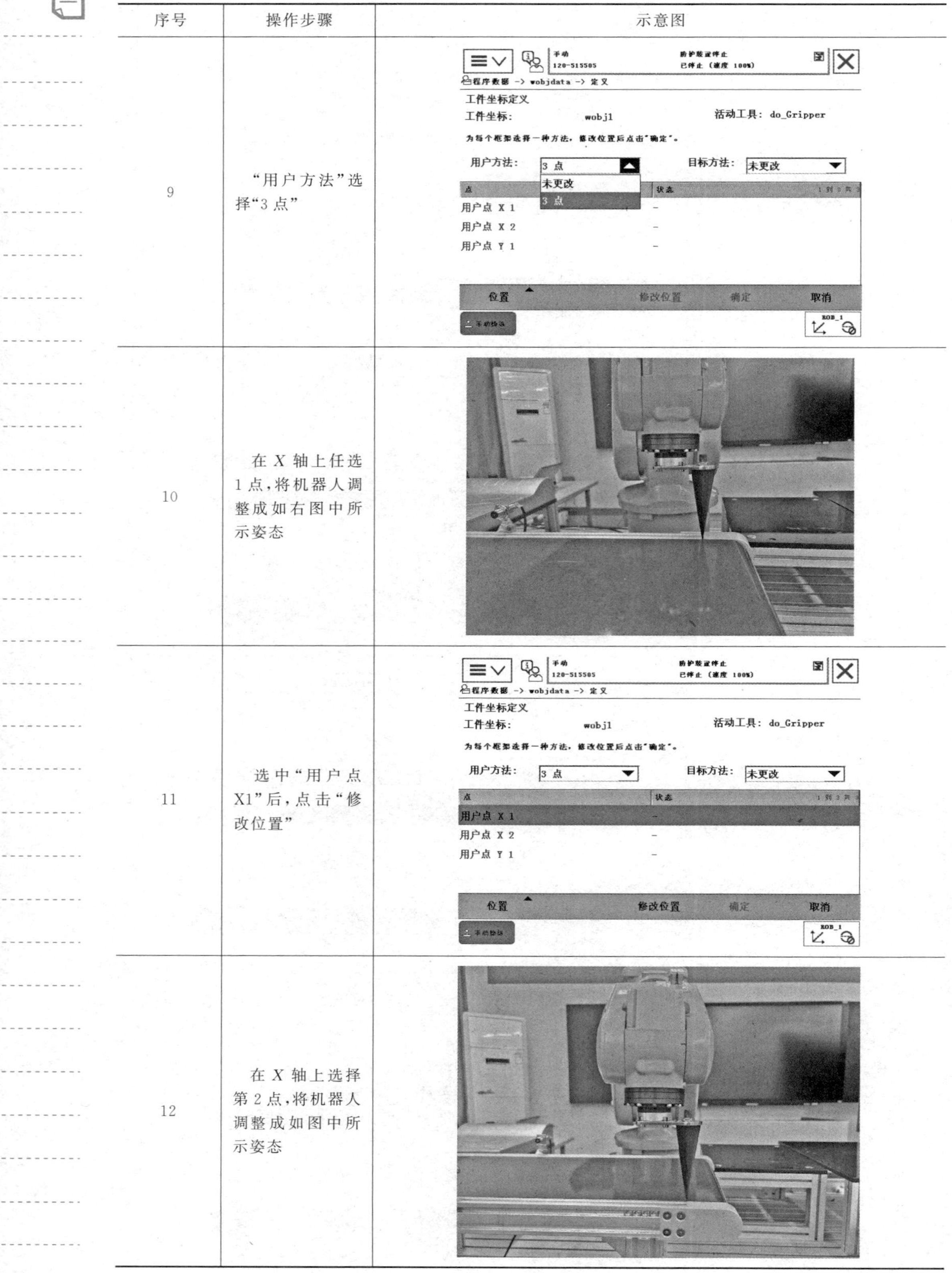

序号	操作步骤	示意图
9	“用户方法”选择“3点”	
10	在 X 轴上任选 1 点，将机器人调整成如右图中所示姿态	
11	选中“用户点X1”后，点击“修改位置”	
12	在 X 轴上选择第 2 点，将机器人调整成如图中所示姿态	

续表

序号	操作步骤	示意图
13	选中“用户点X2”后，点击“修改位置”	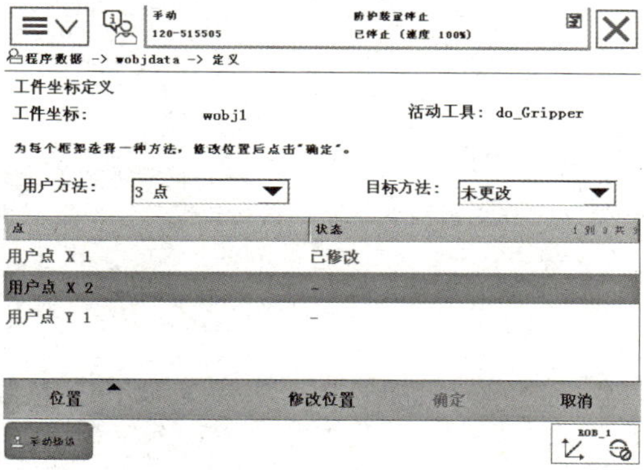 手动 120-515505 防护装置停止 已停止（速度 100%） 程序数据 -> wobjdata -> 定义 工件坐标定义 工件坐标： wobj1 活动工具： do_Gripper 为每个框架选择一种方法，修改位置后点击“确定”。 用户方法： 3 点 目标方法： 未更改 点 / 状态 用户点 X 1 已修改 用户点 X 2 - 用户点 Y 1 - 位置 修改位置 确定 取消
14	在Y轴上任选1点，将机器人调整成如右图中所示姿态	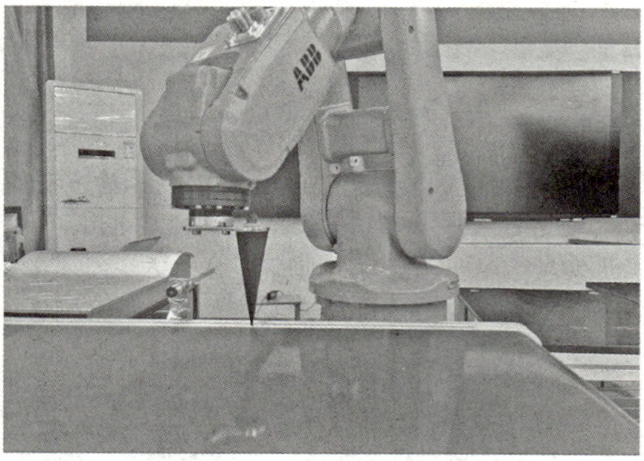
15	选中“用户点Y1”后，点击“修改位置”	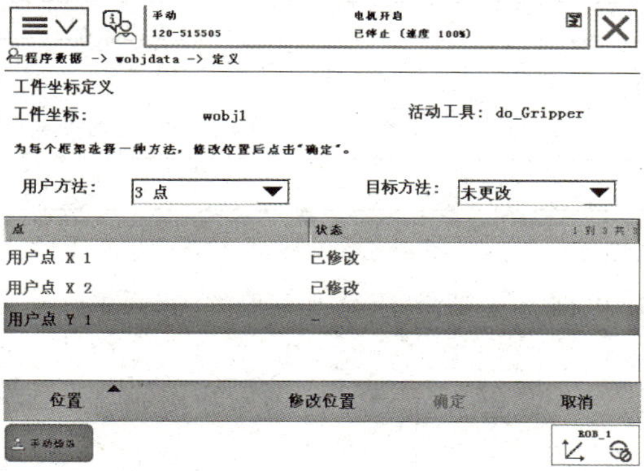 手动 120-515505 电机开启 已停止（速度 100%） 程序数据 -> wobjdata -> 定义 工件坐标定义 工件坐标： wobj1 活动工具： do_Gripper 为每个框架选择一种方法，修改位置后点击“确定”。 用户方法： 3 点 目标方法： 未更改 点 / 状态 用户点 X 1 已修改 用户点 X 2 已修改 用户点 Y 1 - 位置 修改位置 确定 取消
16	点击“确定”选项	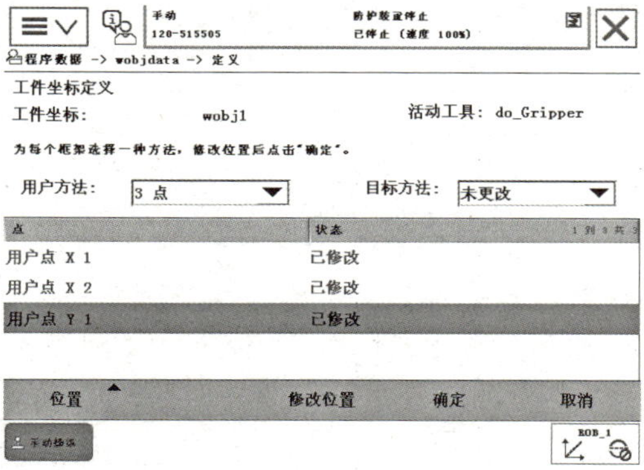 手动 120-515505 防护装置停止 已停止（速度 100%） 程序数据 -> wobjdata -> 定义 工件坐标定义 工件坐标： wobj1 活动工具： do_Gripper 为每个框架选择一种方法，修改位置后点击“确定”。 用户方法： 3 点 目标方法： 未更改 点 / 状态 用户点 X 1 已修改 用户点 X 2 已修改 用户点 Y 1 已修改 位置 修改位置 确定 取消

续表

序号	操作步骤	示意图
17	点击“确定”选项	
18	点击“确定”选项	

练一练：

请按照上述方法练习一下工件坐标系的示教吧！

【思考感悟】

工业机器人工具坐标系和工件坐标系的示教需要各小组同学配合完成，培养了同学们的团队合作精神；在操作过程中要严肃认真、一丝不苟，培养了同学的专注负责的工作态度，弘扬了精益求精的工匠精神。

谈一谈你们组是如何做的。

思政故事 5　工业机器人坐标系背后的团队匠心

四、配置工业机器人输入输出信号

工业机器人系统拥有丰富的 I/O 通信接口，可以轻松地实现与周边设备通信，水果分拣机器人集成系统选取了 DSQC652 型标准 I/O 板作为通信装置，其可以处理 16 路数字输入信号和 16 路数字输出信号，DSQC 652 标准 I/O 板总线连接参数如表 3-1-4 所示，表 3-1-5 为 DSQC 652 标准 I/O 板配置方法。

表 3-1-4　DSQC 652 标准 I/O 板总线连接参数表

参数名称	设定值	说明
Name	d652	设定 I/O 板在系统中的名称
Type of Device	DSQC 652	设定 I/O 板的类型
DeviceNet Address	10	设定 I/O 板在总线中的地址

视频 3.4　配置标准 IO 板

表 3-1-5　DSQC 652 标准 I/O 板配置方法

序号	操作步骤	示意图
1	打开示教器主界面	
2	打开主界面中“控制面板”选项	
3	点击“配置”选项	

续表

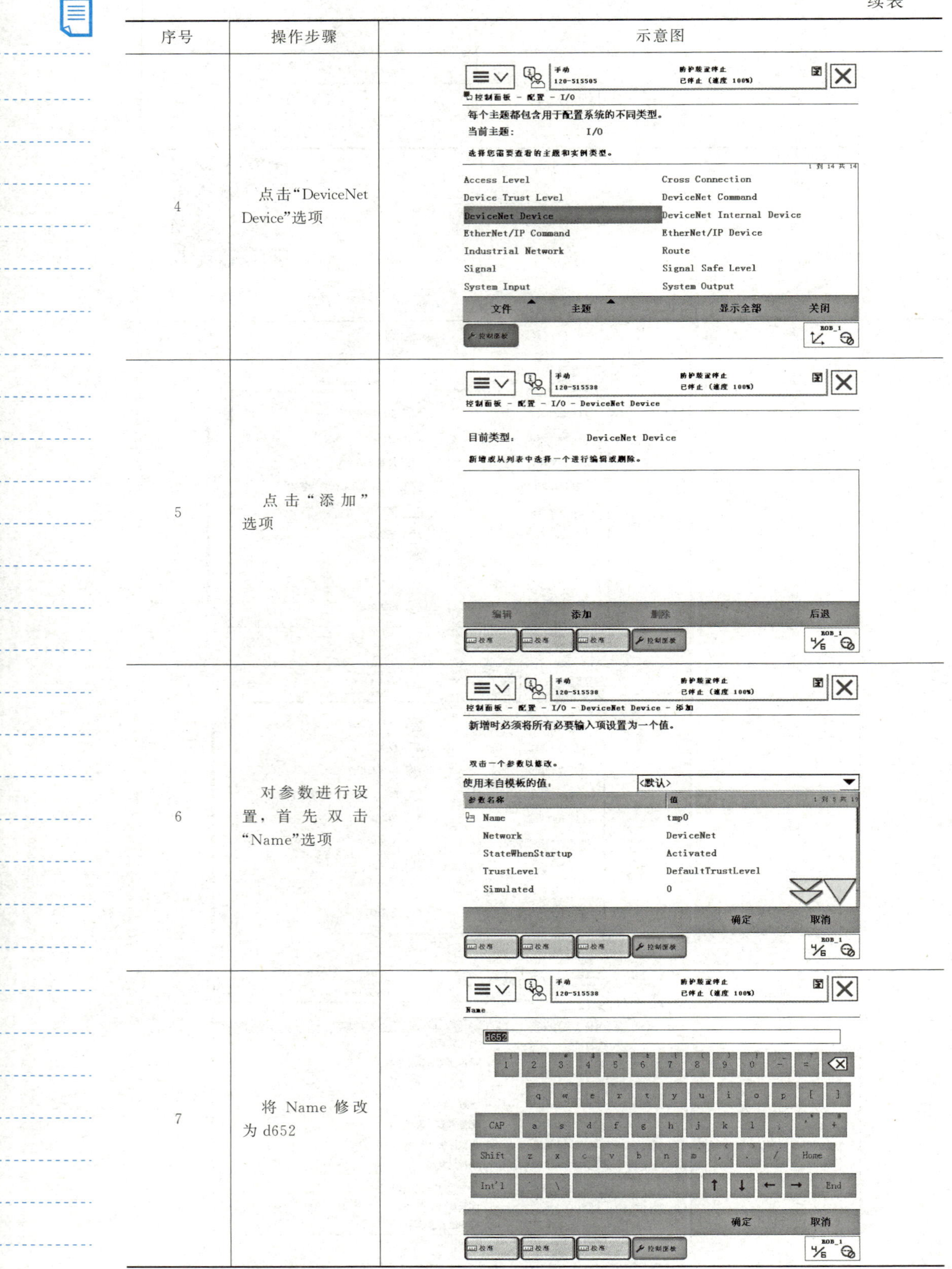

序号	操作步骤	示意图
4	点击“DeviceNet Device”选项	
5	点击“添加”选项	
6	对参数进行设置，首先双击“Name”选项	
7	将 Name 修改为 d652	

续表

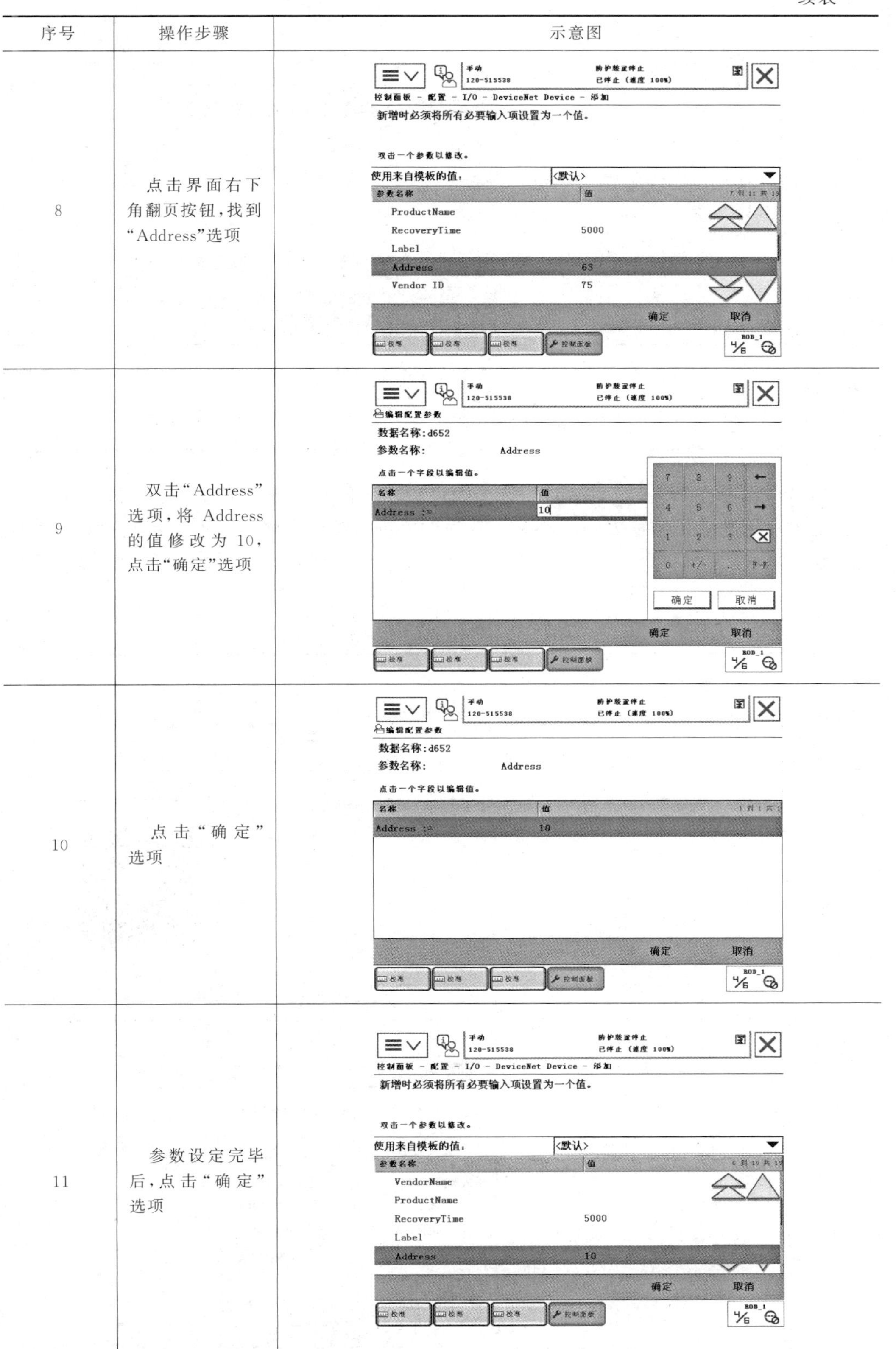

序号	操作步骤	示意图
8	点击界面右下角翻页按钮，找到“Address”选项	
9	双击“Address”选项，将Address的值修改为10，点击“确定”选项	
10	点击“确定”选项	
11	参数设定完毕后，点击“确定”选项	

续表

序号	操作步骤	示意图
12	弹出“重新启动”界面，点击“是”选项，重启控制系统，定义DSQC652板的总线连接操作完成	

> 练一练：
> 请练习将DSQC652板卡配置到机器人系统。

其次，需要在DSQC652标准I/O板中定义输入信号和输出信号，本项目以表3-1-6数字量输入信号参数信息表中的相关信息为例，进行数字量输入信号的定义，具体操作方法如表3-1-7所示。此外，若同时需要定义多个输入信号，为了节约时间提高效率，可在所有信号均定义结束后再重启示教器。

表3-1-6　数字量输入信号参数信息表

参数名称	设定值	说明
Name	Stop	设置数字输入信号的名称
Type of Signal	Digital Input	设定信号种类
Assigned to Device	d652	设定信号所在I/O模块
Device Mapping	5	设定信号所占地址

视频3.5　配置数字量输入信号

表3-1-7　数字量输入信号定义方法

序号	操作步骤	示意图
1	打开示教器主界面	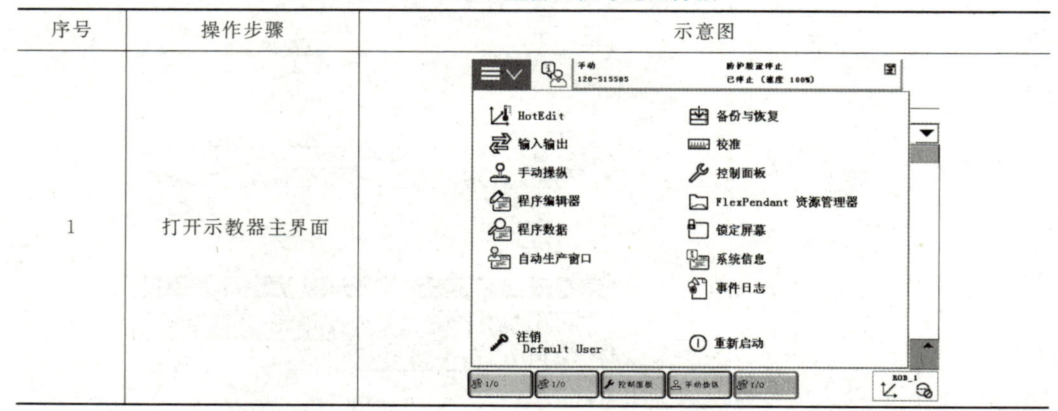

续表

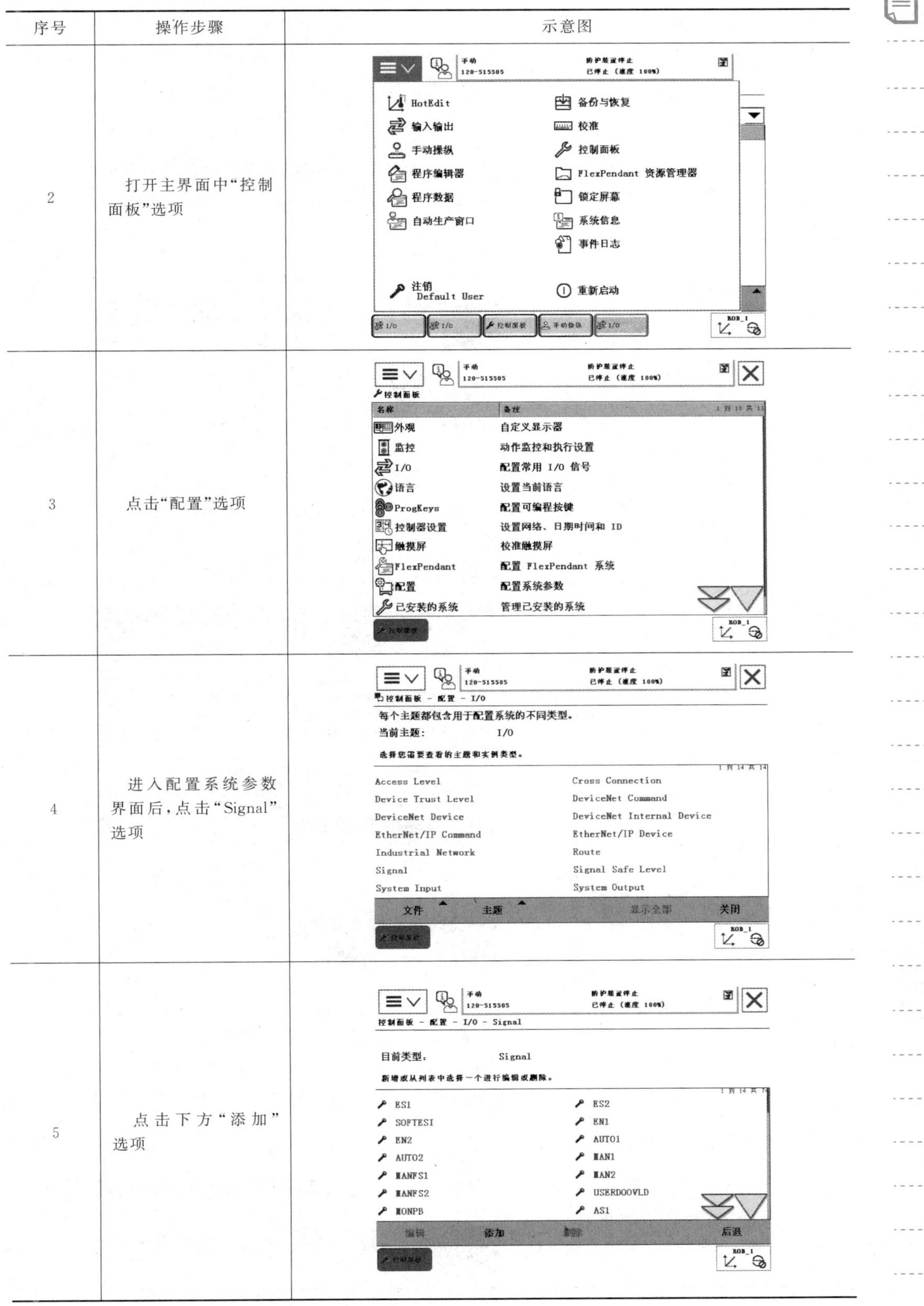

序号	操作步骤	示意图
2	打开主界面中"控制面板"选项	
3	点击"配置"选项	
4	进入配置系统参数界面后，点击"Signal"选项	
5	点击下方"添加"选项	

续表

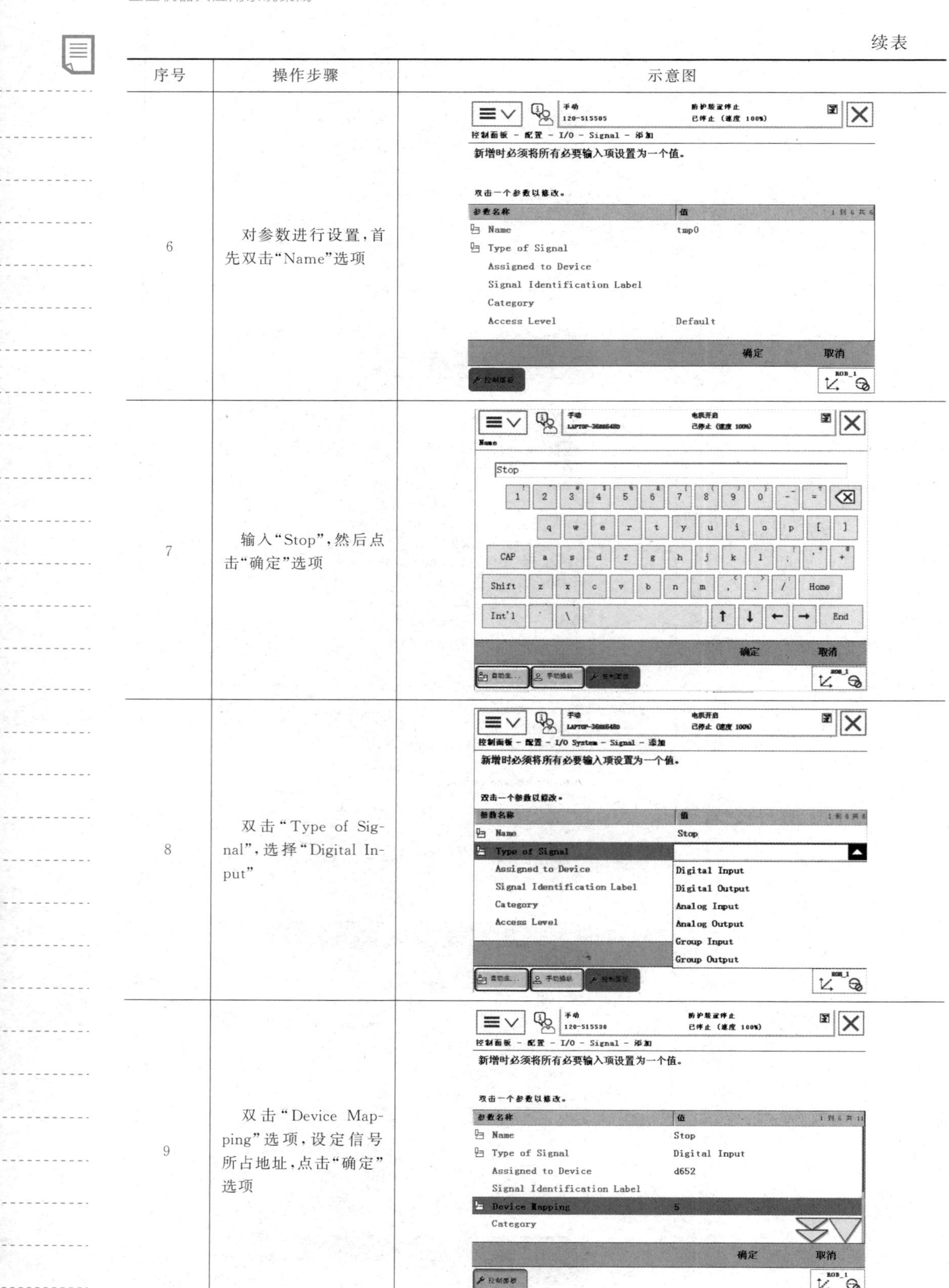

序号	操作步骤	示意图
6	对参数进行设置，首先双击“Name”选项	
7	输入“Stop”，然后点击“确定”选项	
8	双击“Type of Signal”，选择“Digital Input”	
9	双击“Device Mapping”选项，设定信号所占地址，点击“确定”选项	

续表

序号	操作步骤	示意图
10	在弹出的“重新启动”界面中点击“是”选项，重启控制器以完成信号配置	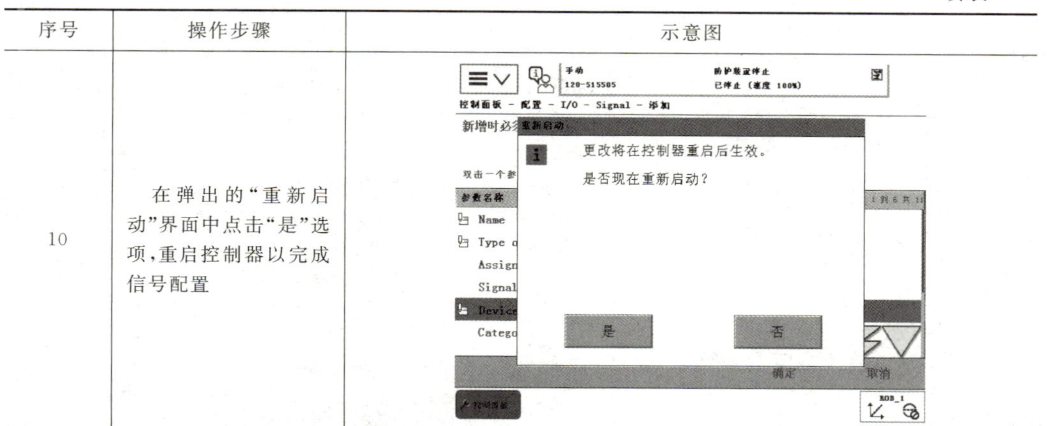

> 练一练：
> 请练习一下，将项目中所有输入信号配置到 DSQC652 板卡中。

然后，按照上述方法进行数字量输出信号的配置，本项目以表 3-1-8 数字量输出信号参数信息表中的相关信息为例，进行数字量输出信号的定义，具体操作方法如表 3-1-9 所示。

表 3-1-8　数字量输出信号参数信息表

参数名称	设定值	说明
Name	AutoOn	设置数字输出信号的名称
Type of Signal	Digital Output	设定信号种类
Assigned to Device	d652	设定信号所在 I/O 模块
Device Mapping	0	设定信号所占地址

视频 3.6　配置数字量输出信号

表 3-1-9　数字量输出信号定义方法

序号	操作步骤	示意图
1	打开示教器主界面	

续表

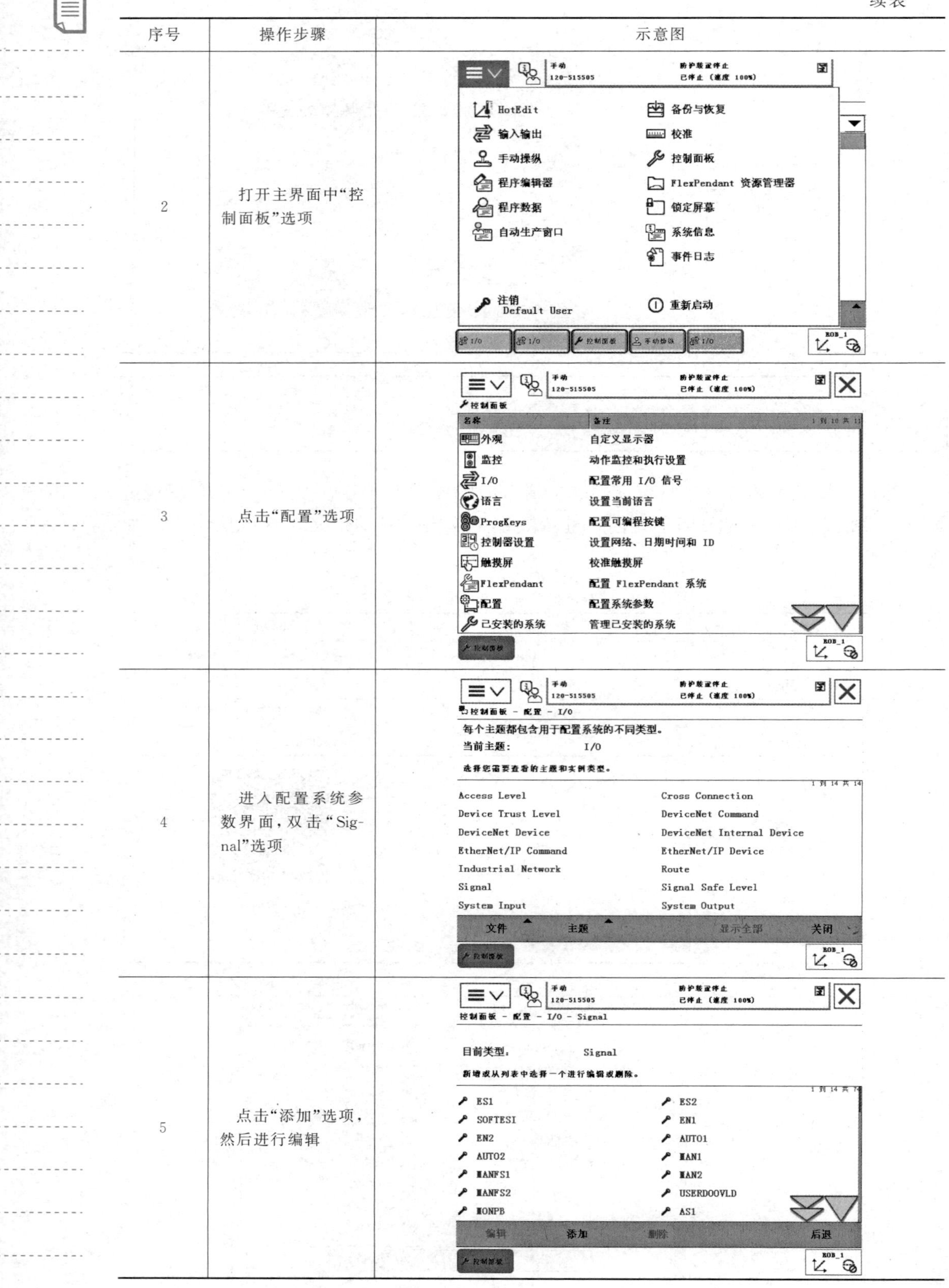

序号	操作步骤	示意图
2	打开主界面中"控制面板"选项	
3	点击"配置"选项	
4	进入配置系统参数界面，双击"Signal"选项	
5	点击"添加"选项，然后进行编辑	

续表

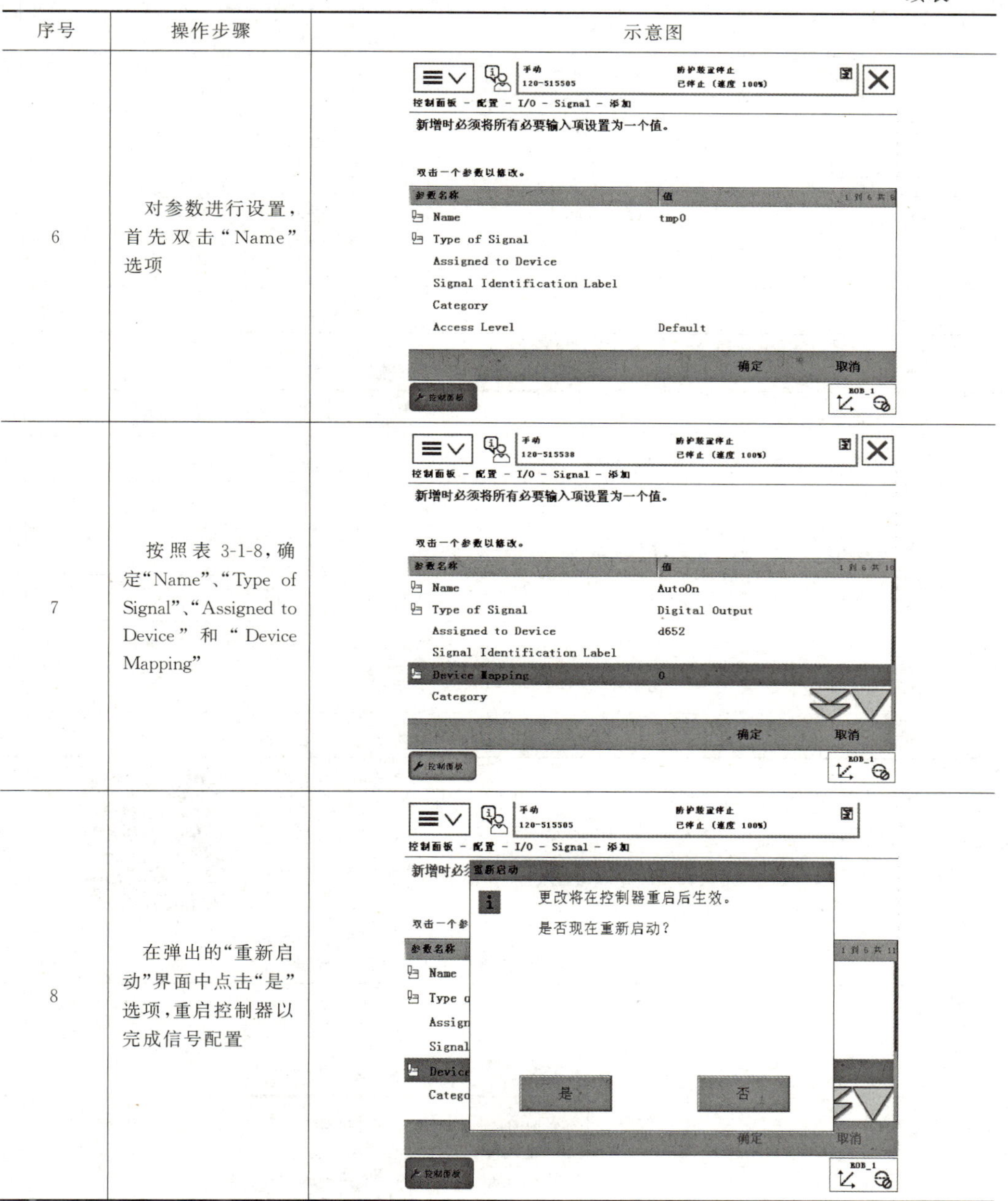

序号	操作步骤	示意图
6	对参数进行设置，首先双击“Name”选项	
7	按照表 3-1-8，确定“Name”、“Type of Signal”、“Assigned to Device”和“Device Mapping”	
8	在弹出的“重新启动”界面中点击“是”选项，重启控制器以完成信号配置	

练一练：

请练习一下，将项目中所有输出信号配置到 DSQC652 板卡中吧！

此外，若同时需要定义多个输出信号，为了节约时间提高效率，可在所有信号均定义结束后再重启示教器。

最后，将表 3-1-10 和表 3-1-11 中的水果分拣机器人集成系统输入和输出信号，按照表 3-1-7 和表 3-1-9 中所示的方法将所有输入和输出信号配置到机器人系统中。

表 3-1-10　水果分拣机器人集成系统输入信号表

信号名称	功能	信号类型	地址
MotoOn	电机上机	系统输入	0
StartMain	从主程序启动	系统输入	1
ResetAlarm	复位报警	系统输入	2
ResetEMG	复位急停	系统输入	3
Start	启动	系统输入	4
Stop	停止	系统输入	5

表 3-1-11　水果分拣机器人集成系统输出信号表

信号名称	功能	信号类型	地址
AutoOn	自动模式	系统输出	0
PowerOn	上电中	系统输出	1
PowerOff	下电中	系统输出	2
CycleOn	循环中	系统输出	3
AlarmOn	报警中	系统输出	4
EmergencyStop	急停中	系统输出	5
DoGripper	柔性抓手	数字输出	7

对机器人系统中的数字量输入/输出信号配置完成后，还需配置机器人系统的输入信号和系统输出信号，首先以输入信号 MotoOn 为例，进行机器人系统输入信号的配置，具体操作方法如表 3-1-12 所示。

视频 3.7　配置系统输入信号

表 3-1-12　系统数字量输入信号定义方法

序号	操作步骤	示意图
1	打开示教器主界面	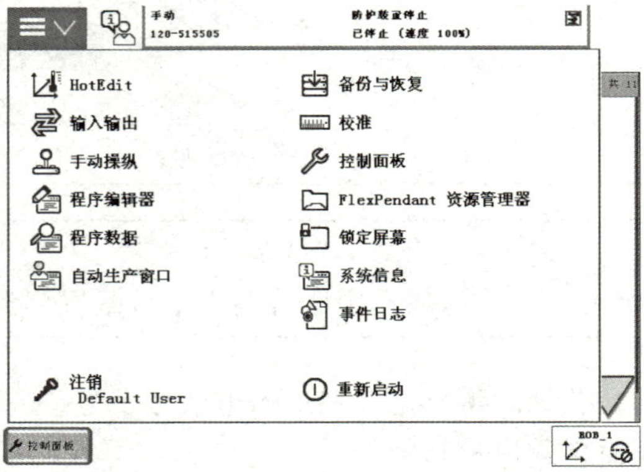

续表

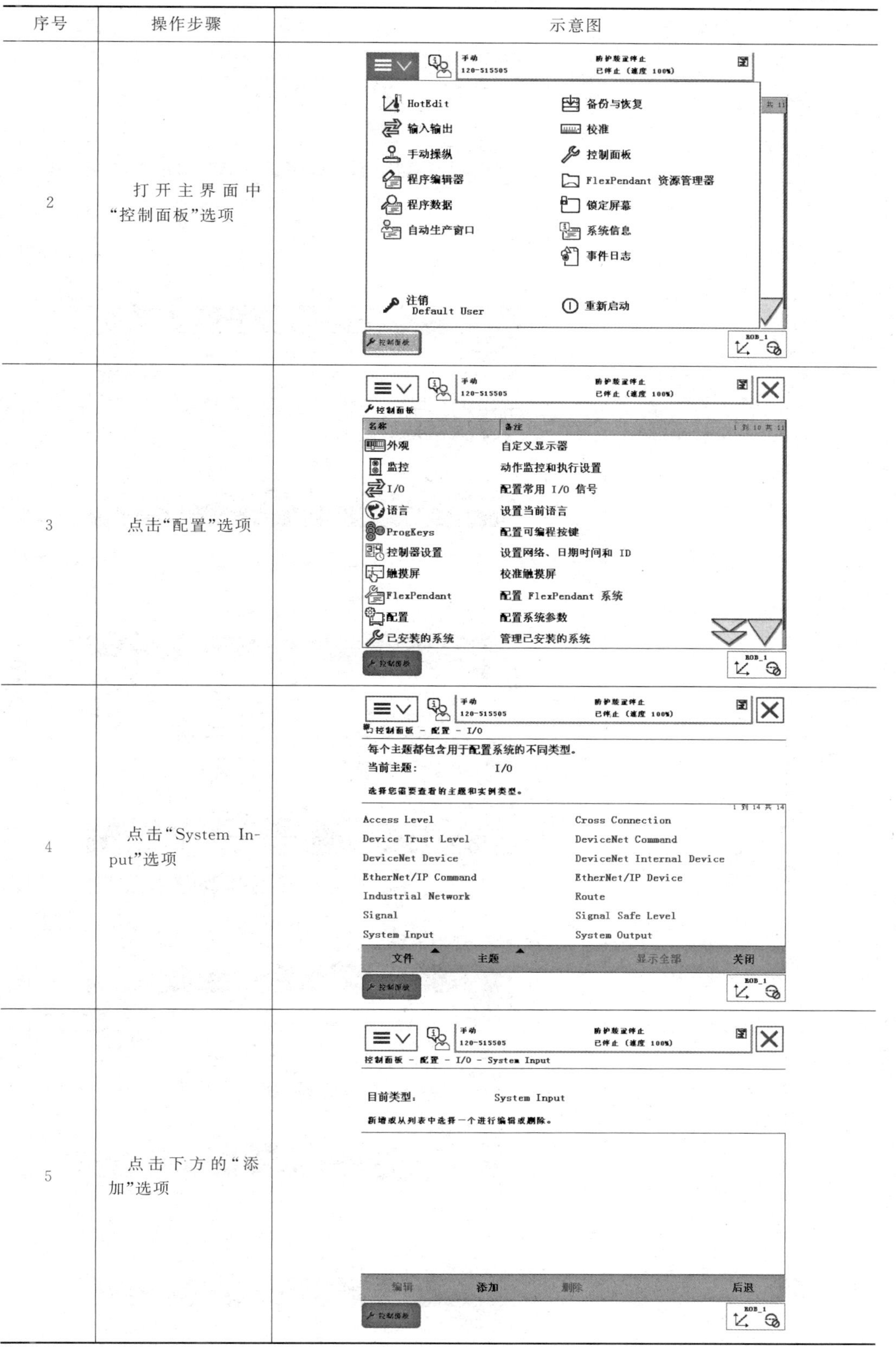

序号	操作步骤	示意图
2	打开主界面中“控制面板”选项	
3	点击“配置”选项	
4	点击“System Input”选项	
5	点击下方的“添加”选项	

续表

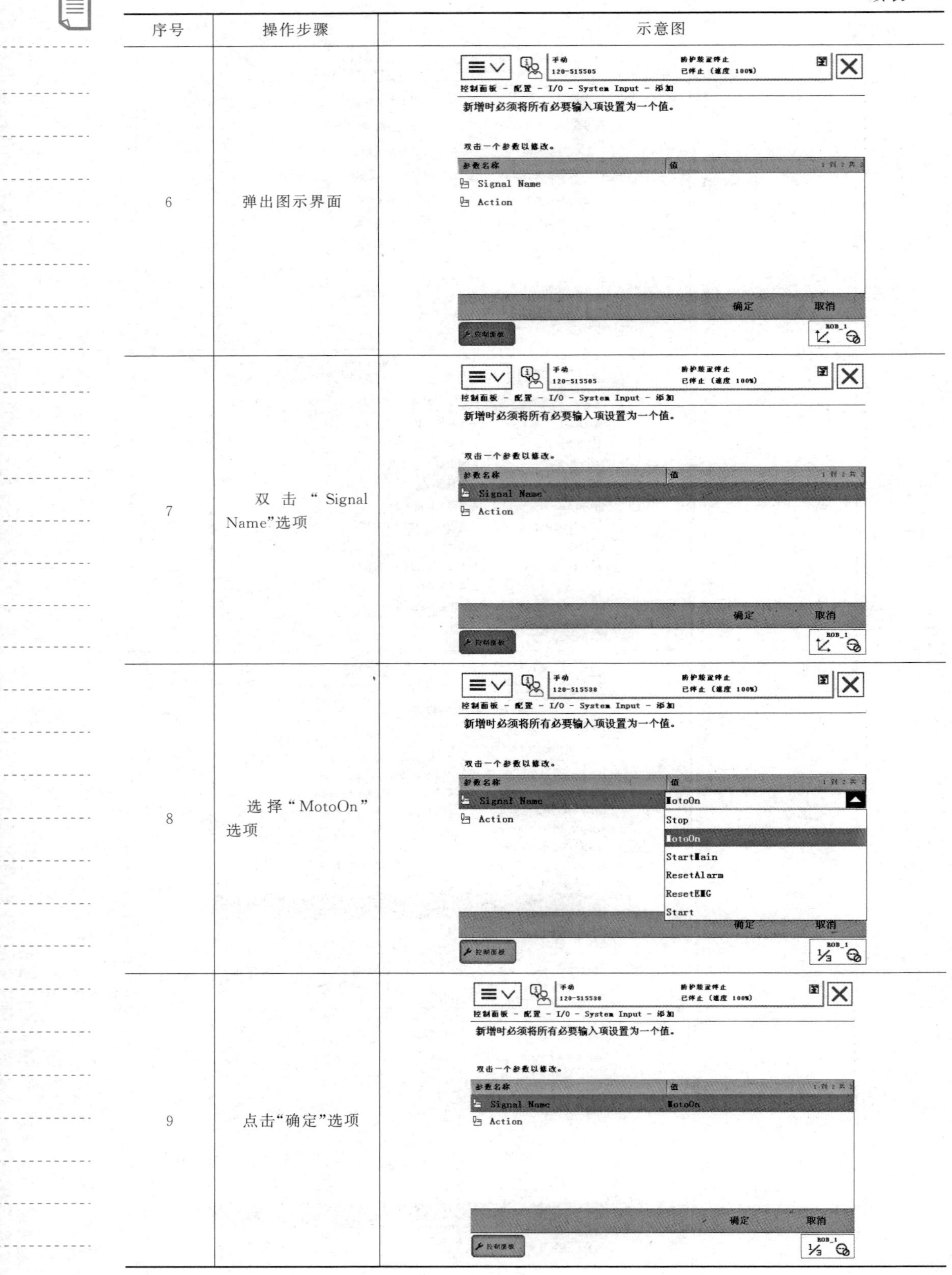

序号	操作步骤	示意图
6	弹出图示界面	
7	双击“Signal Name”选项	
8	选择“MotoOn”选项	
9	点击“确定”选项	

续表

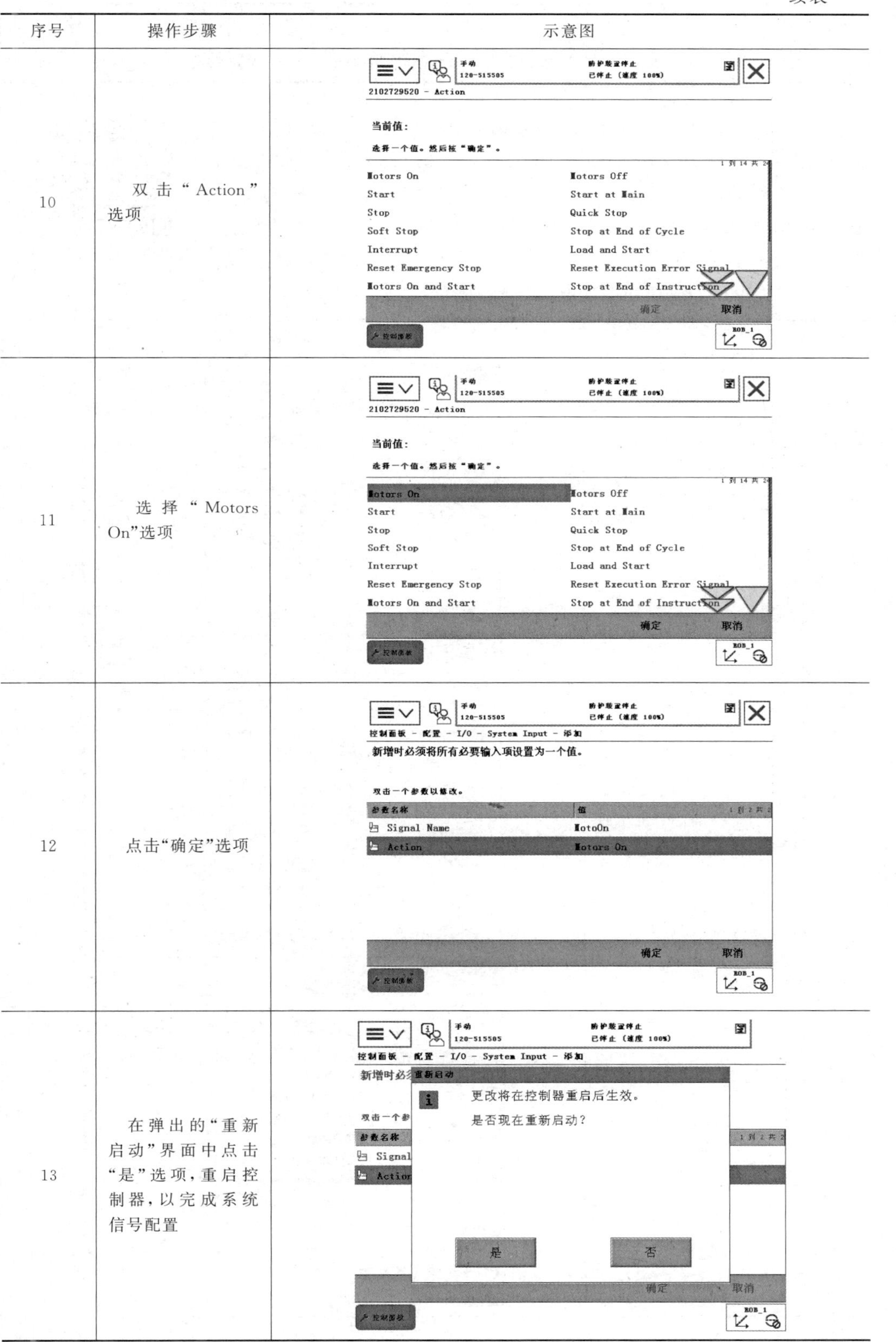

序号	操作步骤	示意图
10	双击“Action”选项	
11	选择“Motors On”选项	
12	点击“确定”选项	
13	在弹出的“重新启动”界面中点击“是”选项，重启控制器，以完成系统信号配置	

练一练：

请按照上述方法，完成该项目中所有系统输入信号的配置吧！

此外，还需配置机器人系统的输出信号，本项目以输出信号 CycleOn 为例，进行机器人系统输出信号的配置，具体操作方法如表 3-1-13 所示。此外若需配置多个系统输出信号，为了提高效率、节约时间，可将信号均设置完成后，最后统一进行示教器的重启。

视频 3.8 配置系统输出信号

表 3-1-13 系统数字量输出信号定义方法

序号	操作步骤	示意图
1	打开示教器主界面	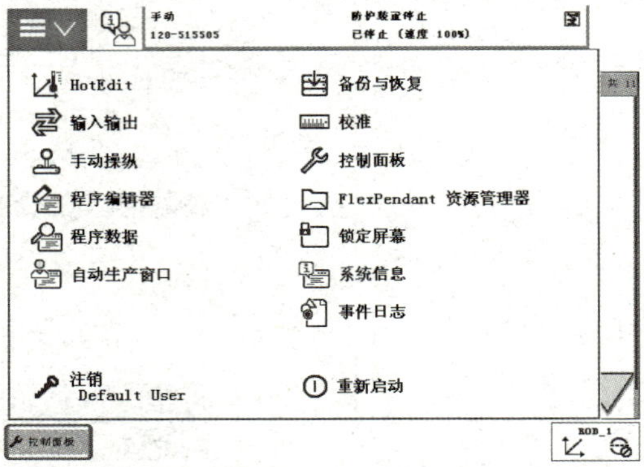
2	打开主界面中“控制面板”选项	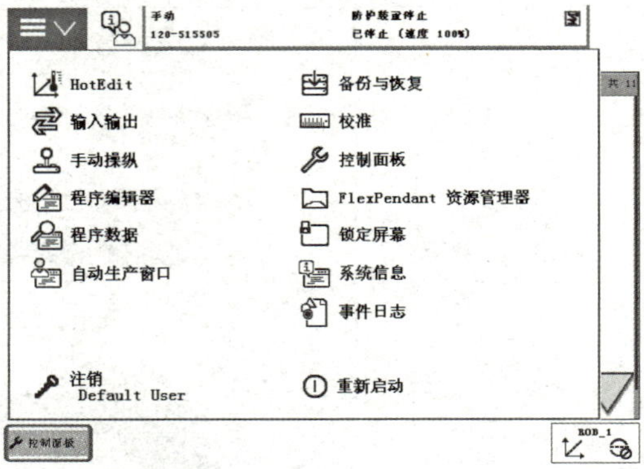
3	点击“配置”选项	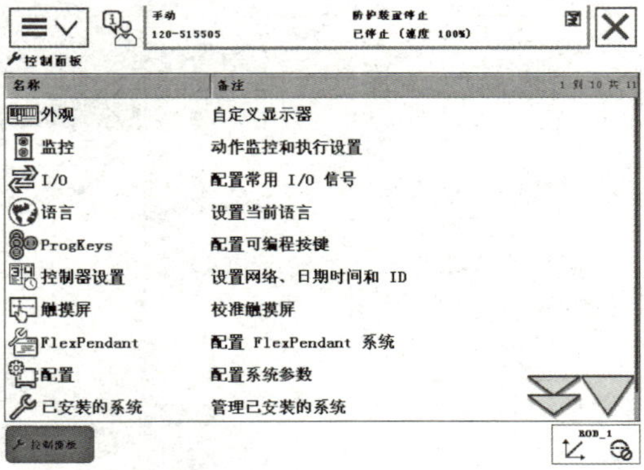

续表

序号	操作步骤	示意图
4	选择“System Output”选项	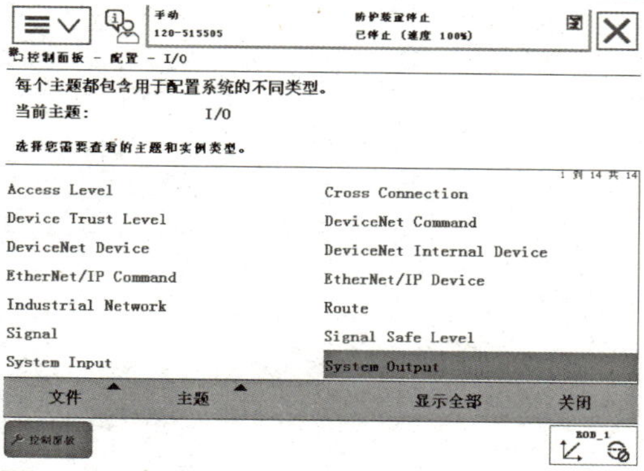 手动 120-515505 防护装置停止 已停止（速度 100%） 控制面板 - 配置 - I/O 每个主题都包含用于配置系统的不同类型。 当前主题： I/O 选择您需要查看的主题和实例类型。 1 到 14 共 14 Access Level / Cross Connection Device Trust Level / DeviceNet Command DeviceNet Device / DeviceNet Internal Device EtherNet/IP Command / EtherNet/IP Device Industrial Network / Route Signal / Signal Safe Level System Input / System Output 文件 主题 显示全部 关闭 控制面板 ROB_1
5	点击“Signal Name”选项	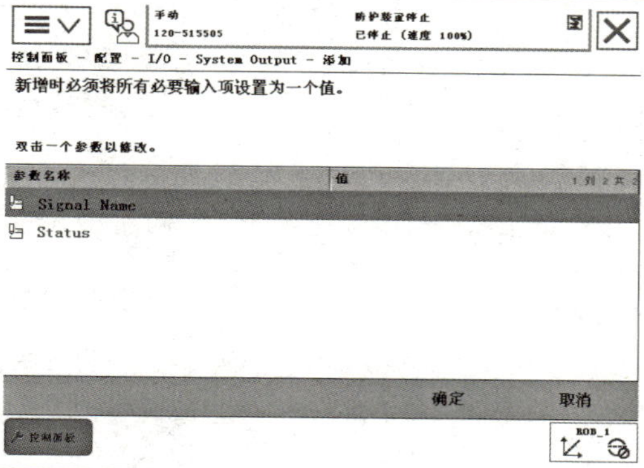 手动 120-515505 防护装置停止 已停止（速度 100%） 控制面板 - 配置 - I/O - System Output - 添加 新增时必须将所有必要输入项设置为一个值。 双击一个参数以修改。 参数名称 值 1 到 2 共 2 Signal Name Status 确定 取消 控制面板 ROB_1
6	选择“CycleOn”	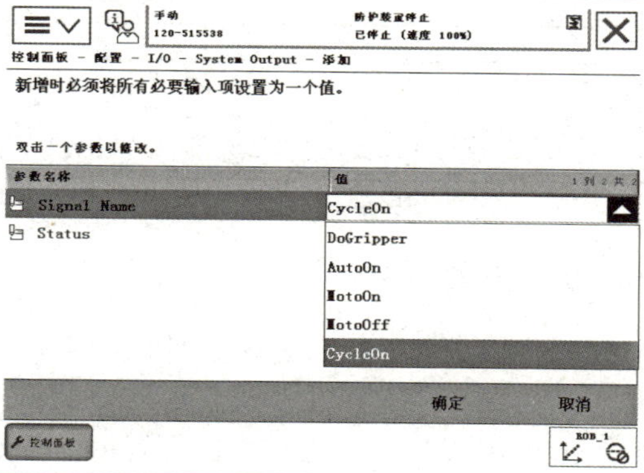 手动 120-515538 防护装置停止 已停止（速度 100%） 控制面板 - 配置 - I/O - System Output - 添加 新增时必须将所有必要输入项设置为一个值。 双击一个参数以修改。 参数名称 值 1 到 2 共 2 Signal Name CycleOn Status DoGripper AutoOn MotoOn MotoOff CycleOn 确定 取消 控制面板 ROB_1
7	点击“Status”，选择“Cycle On”选项	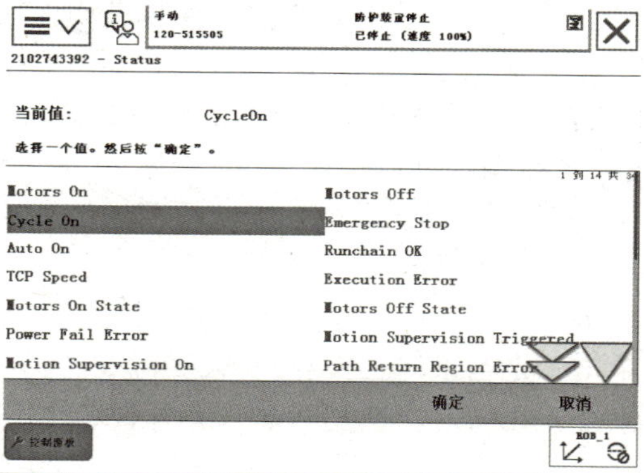 手动 120-515505 防护装置停止 已停止（速度 100%） 2102743392 - Status 当前值： CycleOn 选择一个值。然后按“确定”。 1 到 14 共 3[illegible] Motors On / Motors Off Cycle On / Emergency Stop Auto On / Runchain OK TCP Speed / Execution Error Motors On State / Motors Off State Power Fail Error / Motion Supervision Triggered Motion Supervision On / Path Return Region Error 确定 取消 控制面板 ROB_1

续表

序号	操作步骤	示意图
8	点击“确定”选项	手动 120-515538 防护装置停止 已停止（速度 100%） 控制面板 - 配置 - I/O - System Output - 添加 新增时必须将所有必要输入项设置为一个值。 双击一个参数以修改。 参数名称 值 1 到 2 共 2 Signal Name CycleOn Status Cycle On 确定 取消 控制面板 ROB_1 1/3
9	在弹出的“重新启动”界面中点击“是”选项，重启控制器以完成系统信号配置	手动 120-515505 防护装置停止 已停止（速度 100%） 控制面板 - 配置 - I/O - System Output - 添加 新增时必须 重新启动 更改将在控制器重启后生效。 是否现在重新启动？ 双击一个参 参数名称 1 到 2 共 2 Signal Status 是 否 确定 取消 控制面板 ROB_1

> 练一练：
>
> 请按照上述方法，完成系统所有输出信号的配置吧！

五、备份工业机器人系统

为防止操作人员对机器人系统文件误删除，通常在进行机器人操作前备份机器人系统。备份的对象是所有正在系统内存运行的 RAPID 程序和系统参数。当机器人系统无法启动或重新安装新系统时，也可利用已备份的系统文件进行恢复，备份系统文件是具有唯一性的，只能将备份文件恢复到原来的机器人中去，否则会造成系统故障。

工业机器人系统备份与恢复的操作方法如表 3-1-14 所示。

系统恢复步骤如下所示：

① 进入主菜单，选择“备份与恢复”选项；

② 单击“恢复系统...”选项；

③ 单击“…”选择已备份系统的文件夹，并单击“恢复”；

④ 单击“是”系统会恢复到系统备份时的状态；

⑤ 系统正在恢复，恢复完成后会重新启动控制器。

视频 3.9
备份与恢复

表 3-1-14　工业机器人系统备份与恢复的操作方法

序号	操作步骤	示意图
1	打开示教器主界面	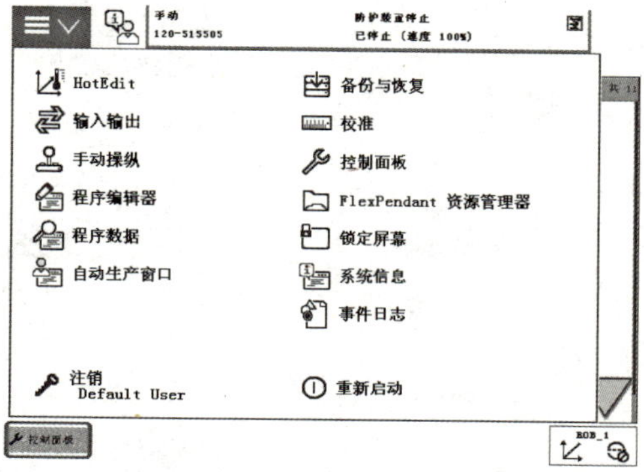
2	打开主界面中“备份与恢复”选项	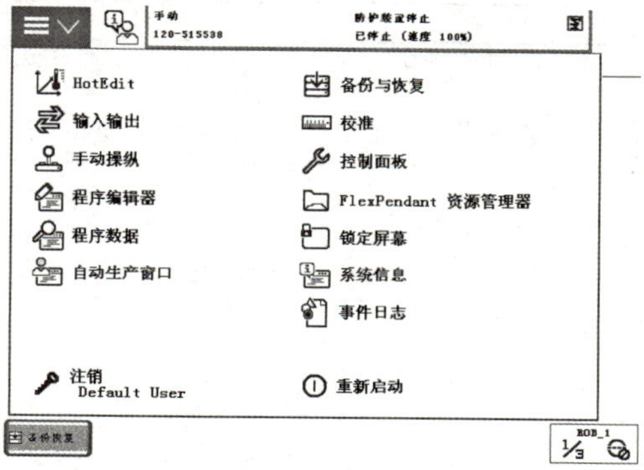
3	选择“备份当前系统...”选项	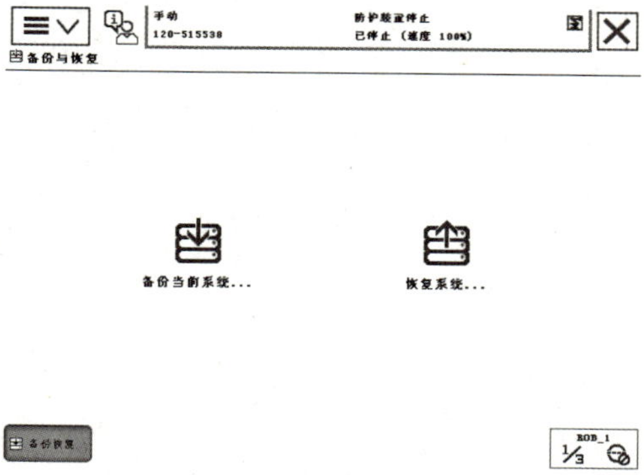
4	点击“备份”选项，完成系统备份	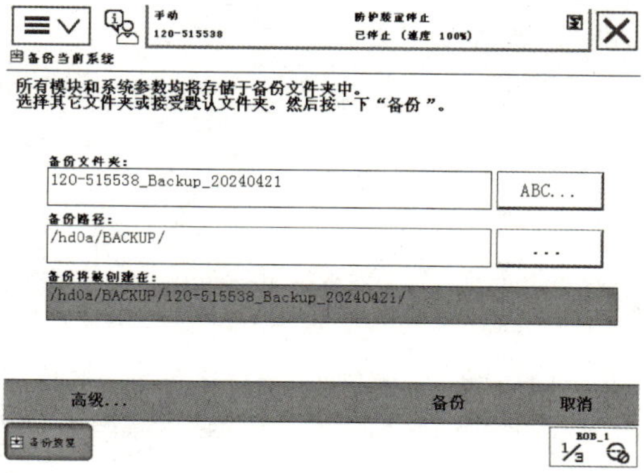

续表

序号	操作步骤	示意图
5	点击“恢复系统...”选项完成系统的恢复	手动 120-515538 防护装置停止 已停止（速度 100%） 备份与恢复 备份当前系统... 恢复系统... 备份恢复 ROB_1 1/3

练一练：

请按照上述方法，练习一下工业机器人系统的备份与恢复吧！

任务评价

任务评价表

评价类型	赋分	序号	具体指标	分值	得分		
					自评	组评	师评
职业能力	55	1	能准确完成工业机器人的校准操作	5			
		2	能准确完成工业机器人工具坐标系示教操作	10			
		3	能准确完成工业机器人工件坐标系示教操作	10			
		4	能准确配置机器人的标准I/O板	10			
		5	能根据输入输出信号表进行工业机器人输入输出信号的配置	10			
		6	能完成工业机器人系统的备份和恢复	10			
职业素养	20	7	坚持出勤，遵守纪律	5			
		8	协作互助，解决难点	5			
		9	按照标准规范操作	5			
		10	持续改进优化	5			
劳动素养	15	11	按时完成，认真填写记录	5			
		12	保持工位卫生、整洁、有序	5			
		13	小组团队分工、合作、协调	5			
思政素养	10	14	完成思政素材学习	4			
		15	规范化标准化意识（文档、图样）	6			
综合得分			—	100			

总结反思

目标达成	知识		能力		素养	
学习收获						
问题反思						
教师寄语						

任务拓展

1. 优化完善

根据任务评价结果，在对比其他团队任务完成情况的基础上总结反思，对系统结构图进一步优化完善，将完善后的系统结构图粘贴于“拓展任务表”中。

2. 改进创新

针对任务评价表中提出的“持续改进优化”，对系统结构进一步改进，并将改进后的系统结构图粘贴于“拓展任务表”中。

拓展任务表

任务优化完善
任务改进创新

任务二 工业机器人控制程序设计

任务目标

① 能依据系统工作流程分析设计机器人程序流程。
② 能根据工作任务要求分析设计机器人控制程序。
③ 能根据工作流程设计机器人主程序。
④ 提升程序编写相关逻辑思维能力。
⑤ 提升工业机器人复杂逻辑程序设计能力。

任务要求

① 课前自主学习相关内容，在线学习工业机器人控制程序流程设计及机器人程序设计的方法，并完成课前关于水果自动分拣机器人控制程序流程设计的相关任务。
② 课中首先交流水果自动分拣机器人控制程序流程设计内容，建议以视频、PPT、图片、文字等多种方式全面介绍；然后交流在课前任务完成过程中存在的疑问，以同学互动、教师指导等方式进行。
③ 按照上述设计完成的水果自动分拣机器人控制程序流程，完成工业机器人的程序设计。
④ 程序设计完成后，以组为单位交流程序设计成果，根据任务评价表中具体指标组内自评、组间互评和教师评价，并就任务完成情况总结反思。
⑤ 课后基于任务完成中存在的问题思考解决办法，改进操作过程中的不当之处。
⑥ 完成课后拓展任务，为后续任务做好准备。

工作任务单

"工业机器人应用系统集成" 工作任务单

<table>
<tr><td>工作任务</td><td colspan="3"></td></tr>
<tr><td>小组名称</td><td></td><td>小组成员</td><td></td></tr>
<tr><td>工作时间</td><td></td><td>完成总时长</td><td></td></tr>
<tr><td colspan="4">工作任务描述</td></tr>
<tr><td colspan="4"></td></tr>
</table>

小组分工	姓名	工作任务

<table>
<tr><td colspan="4">任务执行结果记录</td></tr>
<tr><td>序号</td><td>工作内容</td><td>完成情况</td><td>操作员</td></tr>
<tr><td></td><td></td><td></td><td></td></tr>
<tr><td></td><td></td><td></td><td></td></tr>
<tr><td></td><td></td><td></td><td></td></tr>
<tr><td></td><td></td><td></td><td></td></tr>
<tr><td></td><td></td><td></td><td></td></tr>
<tr><td colspan="4">任务实施过程记录</td></tr>
<tr><td colspan="4"></td></tr>
</table>

验收评定		验收签名	

任务实施

一、机器人控制程序流程设计

工业机器人工作需要依据水果分拣系统工作流程进行。系统开机后，工业机器人与 PLC 通过基础 I/O 通信方式确定系统是否应该上电、是否应该从主程序启动。主程序启动后，工业机器人首先要通过执行一系列初始化程序做好准备，然后程序进行固定流程循环，机器人在安全的等待位置等待水果到位。水果到位后，视觉相机拍照采集水果大小和 *X*、*Y* 坐标，PLC 将获取到的数据通过网络通信的方式传送给工业机器人。工业机器人接收到数据后，第 1 步，解析水果大小和 *X*、*Y* 坐标数据；第 2 步，根据得到的坐标位置到水果抓取坐标系中抓取水果；第 3 步，根据得到的水果大小数据和当前此规格水果的计数值计算水果在对应果箱中的坐标；第 4 步，根据计算得出的坐标数据放置水果；第 5 步，将果箱更换需求与当前各果箱内水果数量打包发送给 PLC。

依据上述工作流程，设计并绘制工业机器人控制程序流程如图 3-2-1 所示。

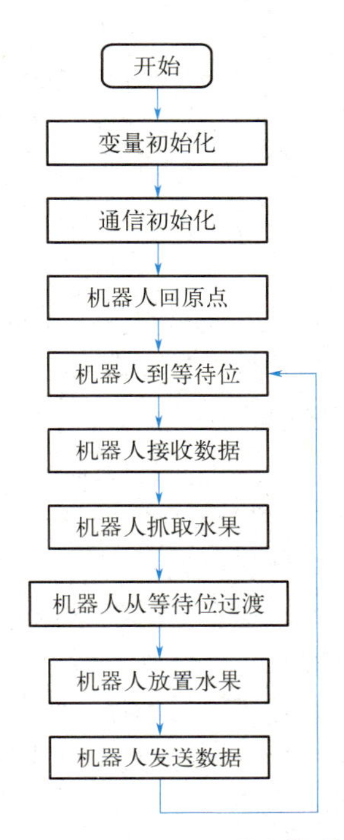

图 3-2-1　工业机器人控制程序流程图

二、机器人控制程序设计仿真

工业机器人控制程序编写有两种途径：一种是直接在示教器上编写；另一种是使用 RobotStudio 软件编写。当然也可以两者结合，使用示教器创建点位数据，使用 RobotStudio 软件编写 Rapid 程序代码。操作示教器编写程序速度慢，程序流程控制代码编写、修改都不方便，所以建议使用两者结合的方法。

1. 规范坐标数据名称

出于程序编写规范性的考虑，同时也是为了程序缩写过程中坐标名称的易读性，避免因理解障碍导致的程序出错，在具体编写程序之前，需要将之前创建的工具坐标数据、工件坐标数据名称规范化。修改后的数据名称如图 3-2-2 所示。

由于工具与工件坐标系数据需要根据工作站现场安装结果示教获得，所以同学们在测试程序功能时，切不可用教材示范程序中的工具与工件坐标系数据直接运行，必须使用工作站安装的工具与工作现场传送带和水果放置工作台位置现场示教工具坐标系与工件坐标系。

数据类型：tooldata
选择想要编辑的数据。　活动过滤器：
范围：RAPID/T_ROB1　更改范围

名称	值	模块	1 到 2 共 2
tool0	[TRUE,[[0,0,0],[1...	BASE	全局
ToolGripper	[TRUE,[[-42,0,103...	DataModule	全局

数据类型：wobjdata
选择想要编辑的数据。　活动过滤器：
范围：RAPID/T_ROB1　更改范围

名称	值	模块	1 到 3 共 3
wobj0	[FALSE,TRUE,"",[[...	BASE	全局
WobjGet	[FALSE,TRUE,"",[[...	DataModule	全局
WobjPut	[FALSE,TRUE,"",[[...	DataModule	全局

图 3-2-2　工具坐标、工件坐标数据名称

2. 创建示教点位数据

工业机器人计算抓取、放置位置时需要用到基础点位，使用示教器创建并示教水果抓取基础点位、大中小三种水果放置

的基础点位、计算放置位置偏移量的临时点、机器人待机和运行过渡的点位。与坐标系命名要求一样，点位的命名要规范，要清楚易懂。本系统中，考虑程序编写的紧凑性，将大中小三种水果放置的基础点位用数组定义。示教器创建的点位数据如图 3-2-3 所示。

数据类型：robtarget

选择想要编辑的数据。　　活动过滤器：

范围：RAPID/T_ROB1　　更改范围

名称	值	模块	1 到 4 共 4
pGetFruitBase	[[0,0,0],[3.36223...	DataModule	全局
pPutFruitBase	数组	DataModule	全局
pPutFruitPoint	[[0,0,0],[2.00762...	DataModule	全局
pWait	[[200,200,500],[0...	DataModule	全局

图 3-2-3　机器人点位数据

同样要注意，教材示范程序中的点位数据不可以直接运行，所有点位数据必须在现场重新校准后才能运行机器人程序。

3. 编写机器人变量初始化程序

视频 3.10
机器人初始化程序编写

从前述工业机器人控制程序流程可知，工业机器人控制程序需要用到很多数据和变量，如 PLC 通信数据、计算坐标偏移、控制程序流程、三种不同规格水果个数、三种不同规格果箱状态、单个水果格子偏移量等。这些数据在程序运行前必须进行初始化，以确保程序执行的正确性。同时，机器人运行速度、加减速、柔性抓手初始状态都必须在初始化程序中初始化。此后机器人程序都在 RobotStudio 软件中直接编写，机器人变量初始化程序代码如下。

```
PROC DataInit()
    ! 限制加减速度、加减速度增减率到 20%,让机器人的运动更加平顺
    Accset 20,20;
    ! 限制机器人运行最大速度为 1000mm/s
    Velset 100,1000;
    ! 水果大小数据、X 坐标数据、Y 坐标数据清 0
    RxSize:=0;
    RxPx:=0;
    RxPy:=0;
    ! 清除水果在果箱中的位置数据
    FruitBoxPx:=0;
    FruitBoxPy:=0;
    ! 大中小果箱中水果个数清 0
    FOR i FROM 1 TO 3 DO
        Count{i}:=0;
    ENDFOR
    ! 松开柔性抓手
    Reset DoGripper;
ENDPROC
```

4. 编写机器人网络通信初始化程序

工业机器人与 PLC 除了通过基本 I/O 接口进行通信外，还需要通过网络通信的方式进行水果采集数据通信。网络通信初始化程序需要首先创建变量，如 Socket Device 设备、数据接收字符串变量和通信解析临时变量等，并且需要完成创建通信、通信连接和通信数据初始化等工作。机器人网络通信初始化程序如下。

```
    ! 创建 Socket 通信数据接收变量
    VAR string SocketReceiveData;
    ! 创建 Socket 通信设备
    VAR socketdev Robot_PLC;
    ! 创建数据解析临时变量并赋值
VAR bool Ok:=FALSE;
PROC CommInit()
    ! 创建通信
    SocketCreate Robot_PLC;
    ! 通信连接
    SocketConnect Robot_PLC,"192.168.8.1",2001;
    ! 清空数据接收字符串
    SocketReceiveData:="";
ENDPROC
```

视频 3.11
机器人通讯子程序编写

5. 编写机器人数据接收程序

视频 3.12
机器人数据接收程序

根据工业机器人与 PLC 通信的约定，PLC 发送给机器人的数据有 5 个部分，第 1 部分为数据有效性（0/1），1 个字节；第 2 部分为水果级别（1/2/3），1 个字节；第 3 部分为水果位置坐标 X，3 个字节；第 4 部分为水果位置坐标 Y，3 个字节；第 5 部分为果箱更换完毕状态（0/1）1 个字节，所有部分数据打包成字符串发送。机器人接收到字符串后，需要解析出这 5 部分的数据。并且，需要用接收到的数据刷新程序状态变量，机器人数据接收程序如下。

```
    ! 接收到的数据有效性数据
    VAR num RxValid;
    ! 接收到的水果大小数据
    VAR num RxSize;
    ! 接收到的水果 X 坐标数据
    VAR num RxPx;
    ! 接收到的水果 Y 坐标数据
    VAR num RxPy;
    ! 接收到的果箱更换完毕数据
    VAR num RxChangeBoxOK;
    ! 水果大小
    VAR num FruitSize;
    ! 水果 X 坐标
    VAR num FruitGetRelX;
    ! 水果 Y 坐标
    VAR num FruitGetRelY;
    ! 小果果箱满标志
    VAR num BoxFullS;
    ! 中果果箱满标志
    VAR num BoxFullM;
    ! 大果果箱满标志
```

```
    VAR num BoxFullL;
    ！果箱需要更换标志
    VAR num NeedChangeBox;
    ！抓手中有无水果标志
    VAR num CatchFruit:=0;
    ！果箱水果个数
    PERS num Count{3}:=[0,0,0];
PROC RobRxData()
    ！机器人接收数据，设置接收等待时间为最长时间，确保能接收到数据
    SocketReceive Robot_PLC\Str:=SocketReceiveData\Time:=WAIT_MAX;
    ！提取数据有效性数值
    Ok:=StrToVal(strpart(SocketReceiveData,1,1),RxValid);
    ！提取水果大小数据数值
    Ok:=StrToVal(strpart(SocketReceiveData,2,1),RxSize);
    ！提取水果抓取 X 坐标数值
    Ok:=StrToVal(strpart(SocketReceiveData,3,3),RxPx);
    ！提取水果抓取 Y 坐标数值
    Ok:=StrToVal(strpart(SocketReceiveData,6,3),RxPy);
    ！提取果箱更换结果状态数值
    ok:=StrToVal(strpart(SocketReceiveData,9,1),RxChangeBoxOK);
    ！如果机器人抓手中没有未放下的水果，则存入抓取水果位置数据
    IF CatchFruit=0 THEN
        FruitSize:=RxSize;
        FruitGetRelX:=RxPx;
        FruitGetRelY:=RxPy;
    ENDIF
    ！如果果箱更换完毕
    IF RxChangeBoxOK=1 THEN
        ！如果是小果果箱更换完毕，则清除小果果箱满变量，小果计数清 0
        if BoxFullS=1 THEN
          BoxFullS:=0;
          count{1}:=0;
        ENDIF
        ！如果是中果果箱更换完毕，则清除中果果箱满变量，中果计数清 0
        if BoxFullM=1 THEN
            BoxFullM:=0;
            count{2}:=0;
        ENDIF
        ！如果是大果果箱更换完毕，则清除大果果箱满变量，大果计数清 0
        if BoxFullL=1 THEN
            BoxFullL:=0;
            count{3}:=0;
        ENDIF
        ！果箱需要更换状态变量值清 0
        NeedChangeBox:=0;
```

```
    ENDIF
ENDPROC
```

6. 编写机器人抓取水果程序

视频 3.13
机器人抓取水果程序

工业机器人获取到有效位置数据后，执行抓取水果程序，水果真实抓取位置为抓取基础位置加上 X 和 Y 方向的偏移量。需要特别注意的是，机器人抓取到水果后，需要记录水果在手状态。机器人抓取水果程序如下。

```
PROC rGetFruit()
    ! 如果接收到的数据有效,并且机器人手中无水果
    IF RxValid=1 AND CatchFruit=0 THEN
        ! 松开抓手
        ReSet DoGripper;
        ! 点到点运动到真实抓取点上方 100mm 位置,以 100 的区域数据向抓取点飞越
        MoveJ
offs(pGetFruitBase, FruitGetRelX, FruitGetRelY, 100), v500, z100, ToolGripper\WObj:=
WobjGet;
        ! 直线下降到水果抓取位置,停止
        MoveL
offs(pGetFruitBase,FruitGetRelX,FruitGetRelY,0),v500,fine,ToolGripper\WObj:=
WobjGet;
        ! 抓紧抓手
        Set DoGripper;
        ! 等待抓紧
        WaitTime 1;
        ! 直线上升到水果抓取位置上方 100mm 位置,以 100 的区域数据向运行过渡点飞越
        MoveL
offs(pGetFruitBase, FruitGetRelX, FruitGetRelY, 100), v500, z100, ToolGripper\WObj:=
WobjGet;
        ! 记录水果在手状态
        CatchFruit:=1;
        ! 清除水果有效性标志位
        RxValid:=0;
    ENDIF
ENDPROC
```

7. 编写水果放置主程序

视频 3.14
机器人水果
放置主程序

工业机器人抓取到水果后，首先要确定当前是否有果箱是满箱状态，如果没有，或当前满箱的果箱不是当前水果需要放置的果箱，则计算放置位置，然后放置水果。如果当前有果箱是满箱状态，并且满箱的果箱是当前需要放置的果箱，再不计算位置不放下水果，而是再次执行接收数据程序，刷新果箱状态，直到果箱更换完毕，再计算放置位置，然后放置水果。本项目为了程序逻辑清楚，将此部分程序分为 3 个例行程序，分别为位置计算程序、水果放置程序

和水果放置主程序。水果放置主程序如下。

```
PROC rPutFruitMain()
    ! 如果手中有水果并且果箱不需要更换
    IF CatchFruit=1 AND NeedChangeBox=0 THEN
        ! 调用子程序计算放置水果
        PutFruit;
        ! 如果手中有水果并且果箱需要更换
    ELSEIF CatchFruit=1 AND NeedChangeBox=1 THEN
        ! 如果当前是小果
        IF FruitSize=1 THEN
            ! 如果当前小果果箱满,则接收数据刷新状态
            IF BoxFullS=1 RobRxData;
            ! 如果当前小果果箱未满,则调用子程序计算放置水果
            IF BoxFullS=0 PutFruit;
        ENDIF
        ! 如果当前是中果
        IF FruitSize=2 THEN
            ! 如果当前中果果箱满,则接收数据刷新状态
            IF BoxFullM=1 RobRxData;
            ! 如果当前中果果箱未满,则调用子程序计算放置水果
            IF BoxFullM=0 PutFruit;
        ENDIF
        ! 如果当前是大果
        IF FruitSize=3 THEN
            ! 如果当前大果果箱满,则接收数据刷新状态
            IF BoxFullL=1 RobRxData;
            ! 如果当前大果果箱未满,则调用子程序计算放置水果
            IF BoxFullL=0 PutFruit;
        ENDIF
    ENDIF
ENDPROC
```

8. 编写机器人计算放置位置程序

本系统果箱设计 4 个放置位置，分别为 0、1、2 和 3，根据抓取先后顺序，放入相应格子中，计算放置位置程序如下。

视频 3.15
机器人计算
放置位置程序

```
PROC CalcPutPos()
    TEST count{FruitSize}
    CASE 1:
        ! 如果当前为第 1 个水果,则放在 00 位置
        FruitBoxPx:=0;
        FruitBoxPy:=0;
    CASE 2:
        ! 如果当前为第 2 个水果,则放在 01 位置
        FruitBoxPx:=0;
        FruitBoxPy:=1;
    CASE 3:
        ! 如果当前为第 3 个水果,则放在 10 位置
        FruitBoxPx:=1;
```

```
        FruitBoxPy:=0;
    CASE 4:
        ! 如果当前为第 4 个水果,则放在 11 位置
        FruitBoxPx:=1;
        FruitBoxPy:=1;
    ENDTEST
    ! 计算水果放置位置
pPutFruitPoint:= Offs (pPutFruitBase {FruitSize}, FruitBoxSize * FruitBoxPx,
FruitBoxSize * FruitBoxPy,0);
ENDPROC
```

9. 编写机器人水果放置程序

水果放置时需要记录个数、计算放置位置，最后才是执行放置动作流程，放置结束后需要判断对应果箱是否满箱，如果满箱则需要更新相应状态标准，并刷新“需要更换果箱”状态。最后是清除水果在手状态。机器人水果放置程序如下。

视频 3.16
机器人水果放置程序

```
PROC PutFruit()
    ! 水果个数计数
    ADD Count{FruitSize},1;
    ! 计算放置位置
    CalcPutPos;
    ! 从过渡位置点到点移动到放置点上方 100mm 位置,以 100 的区域数据向放置点飞越
    MoveJ Offs(pPutFruitPoint,0,0,100),v500,z100,ToolGripper\WObj:=WobjPut;
    ! 直线移动到放置位置,停止
    MoveL Offs(pPutFruitPoint,0,0,0),v500,fine,ToolGripper\WObj:=WobjPut;
    ! 松开抓手
    Reset DoGripper;
    ! 等待抓手完全松开
    WaitTime 1;
    ! 直线上升到放置点上方 100mm,以 100 的区域数据向过渡点飞越
    MoveL Offs(pPutFruitPoint,0,0,100),v500,z100,ToolGripper\WObj:=WobjPut;
    ! 判断果箱是否满
    IF Count{1}=4 BoxFullS:=1;
    IF Count{2}=4 BoxFullM:=1;
    IF Count{3}=4 BoxFullL:=1;
    ! 更新果箱需要更换标准位
    IF BoxFullS=1 OR BoxFullM=1 OR BoxFullL=1 THEN
        NeedChangeBox:=1;
    ELSE
        NeedChangeBox:=0;
    ENDIF
    ! 清除水果在手状态
    CatchFruit:=0;
ENDPROC
```

10. 编写机器人发送数据程序

视频 3.17
机器人发送数据程序

水果放置完毕后，机器人需要将最新的状态数据发送出去，根据机器人与 PLC 通信约定，机器人发送给 PLC 的数据有 4 个部分，第 1 部分为水果箱更换编号（0/1），0 表示不需要更换，1 表示需要更换；第 2 部分为小号果箱当前水果数量；第 3 部分为中号果箱当前水果数量；第 4 部分为大号果箱当前水果数量，各 1 个字节，共 4 个字节。机器人水果放置程序如下。

```
PROC RobTxData()
    SocketSend
Robot_PLC\Str:=valtostr(NeedChangeBox)+valtostr(Count{1})+valtostr(Count
{2})+valtostr(Count{3});
    WaitTime 0.5;
ENDPROC
```

11. 编写机器人主程序

视频 3.18
机器人主程序设计

工业机器人控制程序主程序功能是执行程序流程，依据控制程序流程图，编写机器人主程序如下。

```
PROC main()
    DataInit;
    CommInit;
    rHome;
    WHILE TRUE DO
        rWaitPoint;
        RobRxData;
        rGetFruit;
        rWaitPoint;
        rPutFruitMain;
        RobTxData;
    ENDWHILE
ENDPROC
```

练一练：

为了实现水果分拣项目功能，机器人的主程序和子程序还有没有其他的编写方法呢？请同学们尝试编写一下吧！

【思考感悟】

工业机器人程序设计和编写的过程中，需要同学们具有缜密的逻辑思维能力和严谨的工作态度，而在目标点的示教过程中，需要各小组同学合作完成，且要求同学们要仔细认真，精雕细琢。

谈一谈你们组是如何做的。

思政故事 6　工业机器人编程舞台上的思维协作华章

任务评价

任务评价表

评价类型	赋分	序号	具体指标	分值	得分		
					自评	组评	师评
职业能力	55	1	能准确描述水果自动分拣机器人的工作任务	5			
		2	能准确设计工业机器人的控制程序流程	10			
		3	能完成水果自动分拣机器人的主程序设计	10			
		4	能完成水果自动分拣机器人的各个子程序设计	10			
		5	能完成水果自动分拣机器人的中断程序设计	10			
		6	能提出具有可行性的程序优化创新点	10			
职业素养	20	7	坚持出勤，遵守纪律	5			
		8	协作互助，解决难点	5			
		9	按照标准规范操作	5			
		10	持续改进优化	5			
劳动素养	15	11	按时完成，认真填写记录	5			
		12	保持工位卫生、整洁、有序	5			
		13	小组团队分工、合作、协调	5			
思政素养	10	14	完成思政素材学习	4			
		15	规范化标准化意识（文档、图样）	6			
综合得分			—	100			

总结反思

目标达成	知识		能力		素养	
学习收获						
问题反思						
教师寄语						

任务拓展

1. 优化完善

根据任务评价结果，在对比其他团队任务完成情况的基础上总结反思，对程序进一步优化完善，将完善后的程序粘贴于“拓展任务表”中。

2. 改进创新

针对任务评价表中提出的“能提出具有可行性的程序优化创新点”，对程序进一步改进，并将改进后的程序粘贴于“拓展任务表”中。

拓展任务表

任务优化完善
任务改进创新

项目评价

亲爱的同学，本项目学习结束了，感谢你始终如一地努力学习和积极配合。为了能使我们不断地做出改进，提高专业教学效果，我们珍视各种建议和批评。为此，我们很乐于了解你对本项目学习的真实看法。当然，这一过程中所收集的数据采用不记名的方式，我们都将保密且不会透漏给第三方。对于有些问题只需做出选择，有些问题，则请以几个关键词给出一个简单的答案。

项目评价表

项目名称		地点		教师	
课程时间	满意度				
一、项目教学组织评价	很满意	满意	一般	不满意	很不满意
课堂秩序					
实训室环境及卫生状况					
课堂整体纪律表现					
自己小组总体表现					
教学做一体化教学模式					
二、授课教师评价	很满意	满意	一般	不满意	很不满意
授课教师总体评价					
授课深入浅出通俗易懂					
教师非常关注学生反应					
教师能认真指导学生，因材施教					
实训氛围满意度					
理论实践得分权重分配满意度					
教师实训过程敬业满意度					
三、授课内容评价	很满意	满意	一般	不满意	很不满意
授课项目和任务分解满意度					
课程内容与知识水平匹配度					
教学设备满意度					
学习资料满意度					

项目四

水果自动分拣系统
机器视觉应用程序开发

项目描述

本项目为整个系统的视觉检测应用程序开发部分。机器视觉在本系统中的作用是替代人去自动识别水果大小与位置，视觉检测结果是工业机器人执行运动轨迹实施抓取、放置动作的依据。

本项目选择的是康耐视的 IS2000 相机，视觉系统应用程序开发要依赖于康耐视的程序开发软件，所以同学们需要先从康耐视相机的官方网站下载安装最新版本的开发软件，然后在软件中添加视觉相机设备，最后才是根据本项目的功能要求，开发水果直径、位置检测的应用程序。

项目图谱

水果自动分拣系统机器视觉应用程序开发 — 机器视觉应用程序开发
- 安装程序开发软件
- 添加机器视觉相机
- 开发视觉应用程序

项目要求

通过下载安装机器视觉开发软件，提升信息检索能力与资源获取能力。

通过开发视觉应用程序，掌握机器视觉系统应用程序开发软件使用方法，掌握设备添加与参数设置方法，掌握应用程序开发步骤，掌握检测结果数据传送通信方法。

通过完整应用程序开发过程，提升机器视觉系统应用程序开发能力。

通过课中分组成果汇报，提升文字表达能力和语言表达能力。通过团队成员分工合作，共同完成项目任务，提升团队合作意识和组织沟通协调能力。

实训过程中，必须严格遵守实训室安全规程，严禁带电插拔设备，保持工位卫生，完成后及时收回工具并按位置摆放，树立热爱劳动、崇尚劳动的态度和精神，养成良好的劳动习惯。

任务　机器视觉应用程序开发

任务目标

① 掌握康耐视相机应用程序开发软件安装方法。
② 掌握机器视觉相机设备添加方法。
③ 掌握机器视觉应用程序开发步骤。
④ 能根据系统功能要求，设置视觉相机参数。
⑤ 能根据系统功能要求，开发视觉检测应用程序。

任务要求

① 课前自主检索、学习机器视觉典型应用，熟悉机器视觉工作场景与工作内容，自主从康耐视官网检索有用软件与资料。
② 课中各组首先交流课前软件、资料检索和学习情况，并介绍机器视觉系统应用程序开发思路。
③ 在参考教材所示范的应用程序开发过程的基础上，分组完成任务。
④ 任务完成后，以组为单位交流机器视觉应用程序开发结果，根据任务评价表中具体指标组内自评、组间互评和教师评价，并就任务完成情况总结反思。
⑤ 课后基于任务完成中存在的问题思考解决办法，改进完善应用程序。
⑥ 完成课后拓展任务，为后续任务做好准备。

工作任务单

“工业机器人应用系统集成”工作任务单

工作任务			
小组名称		小组成员	
工作时间		完成总时长	
工作任务描述			

小组分工	姓名	工作任务

任务执行结果记录

序号	工作内容	完成情况	操作员

任务实施过程记录

验收评定		验收签名	

任务实施

一、安装程序开发软件

视频 4.1
康耐视软件安装

1. 下载视觉系统开发软件

从康耐视官方网站下载视觉系统开发软件 In-Sight Explorer 5.6.0，如图 4-1-1 所示。

2. 安装 In-Sight Explorer 5.6.0 软件

完全解压安装压缩文件，双击安装文件夹中的“Cognex In-Sight Software 5.6.0.exe”文件，等待初始化完成，出现安装向导，软件安装启动画面如图 4-1-2 所示。

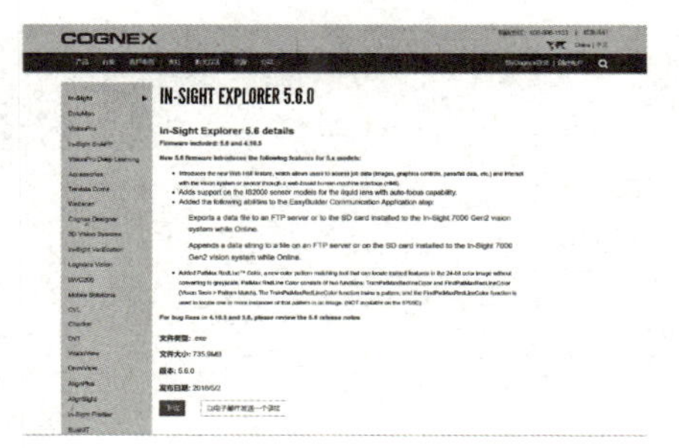

图 4-1-1　In-Sight Explorer 5.6.0 软件下载

图 4-1-2　软件安装启动画面

安装向导，点击“Next”，如图 4-1-3 所示。

选择接受许可，点击“Next”，如图 4-1-4 所示。

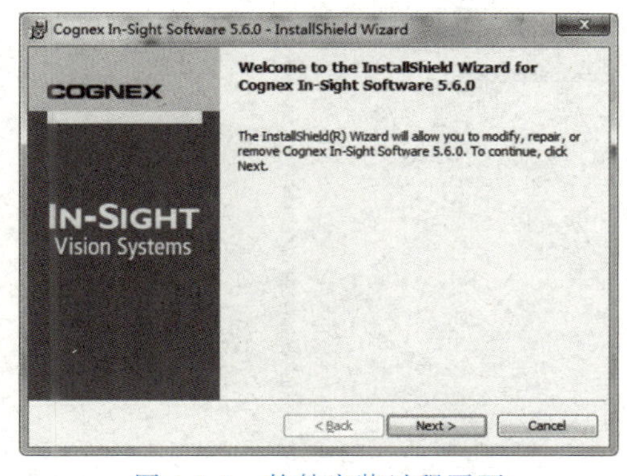

图 4-1-3　软件安装过程画面

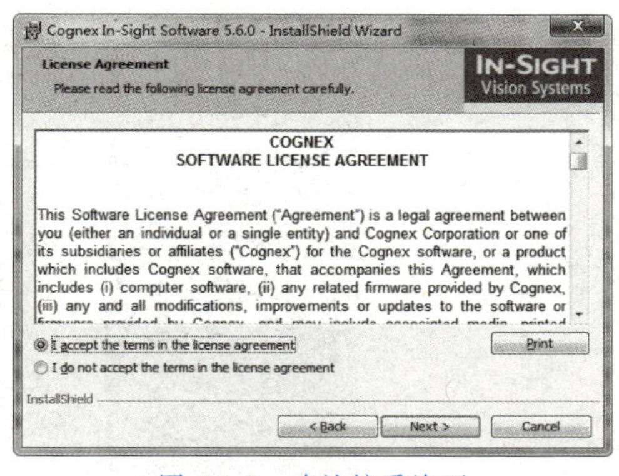

图 4-1-4　确认接受许可

点击“Change...”修改安装目录，点击“Next”，如图 4-1-5 所示。

选择“Complete”，点击“Next”，如图 4-1-6 所示。

点击“Install”，开始软件的安装，等待安装完成，如图 4-1-7 所示。

安装程序进入安装流程，等待安装结束，如图 4-1-8 所示。

点击“Finish”，结束安装向导，完成安装，如图 4-1-9 所示。

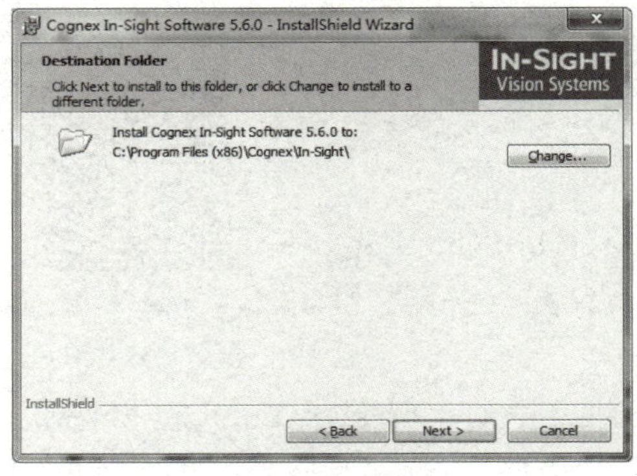

图 4-1-5　选择安装目录

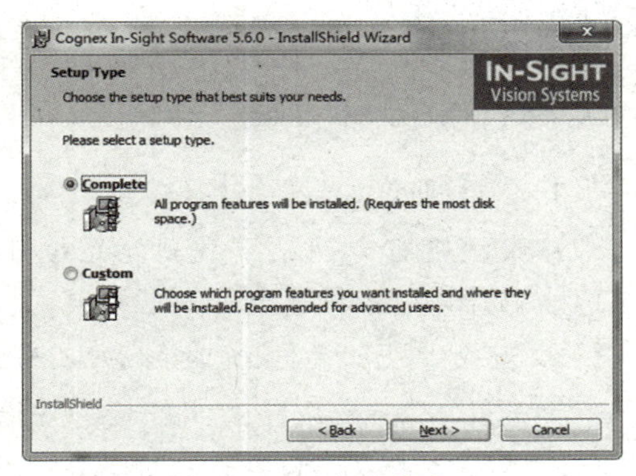

图 4-1-6　选择安装类型

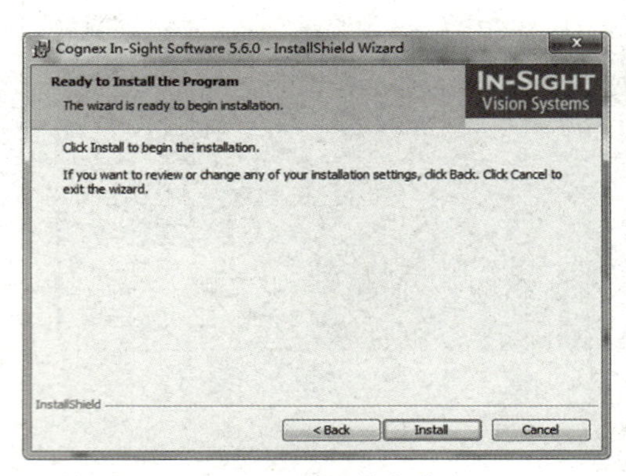

图 4-1-7　开始安装

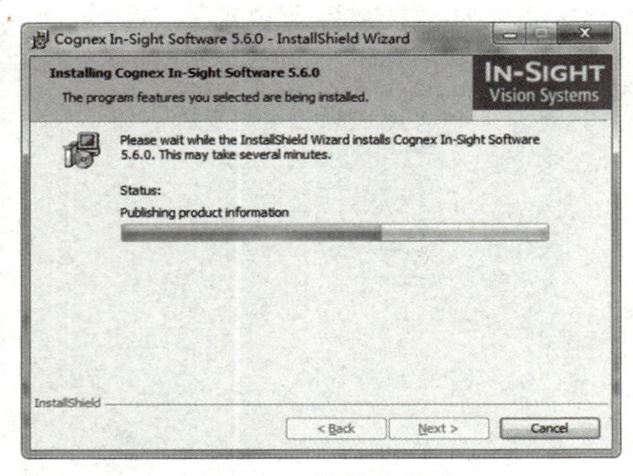

图 4-1-8　软件安装中

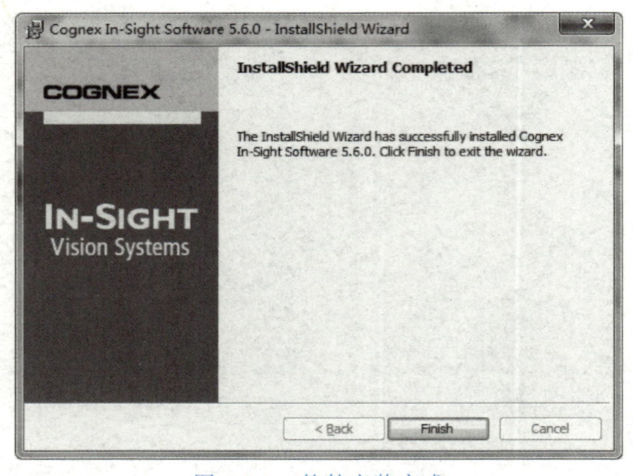

图 4-1-9　软件安装完成

安装完成后，打开软件，查看软件工作界面，如图 4-1-10 所示。

谈一谈：

请结合课前检索结果谈一谈机器视觉有哪些典型应用，这些应用又有哪些区别。

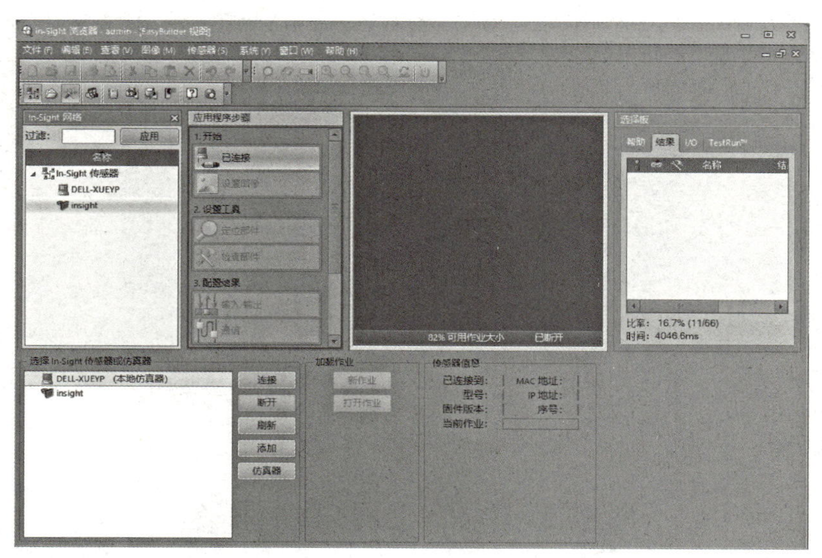

图 4-1-10　In-Sight 浏览器软件界面

二、添加机器视觉相机

视频 4.2
视觉相机添加配置

1. 设置计算机 IP 地址

“开始”菜单→“控制面板”→“网络和共享中心”→“更改适配器设置”，如图 4-1-11 所示。

右键“本地连接”→“属性”→双击“TCP/IPv4”→输入 IP 地址和子网掩码，IP 地址要与 PLC 的 IP 地址在同一网段→“确定”，如图 4-1-12 所示。

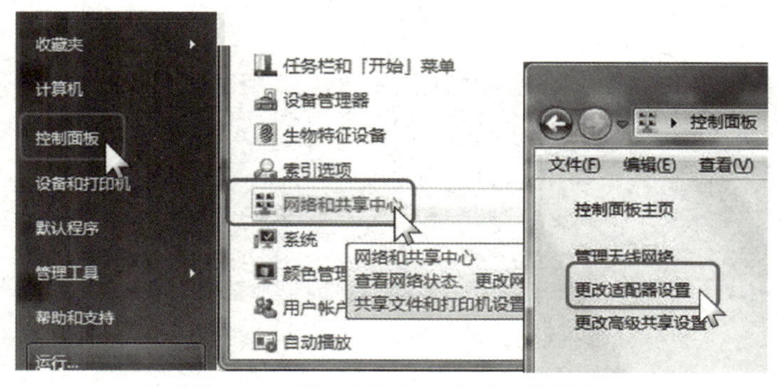

图 4-1-11　打开电脑更改适配器设置

选择“使用下面的 IP 地址”，输入系统设备联网规划的 IP 网段地址，如 192.168.8.253，如图 4-1-13 所示。

2. 配置相机参数

打开软件 In-Sight Explorer，点击“将传感器/设备添加到网络”按钮，出现搜索对话框，如图 4-1-14 所示。

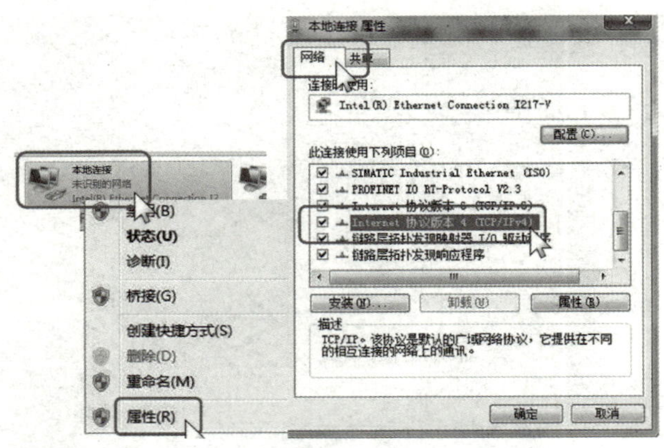

图 4-1-12　打开电脑更改适配器设置

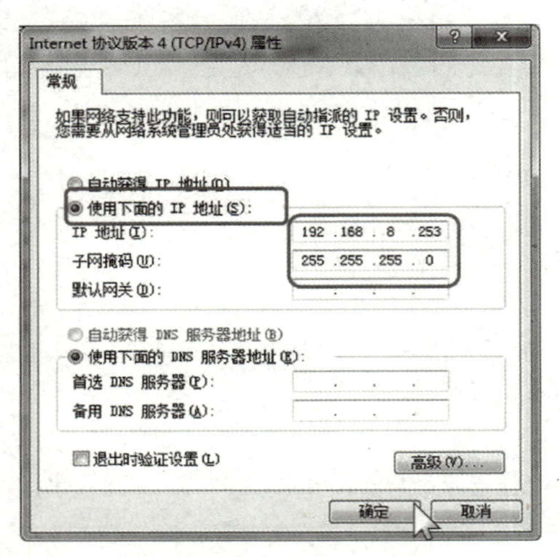

图 4-1-13　设置电脑 IP 地址

图 4-1-14　将传感器/设备添加到网络

点击“刷新”按钮，开始搜索在网络里的相机。如果搜索不到，请根据提示，把相机断电再重新通电，再次点击“刷新”按钮。如图 4-1-15 所示。

选中搜索到的传感器/设备，修改“主机名”和“IP 地址”，点击“应用”。如图 4-1-16 所示。

点击“确定”按钮，显示正在初始化，等待完成，点击“确定”。如图 4-1-17 所示。

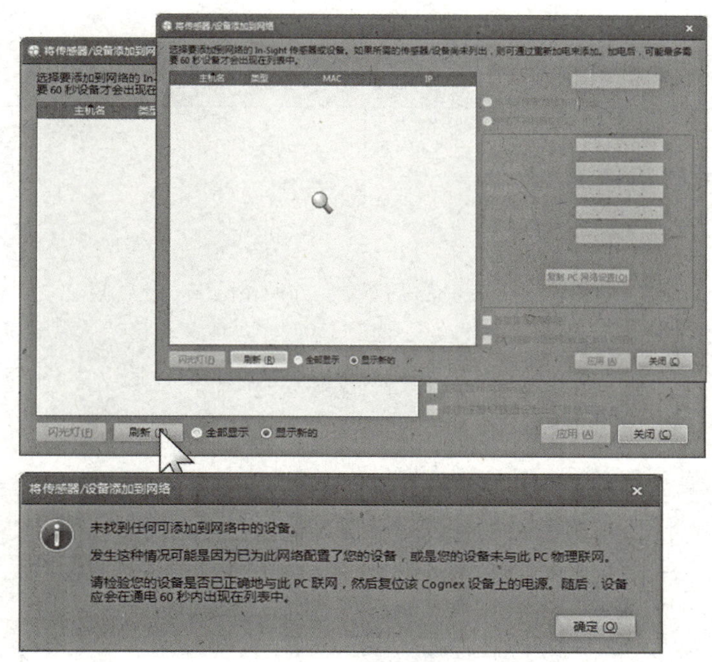

图 4-1-15　搜索相机

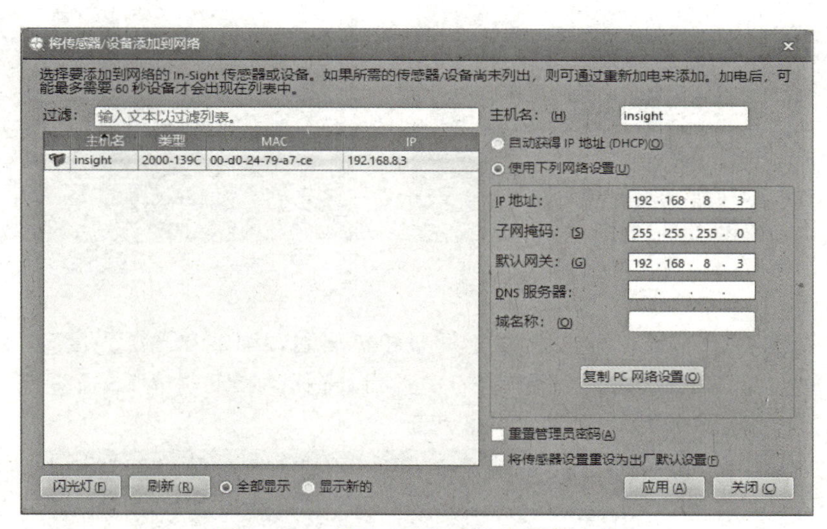

图 4-1-16　设置“主机名”和网络参数

图 4-1-17　视觉系统初始化

谈一谈：

视觉相机添加过程中，你们都遇到了哪些问题，又是如何解决的。

三、开发视觉应用程序

视频 4.3
机器视觉程序开发

1. 开始

选择“1. 开始”中的“连接”，然后选择“insight”，最后点击“连接”按钮，如图 4-1-18 所示。

点击“设置图像”，选择“触发器”，设置类型为“工业以太网”，如图 4-1-19 所示。

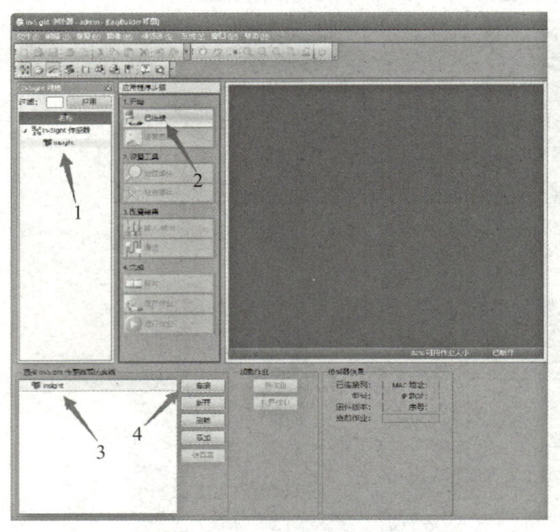

图 4-1-18 连接传感器

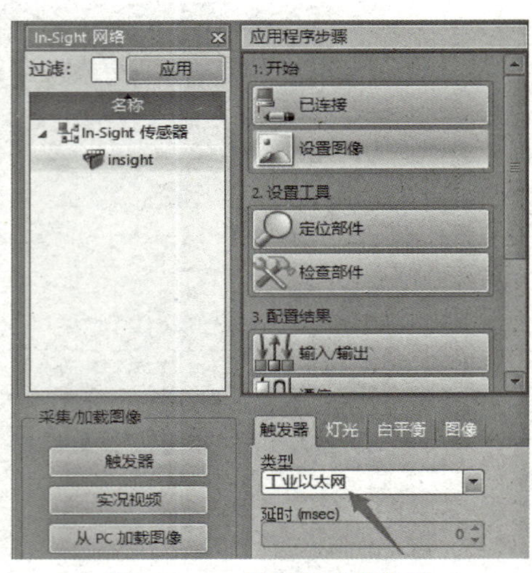

图 4-1-19 设置触发器类型

选择“灯光”，打开“实况视频”，调整相机焦距，调整“光源强度”“目标图案亮度”“曝光时间”，使显示的图像清晰，也可以选择“自动曝光”，通过拖动“目标图像亮度”控制图像亮度，如图 4-1-20 所示。

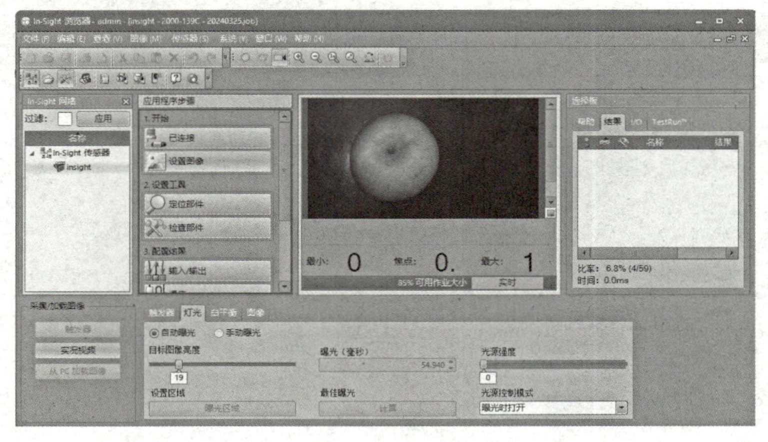

图 4-1-20 调整相机灯光参数

2. 设置工具

机器视觉相机功能丰富，可以选择“定位部件”功能定位“图案”“边”“边缘交点”“斑点”“颜色斑点”“圆”等，如图 4-1-21 所示。

还可以选择“检查部件”功能，选择“存在/不存在工具”“测量工具”“计数工具”“数学逻辑工具”实现更多功能，如图 4-1-22 所示。

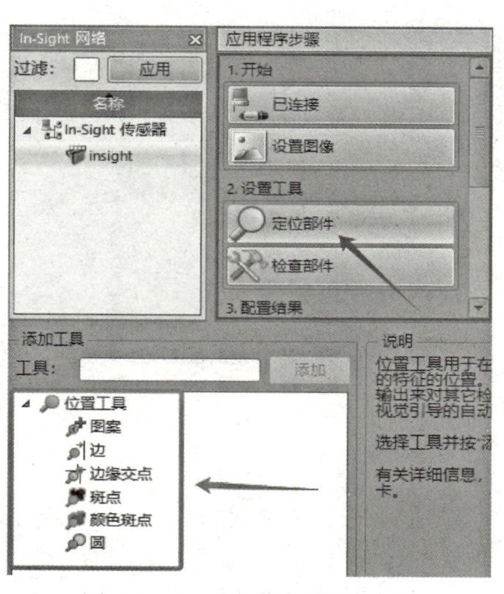

图 4-1-21　“定位部件”功能

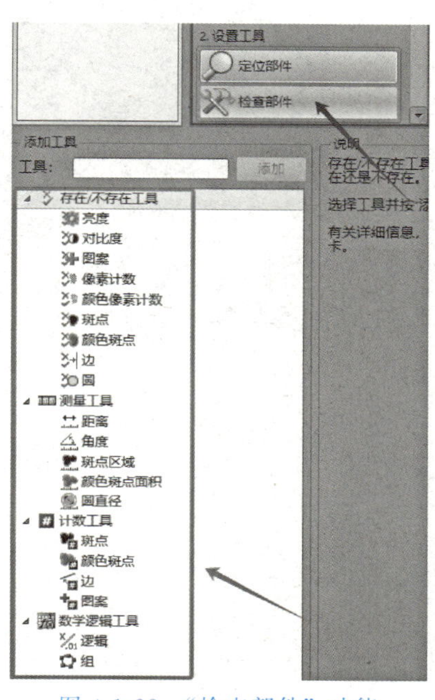

图 4-1-22　“检查部件”功能

本系统中需要检测的是水果的直径与位置，所以选择“检查部件”中的“测量工具”→“圆直径”工具，双击“圆直径”工具，工具会在图像显示中自动识别“圆”，点选正确识别的圆，被点选的圆会变成紫色，如图 4-1-23 所示。

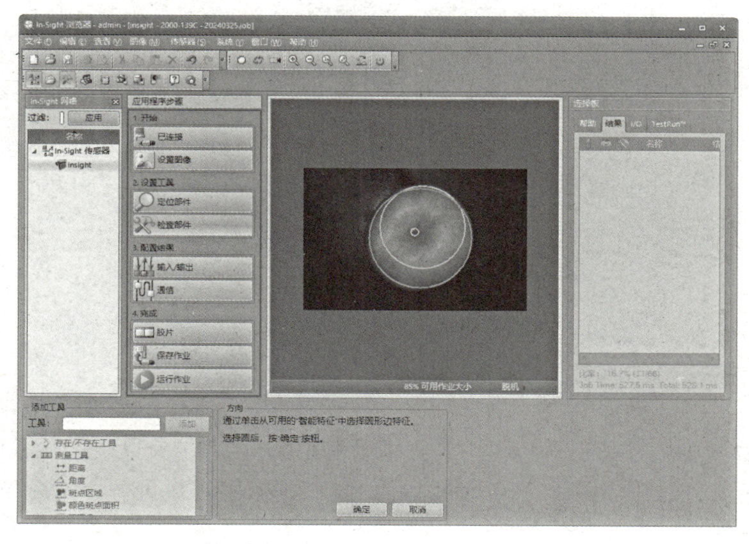

图 4-1-23　使用测量圆直径工具选择圆形边特征

点击“确定”按钮，在常规选项卡中设置“工具名称”，在“设置”选项卡中设置边缘对比度，在范围限制选项卡中设置检测直径的最大值与最小值，如图 4-1-24 所示。

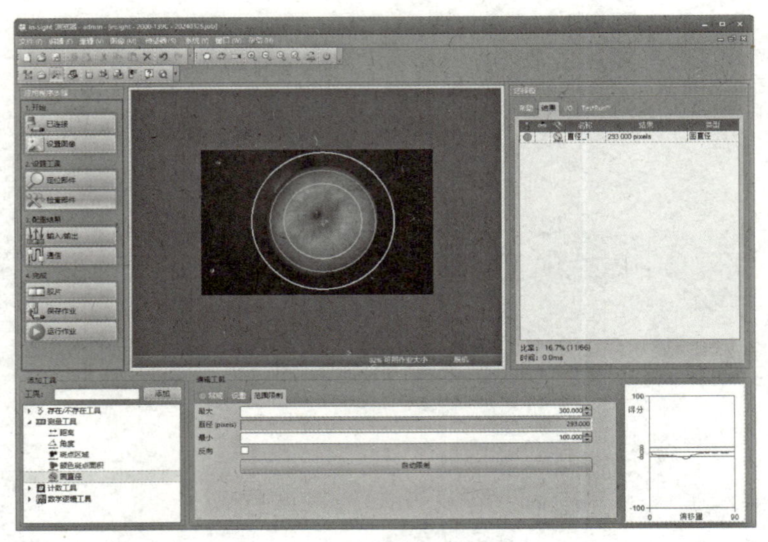

图 4-1-24 设置工具参数

3. 配置结果

选择配置结果中的“通信”，在通信中选择添加设备，设备选择“PLC/Motion 控制器”，制造商选择“Siemens”，协议选择“PROFINET”，单击确定，如图 4-1-25 所示。

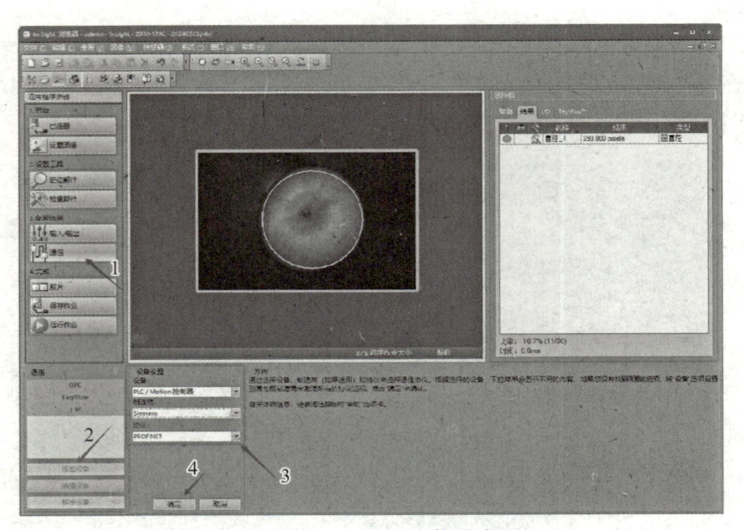

图 4-1-25 添加通信设备

在“格式化输出数据”选项卡中，点击“添加”，在弹出窗口中逐一添加“直径_1. 通过”“直径_1. 直径”“直径_1. 圆 . X”“直径_1. 圆 . Y”，设置每个数据的数据类型为“32 位浮点”数，如图 4-1-26 所示。

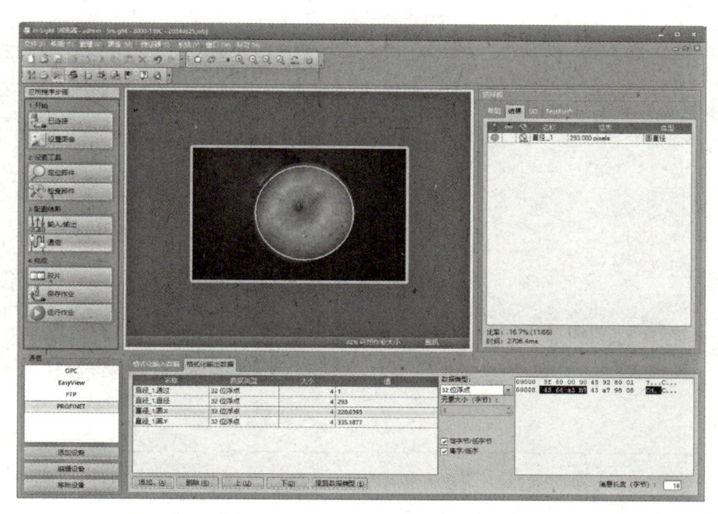

图 4-1-26　格式化输出数据

> 练一练：
>
> 实践操作过程中，不要仅仅只完成本教材项目功能要求的配置，应该跟着项目案例的引导，充分利用设备，练习机器视觉设备集成的各种工具的功能，为今后其他应用系统开发做好准备。

4. 完成

本步骤最重要的工作是将前面的配置保存为配置文件，并且将保存好的配置文件设置为相机启动时自动运行的作业。

点击“4. 完成”中的“保存作业”，点击“另存为...”按钮，在弹出的窗口中输入文件名，点击“保存”，如图 4-1-27 所示。

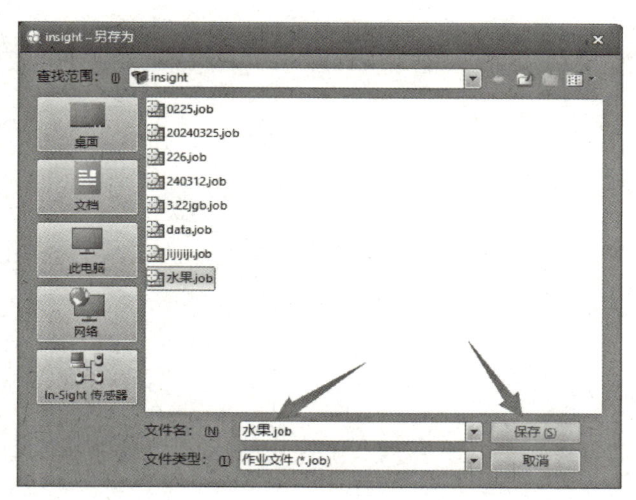

图 4-1-27　保存作业

在启动选项中勾选“在启动时加载作业”，选择保存的作业文件如“水果.job”，勾选“以在线模式启动传感器”，如图 4-1-28 所示。

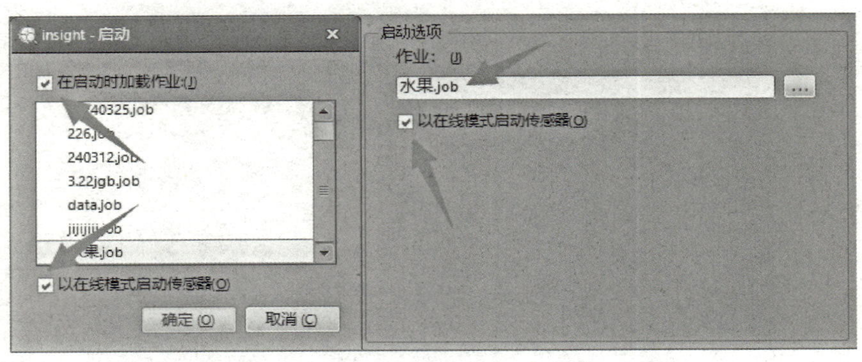

图 4-1-28　设置相机启动选项

【思考感悟】 通过机器视觉应用程序开发，实现水果检测、数据提取，提升水果分拣效率，激发爱国热情、奉献精神和服务社会意识。	谈一谈你们组同学有哪些收获。

思政故事 7　视觉之光：水果分拣中的家国情怀与担当

任务评价

任务评价表

评价类型	赋分	序号	具体指标	分值	得分		
					自评	组评	师评
职业能力	55	1	能简洁准确地描述机器视觉典型应用	5			
		2	能正确地检索、下载、安装视觉开发软件	10			
		3	能正确配置电脑网卡网络参数	5			
		4	能正确添加机器视觉相机、配置正确参数	10			
		5	能根据系统功能要求开发相机应用程序	15			
		6	能提出具有可行性的程序优化方案	10			
职业素养	20	7	坚持出勤，遵守纪律	5			
		8	协作互助，解决难点	5			
		9	按照标准规范操作	5			
		10	持续改进优化	5			
劳动素养	15	11	按时完成，认真填写记录	5			
		12	保持工位卫生、整洁、有序	5			
		13	小组团队分工、合作、协调	5			
思政素养	10	14	完成思政素材学习	4			
		15	规范化标准化意识（文档、图样）	6			
综合得分			—	100			

总结反思

目标达成	知识		能力		素养	
学习收获						
问题反思						
教师寄语						

任务拓展

1. 优化完善

根据任务评价结果，在对比其他团队任务完成情况的基础上总结反思，对机器视觉应用程序进一步优化完善，将完善后的改进结果填写于“拓展任务表”中“任务优化完善”栏。

2. 改进创新

针对任务评价表中提出的“能提出具有可行性的程序优化方案”，落实优化方案，将结果填写于“拓展任务表”中“任务改进创新”栏。

拓展任务表

任务优化完善
任务改进创新

项目评价

亲爱的同学，本项目学习结束了，感谢你始终如一地努力学习和积极配合。为了能使我们不断地做出改进，提高专业教学效果，我们珍视各种建议和批评。为此，我们很乐于了解你对本项目学习的真实看法。当然，这一过程中所收集的数据采用不记名的方式，我们都将保密且不会透漏给第三方。对于有些问题只需做出选择，有些问题，则请以几个关键词给出一个简单的答案。

项目评价表

项目名称			地点		教师	
课程时间		满意度				
一、项目教学组织评价		很满意	满意	一般	不满意	很不满意
课堂秩序						
实训室环境及卫生状况						
课堂整体纪律表现						
自己小组总体表现						
教学做一体化教学模式						
二、授课教师评价		很满意	满意	一般	不满意	很不满意
授课教师总体评价						
授课深入浅出通俗易懂						
教师非常关注学生反应						
教师能认真指导学生，因材施教						
实训氛围满意度						
理论实践得分权重分配满意度						
教师实训过程敬业满意度						
三、授课内容评价		很满意	满意	一般	不满意	很不满意
授课项目和任务分解满意度						
课程内容与知识水平匹配度						
教学设备满意度						
学习资料满意度						

项目五

水果自动分拣系统PLC控制程序开发

项目描述

“水果自动分拣工业机器人应用系统”为软硬件结合的综合性复杂系统，本项目为整个系统的软件设计与实现部分。系统 PLC 控制程序是系统硬件设备的驱动与控制软件，相同的硬件配合不同的软件可以实现完全不同的功能，所以系统控制程序直接决定着系统具体功能，所以本项目任务完成情况对整个系统功能的实现起着决定性的作用。

本项目选择的核心控制器为西门子公司 S7-1200 系列的 1215PLC，控制程序开发平台为西门子公司全新一代的“博途”全集成开发环境，系统软件开发首先要组态设备、配置网络，然后才是各个设备的控制程序编写，在完成各个设备控制程序编写的基础上，根据系统软件工作流程，在主程序中依据程序流程与执行逻辑，调用相关子程序，完成控制程序的设计。程序编写过程分设备进行，边编写边调试，最后再进行所有设备的软件硬件联合调试，验证控制程序的正确性。

项目图谱

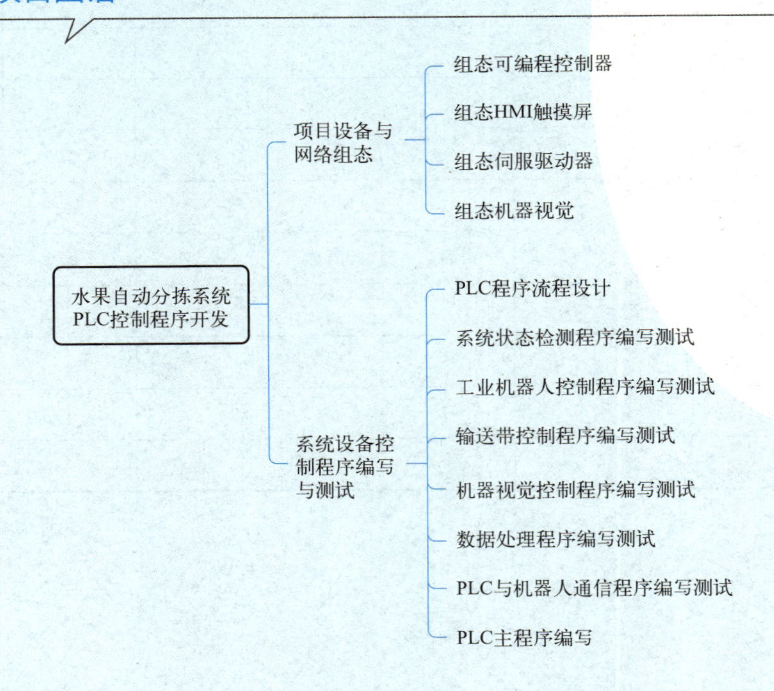

项目要求

通过在博途集成开发环境中组态系统硬件设备、配置网络连接，掌握硬件组态方法与网络配置方法，提升系统硬件设备组态和网络连接配置的熟练度。

通过工业机器人控制程序的编写，掌握 PLC 与工业机器人使用 I/O 信号通信控制的方法、控制程序编写的方法，提升对 PLC 控制工业机器人的理解。

通过输送带控制程序的编写，查阅集成开发环境帮助系统，学习使用 PLC 编程控制 PN 版本伺服驱动器执行各种工作的方法，提升使用 PLC 进行运动控制编程的能力。

通过机器视觉控制程序的编写，学习视觉系统技术手册方法，从本质上搞清楚程序中各参数、数据的来源，掌握视觉相机工作过程控制方法，通过编写相机拍照控制程序，提升逻辑思维能力。

通过系统通信程序的编写，掌握 PLC 开放式用户通信指令的使用方法，通过通信数据处理程序的编写，从位、字节层面搞清楚通信协议的重要性，切身体会通信过程的严谨性，提升一丝不苟、精益求精、追求卓越的工匠精神。

通过课中分组成果汇报，提升文字表达能力和语言表达能力。通过团队成员分工合作，共同完成项目任务，提升团队合作意识和组织沟通协调能力。

实训过程中，必须严格遵守实训室安全规程，严禁带电接线、带电插拔设备，布线需要整洁美观，保持工位卫生、完成后及时收回工具并按位置摆放，树立热爱劳动、崇尚劳动的态度和精神，养成良好的劳动习惯。

任务一　项目设备与网络组态

任务目标

① 掌握使用博途软件组态硬件设备与配置网络的方法。
② 能根据系统硬件组成正确组态设备与网络。

任务要求

① 课前自主学习博途软件基本使用方法，熟悉软件工作环境，了解编程方法与编程基本指令，学习软件帮助系统查阅方法。
② 课中各组首先根据前期硬件选型，汇报系统软件开发平台准备、学习情况，如选择 200Smart PLC，则 PLC 组态与网络配置在 STEP 7-MicroWIN SMART 中实施，如选择三菱 FX3U 系列 PLC，则在 GXWorks2 中组态，而且人机界面设备不同，组态软件也不同。课中各组通过交流沟通，介绍软件平台准备与学习情况，针对准备、学习过程中遇到的问题可以集中讨论也可以由指导教师指导。
③ 在参考教材所示范的设备网络组态的基础上，分组完成任务。
④ 任务完成后，以组为单位交流设备与网络组态结果，根据任务评价表中具体指标组内自评、组间互评和教师评价，并就任务完成情况总结反思。
⑤ 课后基于任务完成中存在的问题思考解决办法，改进、完善设备与网络组态。
⑥ 完成课后拓展任务，为后续任务做好准备。

工作任务单

"工业机器人应用系统集成"工作任务单

工作任务			
小组名称		小组成员	
工作时间		完成总时长	
工作任务描述			
小组分工	姓名	工作任务	
任务执行结果记录			
序号	工作内容	完成情况	操作员
任务实施过程记录			
验收评定		验收签名	

任务实施

一、组态可编程控制器

视频 5.1
PLC 设备组态

本系统选用的是 S7-1200 系列 1215C DC/DC/DC 型号的 PLC，本教材中系统 PLC 控制程序基于西门子公司 V18 版博途软件开发，博途 V18 版启动画面如图 5-1-1 所示。要组态 PLC 配置网络，要先创建博途项目，然后添加 PLC 进行配置，具体步骤如下。

① 打开博途软件，选择创建新项目，输入项目名称，选择项目文件存放路径，单击“创建”按钮，完成项目创建。如图 5-1-2 所示。

图 5-1-1　博途 V18 版启动画面

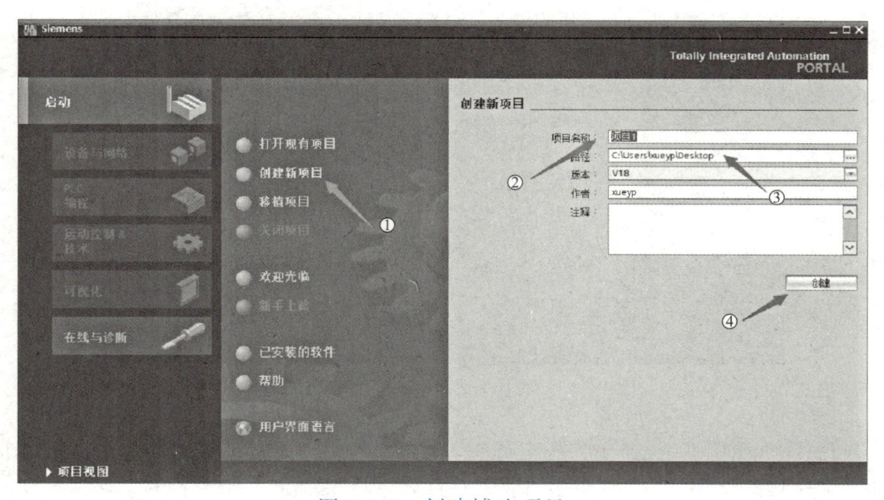

图 5-1-2　创建博途项目

② 单击软件左下角“项目视图”进入博途软件项目视图，单击“添加新设备”，进入添加新设备窗口，如图 5-1-3 所示。

③ 在“添加新设备”窗口中，依次选择“控制器”—“SIMATIC S7-1200”—“CPU”—“CPU 1215C DC/DC/DC”—“6ES7 215-1AG40-0XB0”—“版本：V4.2”，需要注意的是，版本要依据 PLC 实际固件版本选择，选择结果如图 5-1-4 所示。

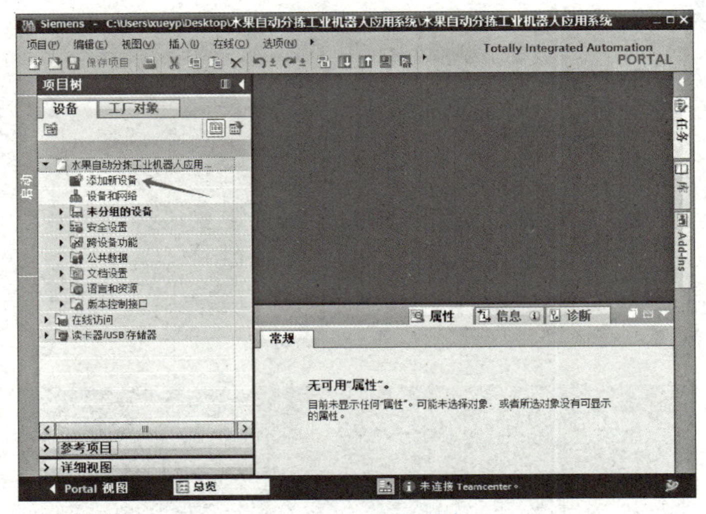

图 5-1-3 添加新设备

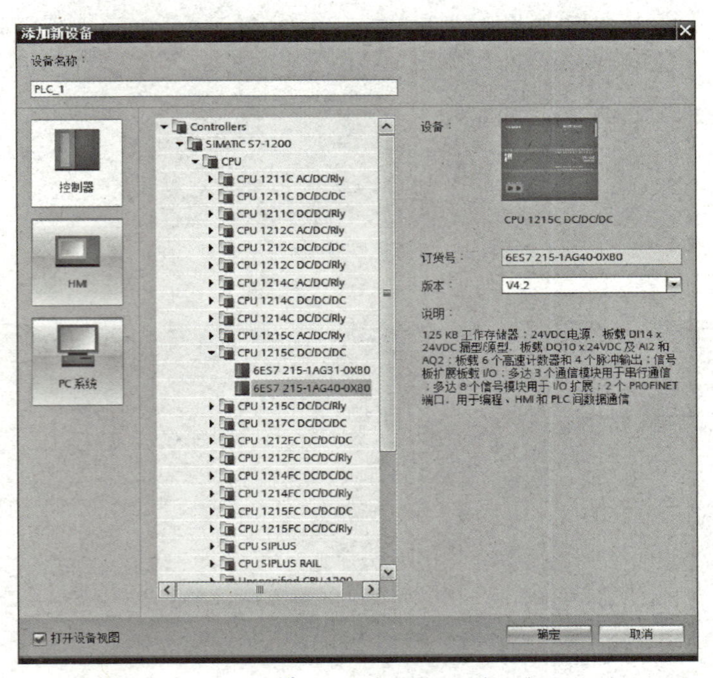

图 5-1-4 添加 CPU 1215C DC/DC/DC

④ 完成 CPU 添加，返回软件主界面，双击 PLC 上 RJ45 接口图标，进入“以太网地址”设置状态，在“接口连接到”中点击“添加新子网”，在“Internet 协议版本 4（IPv4）”中查看“IP 地址”和“子网掩码”，本系统中暂不修改 IP 地址，完成 PLC 组态。如图 5-1-5 所示。

练一练：

尝试使用其他品牌或其他型号 PLC 为本系统控制器，比如西门子 200Smart，练习一下替换设备之后的系统网络组态。

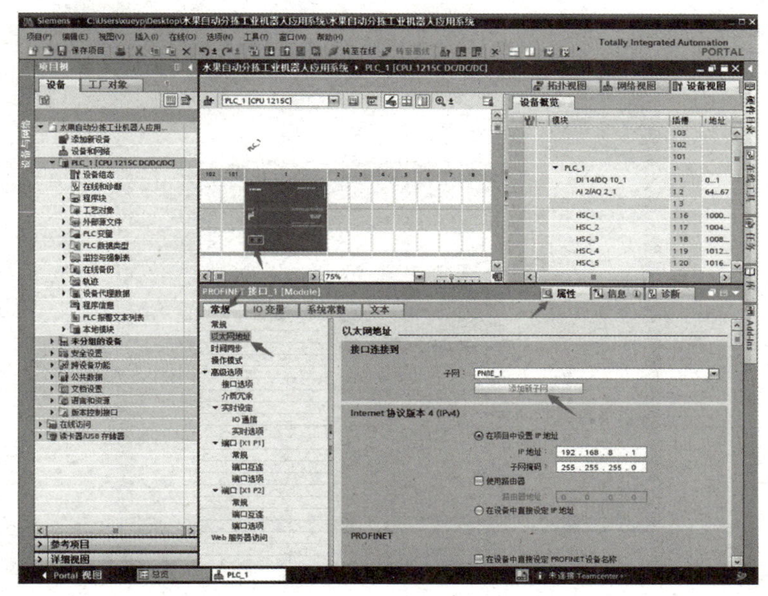

图 5-1-5　设置 PLC 网络与 IP 地址

二、组态 HMI 触摸屏

本系统人机界面设备选型为西门子 TP700 Comfort 触摸屏，按照如下步骤组态触摸屏。

① 在“添加新设备”窗口中，依次选择“HMI”—“SIMATIC Comfort Panel”—“7" Display”—“TP700 Comfort”—“6AV2 124-0GC01-0AX0”—“版本：17.0.0.0”，需要注意的是，版本选择要根据触摸屏实际固件版本选择，然后取消勾选“启动设备向导”，单击“确定”，添加 TP700 Comfort 触摸屏画面如图 5-1-6 所示。

视频 5.2
触摸屏设备组态

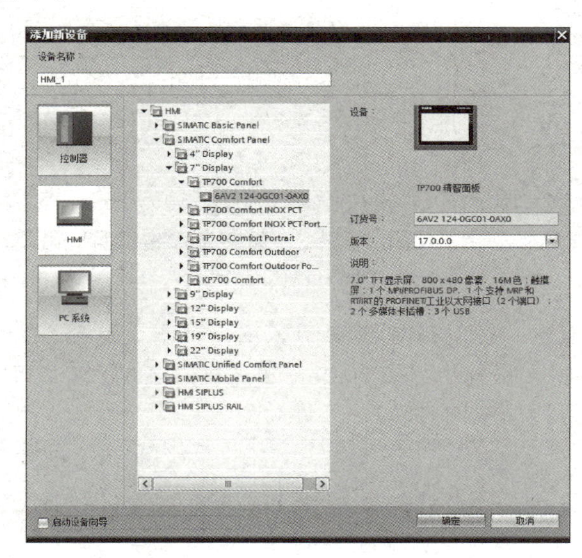

图 5-1-6　添加 HMI TP700 Comfort

完成触摸屏添加后，自动进入 HMI 的画面 1 打开界面，如图 5-1-7 所示。

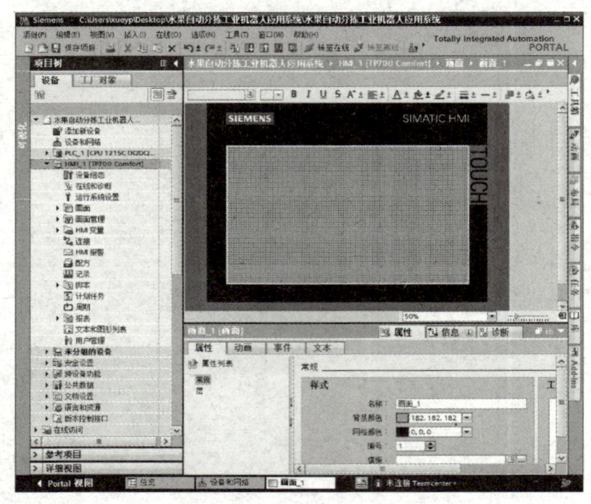

图 5-1-7　触摸屏添加完成画面

② 在画面中 HMI_1 设备组中选择“设备组态”，双击 HMI 对象上的 RJ45 接口图标，进入以太网地址设置画面，选择加入“PN/IE_1”子网，查看 IP 地址与子网掩码，此处不做 IP 地址的修改，完成 HMI 设备与网络组态。如图 5-1-8 所示。

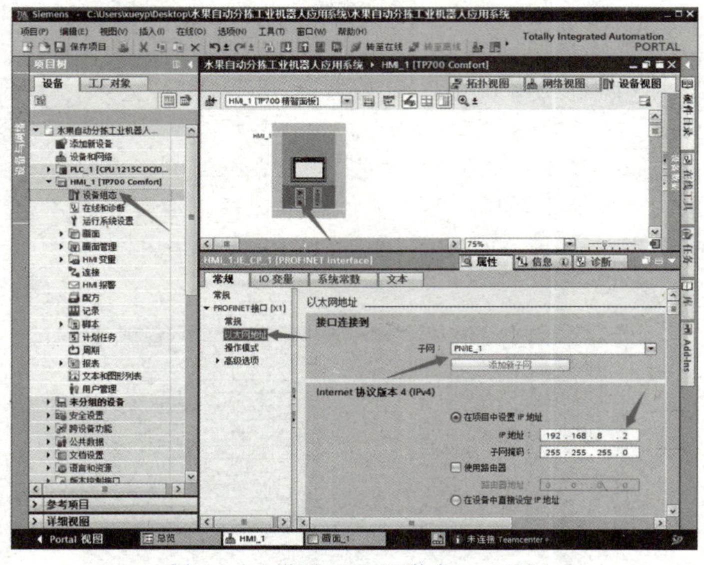

图 5-1-8　设置 HMI 网络与 IP 地址

③ 在项目树中双击“设备和网络”，进入网络视图，查看 PLC 与 HMI 网络组态结果，如图 5-1-9 所示。从图中可以看出，“CPU 1215C”与“TP700 精智面板”已经通过“PN/IE _ 1”网络组网成功。

练一练：

尝试使用其他品牌触摸屏作为本系统人机界面设备，比如 MCGS 触摸屏，练习一下替换设备之后的系统网络组态。

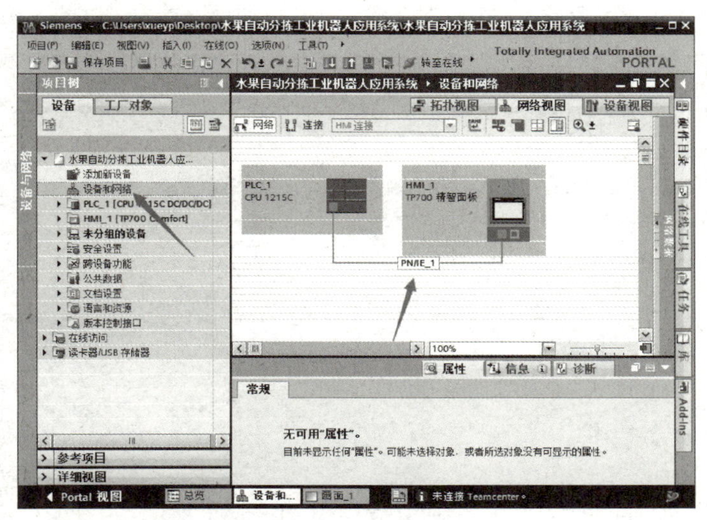

图 5-1-9　PLC 与 HMI 网络组态结果

三、组态伺服驱动器

本系统伺服驱动器选型为 SINAMICS V90 PROFINET 版本，订货号为 6SL3210-5F B10-2UF0 的伺服驱动器。

视频 5.3
V90 伺服设备组态

① 双击项目树“设备”中的“设备和网络”，在网络视图中，打开硬件目录，在搜索框中输入“V90”敲回车，找到 SINAMICS V90 PN V1.0，如图 5-1-10 所示。

② 用鼠标左键拖拽 SINAMICS V90 PN V1.0 到左侧“网络视图”，点击 V90 伺服上的以太网接口，在“属性”栏—“常规”选项卡—“以太网地址”—“接口连接到”界面中，选择子网“PN/IE _ 1”，查看 IP 地址和子网掩码，此处可不修改 IP 地址，如图 5-1-11 所示。

③ 点击 V90 伺服上的“未分配”，选择“PLC_1. PROFINET 接口_1”，将 I/O

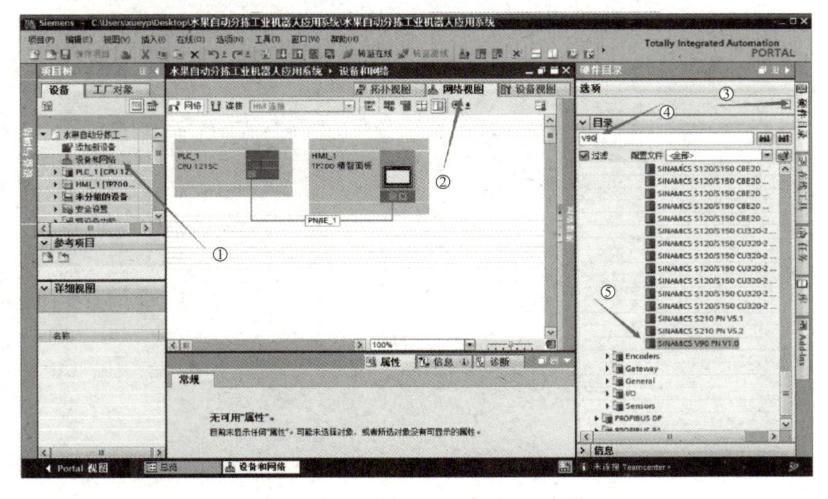

图 5-1-10　添加 V90 伺服驱动器

控制器选择为 PLC_1，修改伺服名称为 V90-PN，如图 5-1-12 所示。

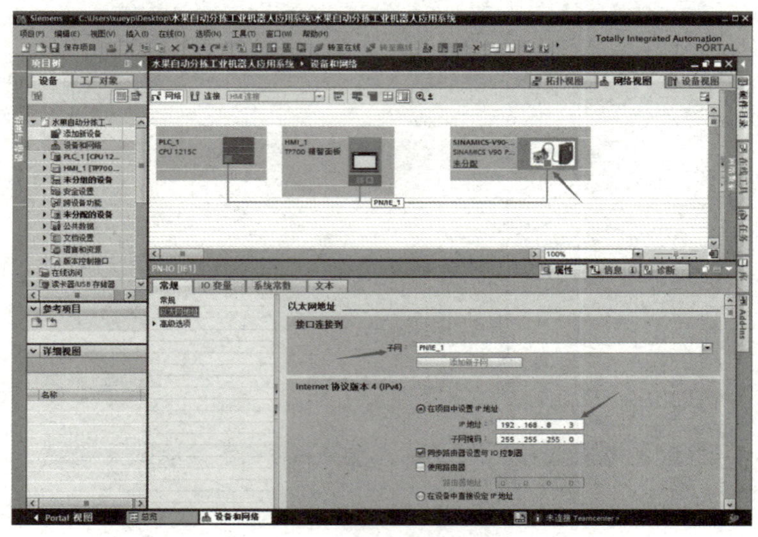

图 5-1-11　伺服驱动器组态结果

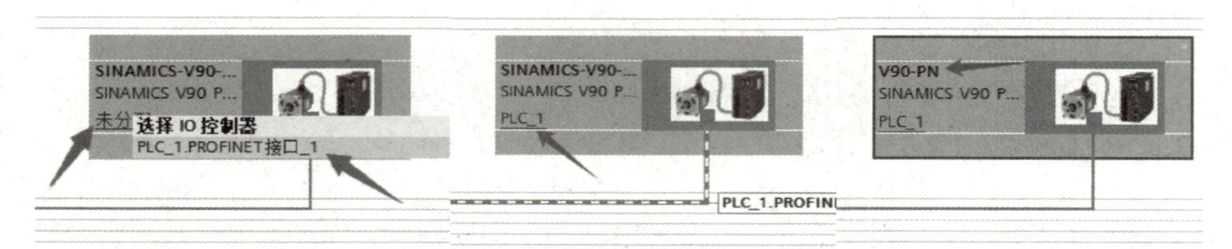

图 5-1-12　伺服驱动器 I/O 控制器设置

④ 进入 V90 伺服设备视图，从右侧硬件目录中拖拽“Submodules”中“标准报文 3，PZD-5/9”到模块的 13 号插槽，为伺服驱动器添加通信报文，如图 5-1-13 所示。

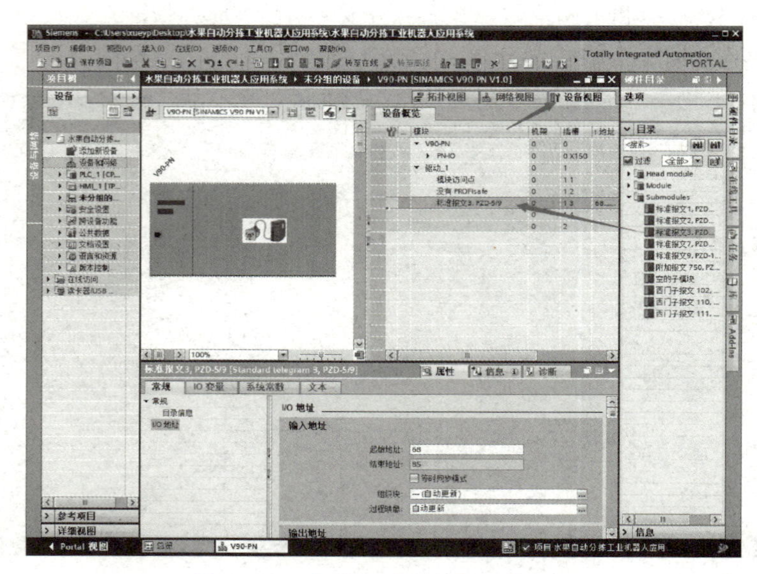

图 5-1-13　伺服驱动器添加通信报文

⑤ 在“项目树”—“设备”—“PLC_1”—“工艺对象”中双击“新增对象”，在新增对象窗口“名称”中输入“输送带”，选择“运动控制”—“TO_PositioningAxis”，单击确定。如图 5-1-14 所示。

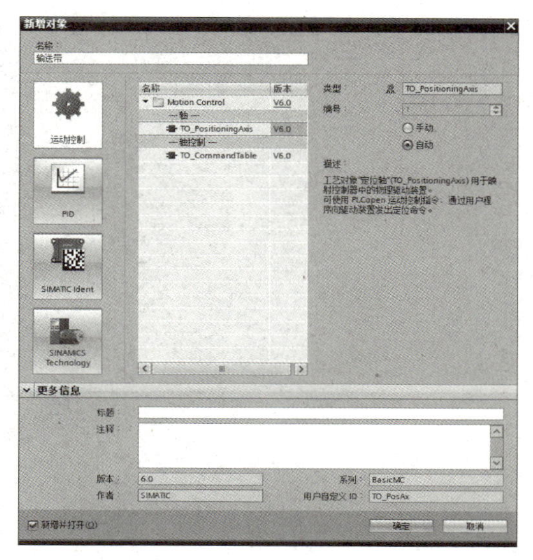

图 5-1-14　新增“输送带”工艺对象

⑥ 在“基本参数”—“常规”中设定驱动器为“PROFIdrive”，如图 5-1-15 所示。

⑦ 在“基本参数”—“驱动器”中设定驱动器为“驱动_1”，如图 5-1-16 所示。

⑧ 在“基本参数”—“编码器”中设定编码器为“编码器 1”，如图 5-1-17 所示。

⑨ 在“扩展参数”—“常规”中设定速度限值的单位、最大转速、加速度、减速度等参数，如图 5-1-18 所示。

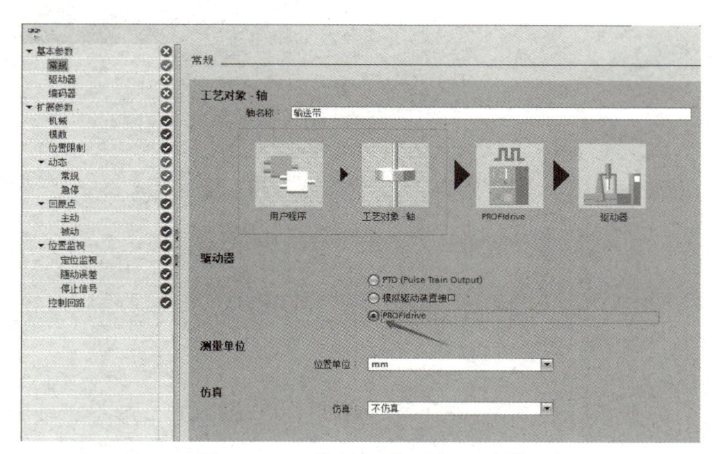

图 5-1-15　设置工艺对象驱动器

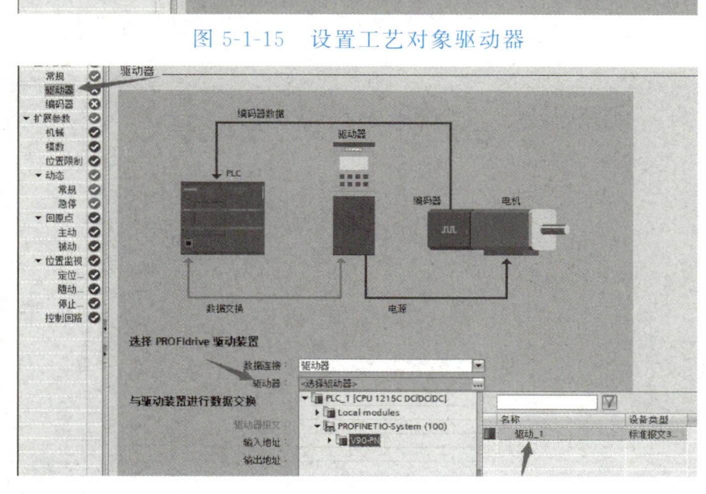

图 5-1-16　设置工艺对象驱动器

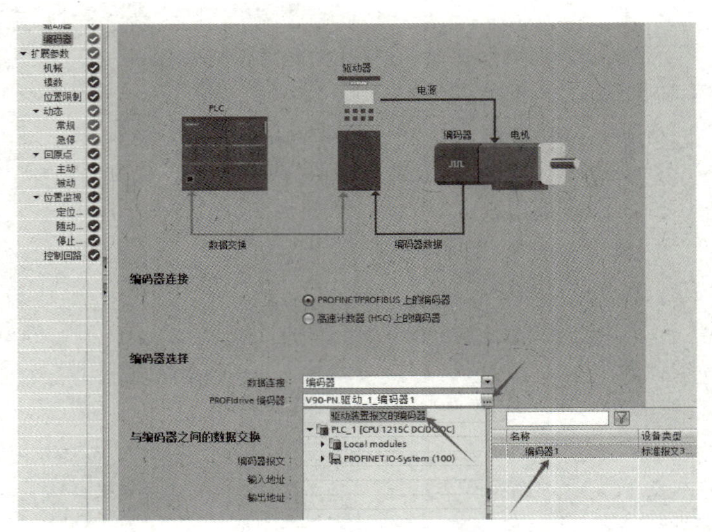

图 5-1-17　设置工艺对象编码器

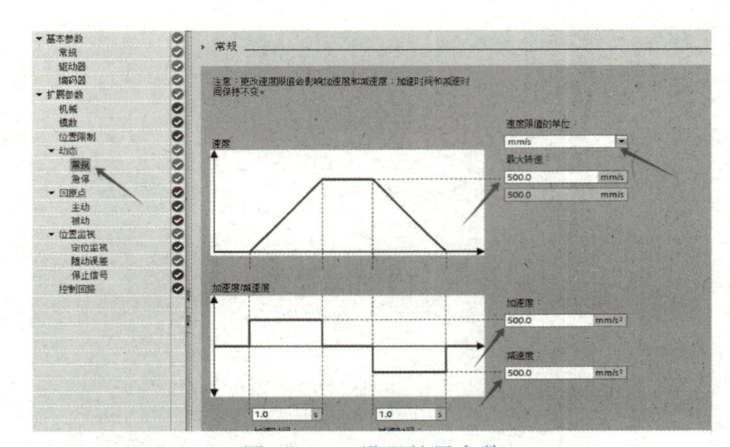

图 5-1-18　设置扩展参数

⑩ 完成以上配置后，可以选择“输送带”—“调试”，进入“轴控制面板”，点击“激活”按钮激活输送带，进行输送带测试，如图 5-1-19 所示。

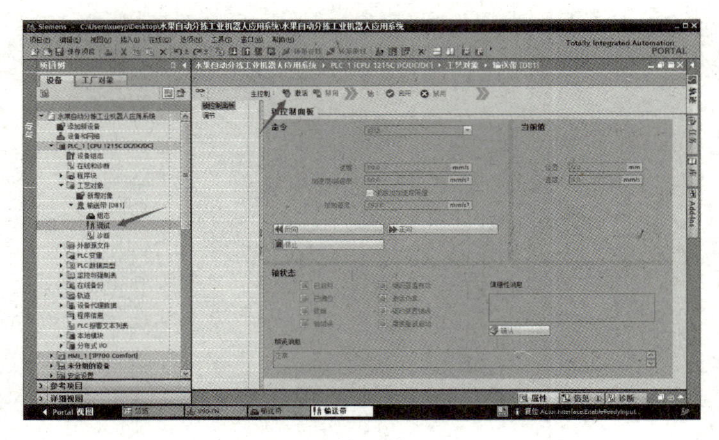

图 5-1-19　输送带调试画面

> 谈一谈：
>
> 如果本项目使用的是带有原点、正向限位、反向限位的步进控制器，系统又应该如何配置呢？

四、组态机器视觉

视频 5.4
康耐视相机
设备组态

本系统选用机器视觉为康耐视 IS2000C 智能化一体相机，组态机器视觉需要先添加相机“通用站描述文件（GSD）”，机器视觉的通用站描述文件可以从康耐视官方网站下载，也可直接从教材配套资源包中获取，文件名称为“gsdml-v2.34-cognex-insightclassb-20200529.xml”。

① 点击博途软件“选项”—“管理通用站描述文件（GSD）（D）”菜单，进入管理通用描述文件窗口，在窗口中“源路径”选择保存相机 GSD 文件的路径，勾选需要安装的 GSD 文件，点击“安装”，等待完成，关闭窗口。如图 5-1-20 所示。

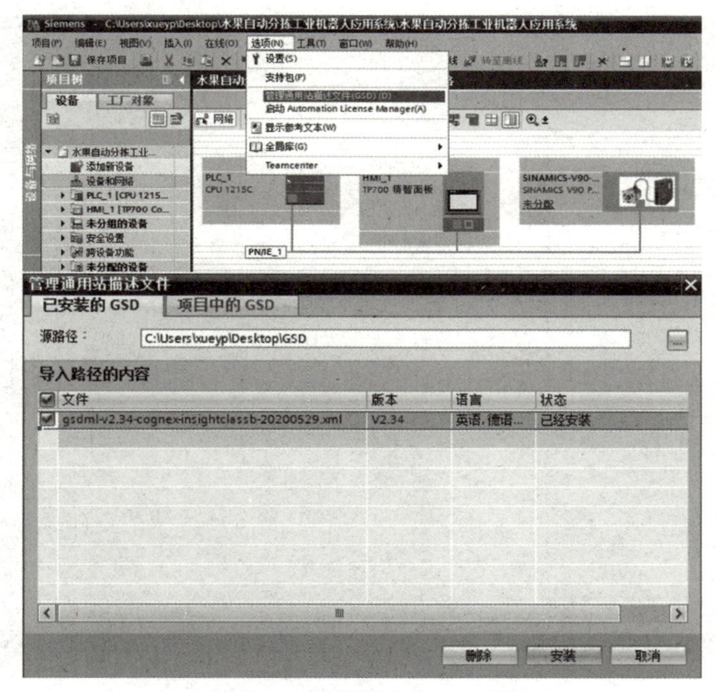

图 5-1-20　康耐视 IS2000C 相机

② 在设备和网络的网络视图下，打开硬件目录，在搜索框中输入“In-Sight”敲回车，找到 In-Sight IS2XXX CC-B，如图 5-1-21 所示。

③ 用鼠标左键拖拽“In-Sight IS2XXX CC-B”到左侧“网络视图”，点击 In-Sight IS2XXX CC-B 上的以太网接口，在“属性”栏—“常规”选项卡—“以太网地址”—“接口连接到”界面中，选择子网“PN/IE_1”，查看 IP 地址和子网掩码，此处可不修改 IP 地址，如图 5-1-22 所示。

④ 网络视图中，单击 InSight 设备上的“未分配”，选择“PLC_1. PROFINET

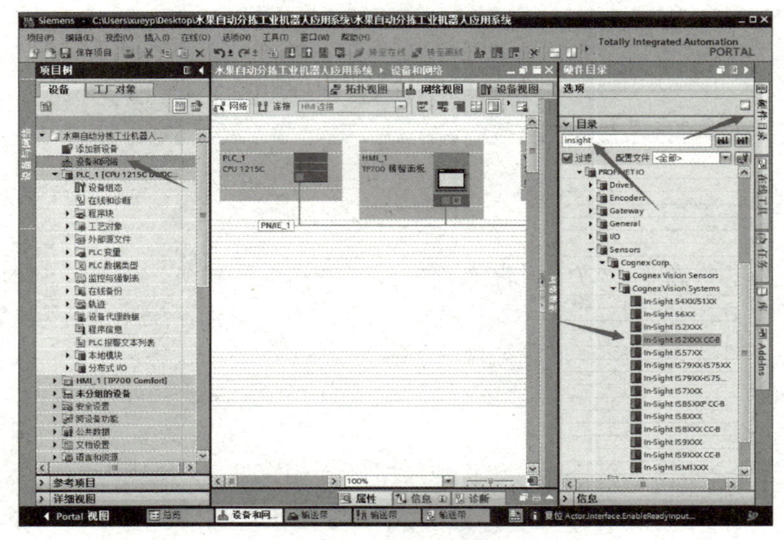

图 5-1-21　添加机器视觉硬件

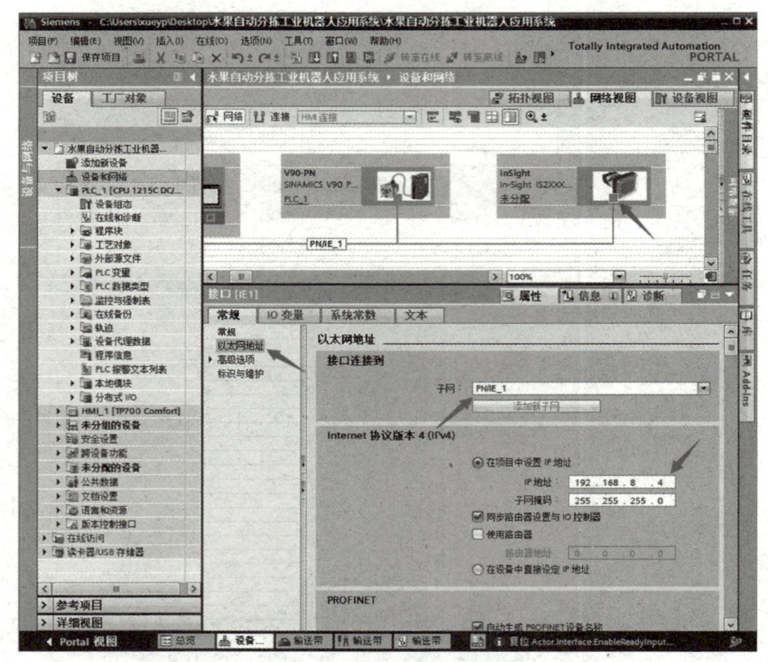

图 5-1-22　机器视觉组态结果

接口_1”，将 I/O 控制器选择为 PLC_1，需要特别注意的是，机器视觉的名称必须与项目四中机器视觉系统中配置的相机名称完全一致，否则 PLC 与相机无法正常通信。配置结束，点击工具栏上的“显示地址”按钮，显示出所有设备 IP 地址，查看所有设备网络组态结果，如图 5-1-23 所示。

⑤ 在完成视觉设备添加与网络组态的基础上，需要在 PLC 输入输出信号中定义与视觉相机拍照相关的 PLC 虚拟输入输出接口。In Sight 设备视图显示，默认“采集控制_1”和“采集状态_1”的虚拟 Q 地址和 I 地址为“2”和“2...4”，“结果-64 个字节_1”数据的 I 地址为 100...167，如图 5-1-24 所示。

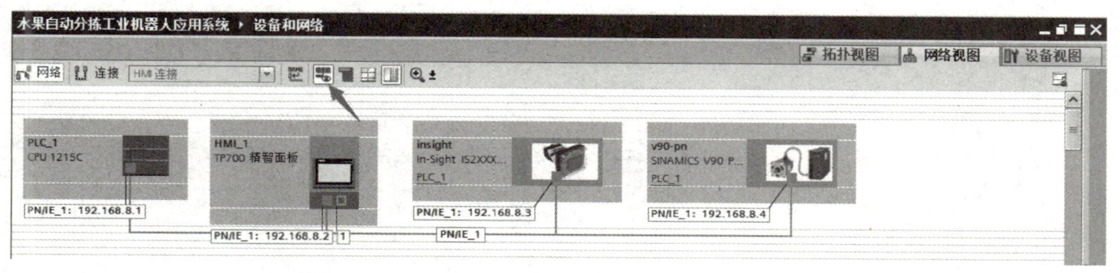

图 5-1-23　机器视觉与 PLC 完成网络组态

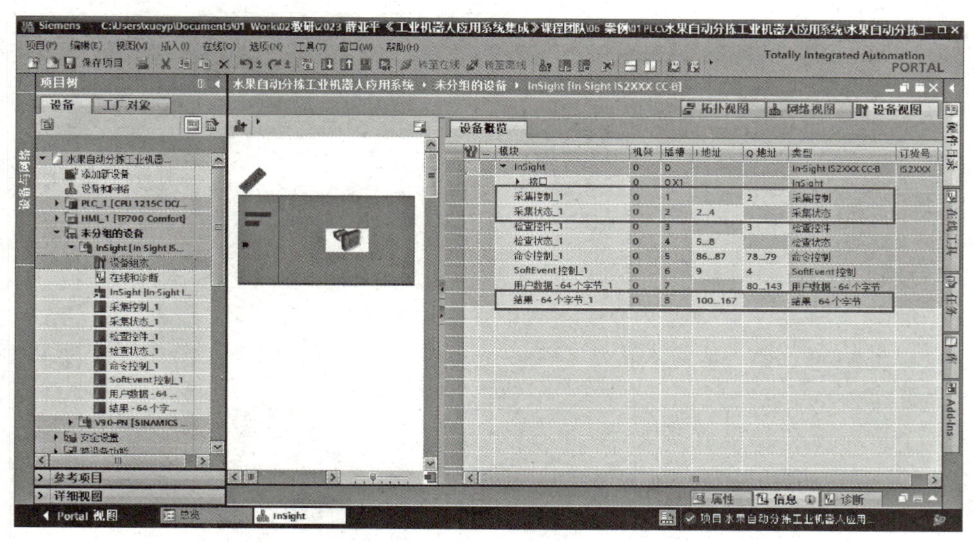

图 5-1-24　康耐视 In-Sight 相机控制信号

根据康耐视 In-Sight Explorer 5.6.0 软件帮助中 PROFINET 通信部分显示的定义，采集控制的 Bit0 为“拍照准备”、Bit1 为“拍照触发”，采集状态的 Bit0 为“相机准备完成”、Bit1 为“相机拍照完成”、Bit7 为“相机联机状态”，如图 5-1-25 所示。

“结果-64 个字节_1”数据的前 4 个字节分别为检查编号和检查结果代码，从第 5 个字节开始才是数据，如图 5-1-26 所示。

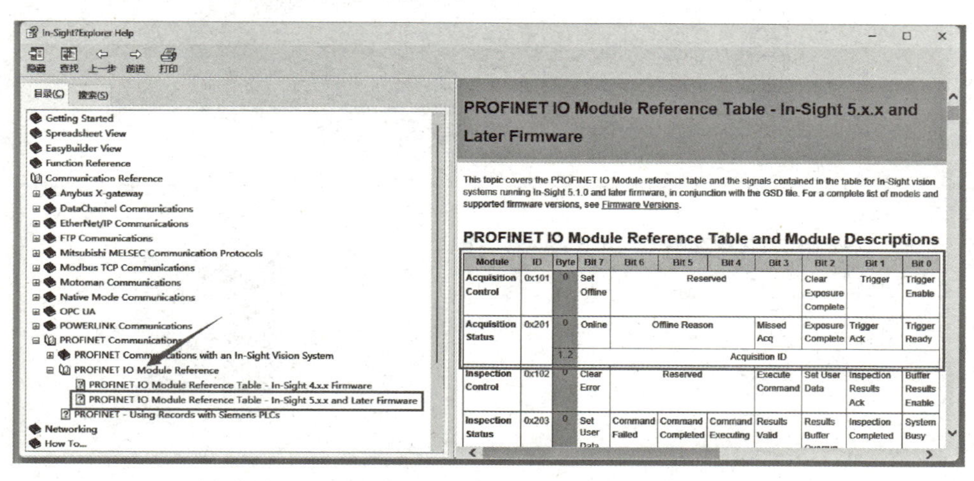

PROFINET IO Module Reference Table - In-Sight 5.x.x and Later Firmware

This topic covers the PROFINET IO Module reference table and the signals contained in the table for In-Sight vision systems running In-Sight 5.1.0 and later firmware, in conjunction with the GSD file. For a complete list of models and supported firmware versions, see Firmware Versions.

PROFINET IO Module Reference Table and Module Descriptions

Module	ID	Byte	Bit 7	Bit 6	Bit 5	Bit 4	Bit 3	Bit 2	Bit 1	Bit 0
Acquisition Control	0x101	0	Set Offline	Reserved				Clear Exposure Complete	Trigger	Trigger Enable
Acquisition Status	0x201	0	Online	Offline Reason			Missed Acq	Exposure Complete	Trigger Ack	Trigger Ready
		1..2	Acquisition ID							
Inspection Control	0x102	0	Clear Error	Reserved			Execute Command	Set User Data	Inspection Results Ack	Buffer Results Enable
Inspection Status	0x203	0	Set User Data	Command Failed	Command Completed	Command Executing	Results Valid	Results Buffer Overrun	Inspection Completed	System Busy

图 5-1-25　In-Sight PROFINET 通信控制字

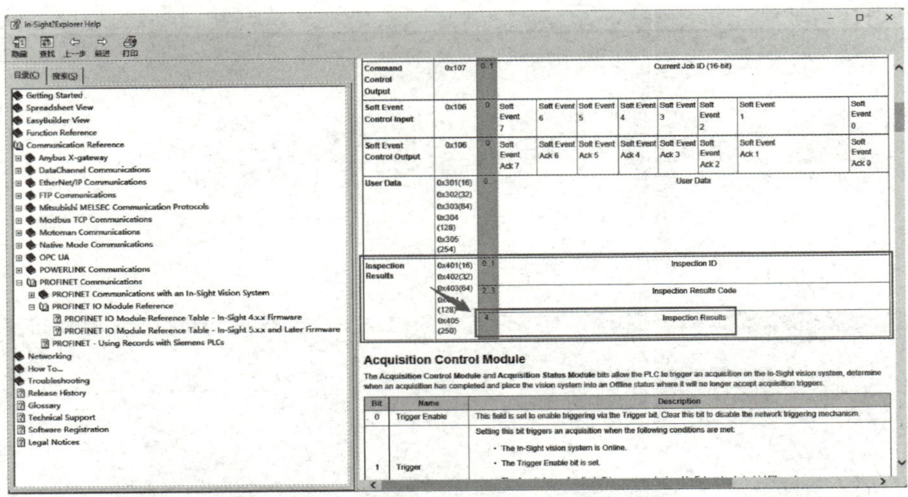

图 5-1-26　康耐视相机 PROFINET 通信数据采集结果定义

根据相机功能定义与 PLC 中地址分配，先在“PLC 变量”中添加“PLC 输出”和“PLC 输入”两个变量表，然后在表中定义输出信号和输入信号。

采集控制的 Bit0“拍照准备”为 Q2.0、Bit1“拍照触发”为 Q2.1，采集状态的 Bit0“相机准备完成”为 I2.0、Bit1“相机拍照完成”为 I2.1、Bit7“相机联机状态”为 I2.7。拍照采集结果数据从“结果-64 个字节_1”第 5 个字节开始，分别为 ID104、ID108、ID112、ID116。

PLC 与机器视觉拍照以及数据交互相关输入输出信号配置结果如图 5-1-27 所示。

水果自动分拣工业机器人应用系统 ▸ PLC_1 [CPU 1215C DC/DC/DC] ▸ PLC 变量 ▸ PLC输入 [7]

PLC输入

	名称	数据类型	地址	保持	从 H...	从 H...	在 H...
1	相机准备完成	Bool	%I2.0		☑	☑	☑
2	相机拍照完成	Bool	%I2.1		☑	☑	☑
3	相机联机状态	Bool	%I2.7		☑	☑	☑
4	数据有效性	Real	%ID104		☑	☑	☑
5	水果直径	Real	%ID108		☑	☑	☑
6	X坐标	Real	%ID112		☑	☑	☑
7	Y坐标	Real	%ID116		☑	☑	☑

水果自动分拣工业机器人应用系统 ▸ PLC_1 [CPU 1215C DC/DC/DC] ▸ PLC 变量 ▸ PLC输出 [2]

PLC输出

	名称	数据类型	地址	保持	从 H...	从 H...	在 H...
1	相机准备	Bool	%Q2.0		☑	☑	☑
2	拍照触发	Bool	%Q2.1		☑	☑	☑

图 5-1-27　机器视觉拍照控制信号定义

【思考感悟】

通过系统硬件设备组态与网络配置，体会团队协作的必要性，通过分析各设备功能、在系统中所起的作用，体会履职尽责的重要性，培养责任感。

谈一谈你们的收获。

思政故事 8　硬件组态中的责任与协作交响

任务评价

任务评价表

评价类型	赋分	序号	具体指标	分值	得分		
					自评	组评	师评
职业能力	55	1	能熟练使用可编程控制器编程软件	5			
		2	能正确组态可编程控制器	10			
		3	能正确组态 HMI 触摸屏	10			
		4	能正确组态伺服驱动器	15			
		5	能正确组态机器视觉	15			
职业素养	20	6	坚持出勤，遵守纪律	5			
		7	协作互助，解决难点	5			
		8	按照标准规范操作	5			
		9	持续改进优化	5			
劳动素养	15	10	按时完成，认真填写记录	5			
		11	保持工位卫生、整洁、有序	5			
		12	小组团队分工、合作、协调	5			
思政素养	10	13	完成思政素材学习	4			
		14	规范化标准化意识（文档、图样）	6			
综合得分			—	100			

总结反思

目标达成	知识		能力		素养	
学习收获						
问题反思						
教师寄语						

任务拓展

1. 优化完善

根据任务评价结果，在对比其他团队任务完成情况的基础上总结反思，进一步完善设备组态与网络配置，将完善后的选型结果填写于“拓展任务表”的“任务优化完善”栏中。

2. 改进创新

针对伺服驱动器与机器视觉组态，分析组态过程中相关参数配置，请说明如果系统外部有非常多的扩展 I/O 接口模块，在组态这两款设备过程中有哪些要注意的事项，请将结果填写于“拓展任务表”的“任务改进创新”栏中。

拓展任务表

任务优化完善
任务改进创新

任务二 系统设备控制程序编写与测试

任务目标

① 掌握 PLC 控制工业机器人工作状态的编程方法。
② 掌握 PLC 控制伺服驱动器的编程方法。
③ 掌握 PLC 控制机器视觉采集数据的编程方法。
④ 掌握 PLC 与外部设备通信的编程方法。
⑤ 能根据系统功能需求，编写硬件设备驱动程序，实现系统功能。

任务要求

① 课前自主学习系统设备控制相关编程方法，通过查阅技术文档、帮助系统、网络视频平台等各种可用途径自主学习。
② 课中首先分析系统控制程序功能，分解程序模块，设计程序流程，规划程序设计、测试、调试步骤。
③ 在教材示范方案的引导下自主分设备编写控制程序，编写过程中可以组内互助、组间交流、求助指导教师，当遇到共性问题时，可以请指导教师集中指导。
④ 任务完成后，以组为单位交流程序编写、测试情况，根据任务评价表中具体指标组内自评、组间互评和教师评价，并就任务完成情况总结反思。
⑤ 课后基于任务完成中存在的问题思考解决办法，进一步完善、优化控制程序。
⑥ 完成课后拓展任务，为后续任务做好准备。

工作任务单

“工业机器人应用系统集成”工作任务单

工作任务			
小组名称		小组成员	
工作时间		完成总时长	

工作任务描述

小组分工	姓名	工作任务

任务执行结果记录

序号	工作内容	完成情况	操作员

任务实施过程记录

验收评定		验收签名	

任务实施

一、PLC 程序流程设计

根据系统硬件设计，PLC 控制程序要能够驱动工业机器人自动工作；控制输送带传动停止；控制机器视觉拍照检测；通过与机器人通信发送视觉相机采集数据，作为机器人分拣水果依据；接收机器人发送的数据，掌握分拣现场实时数据，以及果箱是否需要更换等任务。PLC 控制程序工作流程如图 5-2-1 所示。

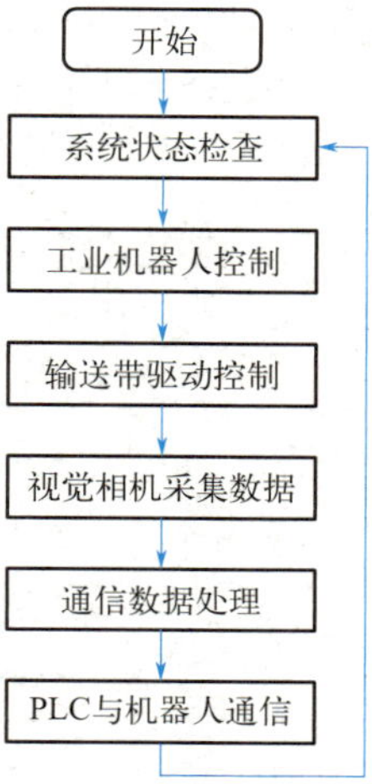

开始
系统状态检查
工业机器人控制
输送带驱动控制
视觉相机采集数据
通信数据处理
PLC与机器人通信

图 5-2-1 PLC 程序流程图

二、系统状态检测程序编写测试

系统状态检测程序主要任务是 PLC 输入的检查、输出信号的传递，机器人工作状态的检查、控制信号的传递，同时还有系统运行状态的监测，如系统设备报错检查等。

1. 创建 PLC 变量

编写 PLC 控制程序之前，首先需要根据系统硬件设计过程中 PLC 输入输出信号分配结果定义 PLC 变量，依据“西门子 PLC CPU 1215C I/O 信号分配表”，创建 PLC 输入、PLC 输出变量，如图 5-2-2 所示。

视频 5.5
解读系统
状态检测程序

2. 创建函数与数据块

打开项目树—设备—PLC_1—程序块，双击“添加新块”，在弹出的“添加新块”窗口“名称”中输入“01 系统状态”，选择“函数”点击“确定”。使用类似方法，创建名称为“01 系统状态 _ DB”的数据块。

PLC输入

	名称	数据类型	地址 ▲	保持	从 H...	从 H...	在 H...
1	机器人自动模式	Bool	%I0.0	☐	☑	☑	☑
2	机器人电机上电中	Bool	%I0.1	☐	☑	☑	☑
3	机器人电机断电中	Bool	%I0.2	☐	☑	☑	☑
4	机器人程序循环中	Bool	%I0.3	☐	☑	☑	☑
5	机器人报警中	Bool	%I0.4	☐	☑	☑	☑
6	机器人急停中	Bool	%I0.5	☐	☑	☑	☑
7	水果检测传感器	Bool	%I1.0	☐	☑	☑	☑
8	相机准备完成	Bool	%I2.0	☐	☑	☑	☑
9	相机拍照完成	Bool	%I2.1	☐	☑	☑	☑
10	相机联机状态	Bool	%I2.7	☐	☑	☑	☑

(a)

PLC输出

	名称	数据类型	地址	保持	从 H...	从 H...	在 H...
1	机器人电机上电	Bool	%Q0.0	☐	☑	☑	☑
2	机器人从主程序启动	Bool	%Q0.1	☐	☑	☑	☑
3	复位机器人报警	Bool	%Q0.2	☐	☑	☑	☑
4	复位机器人急停	Bool	%Q0.3	☐	☑	☑	☑
5	启动机器人程序	Bool	%Q0.4	☐	☑	☑	☑
6	停止机器人程序	Bool	%Q0.5	☐	☑	☑	☑
7	机器人电机断电	Bool	%Q0.6	☐	☑	☑	☑
8	相机准备	Bool	%Q2.0	☐	☑	☑	☑
9	拍照触发	Bool	%Q2.1	☐	☑	☑	☑

(b)

图 5-2-2 PLC 输入输出信号

3. 创建“01 系统状态_ DB”数据块变量

打开“01 系统状态 _ DB”数据块，分析系统输入信号、输出信号、系统运行状态、报警状态等所有系统运行过程中涉及的状态信号，在“01 系统状态 _ DB”数据块中创建系统工作过程状态对应的变量，如图 5-2-3 所示。

水果自动分拣工业机器人应用系统 ▸ PLC_1 [CPU 1215C DC/DC/DC] ▸ 程序块 ▸ 01系统状态_DB [DB9]

保持实际值　快照　将快照值复制到起始值中　将起始值加载为实际值

01系统状态_DB

	名称	数据类型	起始值	保持	从 HMI/OPC...	从 H...	在 HMI...	设定值	注释
1	▼ Static			☐	☐	☐	☐	☐	
2	系统手自动模式	Bool	false	☐	☑	☑	☑	☐	0手动1自动
3	系统总报警	Bool	false	☐	☑	☑	☑	☐	
4	机器人报警	Bool	false	☐	☑	☑	☑	☐	
5	机器人急停	Bool	false	☐	☑	☑	☑	☐	
6	机器视觉离线	Bool	false	☐	☑	☑	☑	☐	
7	输送带报错	Bool	false	☐	☑	☑	☑	☐	
8	输送带方向状态	Bool	false	☐	☑	☑	☑	☐	
9	水果检测传感器	Bool	false	☐	☑	☑	☑	☐	
10	机器人自动模式	Bool	false	☐	☑	☑	☑	☐	
11	机器人电机上电中	Bool	false	☐	☑	☑	☑	☐	
12	机器人电机断电中	Bool	false	☐	☑	☑	☑	☐	
13	机器人程序循环中	Bool	false	☐	☑	☑	☑	☐	
14	机器人电机上电	Bool	false	☐	☑	☑	☑	☐	
15	机器人电机断电	Bool	false	☐	☑	☑	☑	☐	
16	机器人从主程序启动	Bool	false	☐	☑	☑	☑	☐	
17	机器人从主程序启动过程标志	Bool	false	☐	☑	☑	☑	☐	
18	复位机器人报警	Bool	false	☐	☑	☑	☑	☐	
19	复位机器人急停	Bool	false	☐	☑	☑	☑	☐	
20	启动机器人程序	Bool	false	☐	☑	☑	☑	☐	
21	停止机器人程序	Bool	false	☐	☑	☑	☑	☐	

图 5-2-3 “01 系统状态 _ DB”数据块

4. 编写“01 系统状态”函数

打开“01 系统状态”函数，采用 SCL 语言编写 PLC 输入输出信号与系统状态变量关联程序。

```
//将 PLC 输入接口状态传送给系统状态变量
"01 系统状态_DB". 机器人自动模式:="机器人自动模式";
"01 系统状态_DB". 机器人电机上电中:="机器人电机上电中";
"01 系统状态_DB". 机器人电机断电中:="机器人电机断电中";
"01 系统状态_DB". 机器人程序循环中:="机器人程序循环中";
"01 系统状态_DB". 机器人报警:="机器人报警中";
"01 系统状态_DB". 机器人急停:="机器人急停中";
"01 系统状态_DB". 水果检测传感器:="水果检测传感器";
IF "相机联机状态"THEN
    "01 系统状态_DB". 机器视觉离线:=0;
ELSE
    "01 系统状态_DB". 机器视觉离线:=1;
END_IF;
//将系统状态变量传送给 PLC 输出接口
"机器人电机上电":="01 系统状态_DB". 机器人电机上电;
"机器人从主程序启动":="01 系统状态_DB". 机器人从主程序启动;
"复位机器人报警":="01 系统状态_DB". 复位机器人报警;
"复位机器人急停":="01 系统状态_DB". 复位机器人急停;
"启动机器人程序":="01 系统状态_DB". 启动机器人程序;
"停止机器人程序":="01 系统状态_DB". 停止机器人程序;
```

```
"机器人电机断电":="01 系统状态_DB".机器人电机断电;
```

5. 编写系统总报警程序

本系统报警信号采集点主要有 4 个，分别为机器人急停、机器人报警、输送带报错和机器视觉离线，采用 SCL 语言编写，程序段如下：

```
"01 系统状态_DB".系统总报警:="01 系统状态_DB".机器人急停 OR
"01 系统状态_DB".机器人报警 OR"01 系统状态_DB".输送带报错 OR
"01 系统状态_DB".机器视觉离线;
```

6. 创建“07HMI_ DB”数据块

报警复位程序涉及系统复位按钮，为了后续编程方便，可以创建一个 PLC 程序与人机界面交互的数据块，将人机界面上可能用到的按钮组态进去，编程过程中直接调用。打开项目树—设备—PLC_1—程序块，双击“添加新块”，在弹出的“添加新块”窗口“名称”中输入“07HMI_DB”，选择“数据块”点击“确定”。打开“07HMI_DB”数据块，分析系统中需要在触摸屏上组态的按钮、变量，在“07HMI_DB”数据块中创建对应的变量，如图 5-2-4 所示。

水果自动分拣工业机器人应用系统 ▸ PLC_1 [CPU 1215C DC/DC/DC] ▸ 程序块 ▸ 07HMI_DB [DB15]

保持实际值　快照　将快照值复制到起始值中　将起始值加载为实际值

07HMI_DB

	名称	数据类型	起始值	保持	从 HMI/OPC...	从 H...	在 HMI ...	设定值	注释
1	▼ Static			☐	☐	☐	☐	☐	
2	系统启动按钮	Bool	false	☐	☑	☑	☑	☐	
3	系统停止按钮	Bool	false	☐	☑	☑	☑	☐	
4	系统复位按钮	Bool	false	☐	☑	☑	☑	☐	
5	机器人电机上电按钮	Bool	false	☐	☑	☑	☑	☐	
6	机器人电机断电按钮	Bool	false	☐	☑	☑	☑	☐	
7	机器人启动主程序按钮	Bool	false	☐	☑	☑	☑	☐	
8	机器人复位报警按钮	Bool	false	☐	☑	☑	☑	☐	
9	机器人复位急停按钮	Bool	false	☐	☑	☑	☑	☐	
10	机器人启动程序按钮	Bool	false	☐	☑	☑	☑	☐	
11	机器人停止程序按钮	Bool	false	☐	☑	☑	☑	☐	
12	小果直径阈值	Real	80.0	☑	☑	☑	☑	☐	
13	中果直径阈值	Real	100.0	☑	☑	☑	☑	☐	
14	大果直径阈值	Real	120.0	☑	☑	☑	☑	☐	
15	相机比例系数	Real	0.53	☑	☑	☑	☑	☐	
16	果箱更换完毕	Bool	false	☐	☑	☑	☑	☐	

图 5-2-4　“07HMI _ DB”数据块

7. 编写系统报警复位程序

系统报警复位程序功能为：按下系统复位按钮，PLC 根据报警对象向机器人发送“复位机器人报警”“复位机器人急停”，向伺服驱动器发送“输送带报错复位”等信号。需要特别说明的是，“机器视觉离线”报警无法通过复位按钮清除，当设备离线后必须检查设备物理连接是否正确，设备是否损坏，系统报警复位程序如图 5-2-5 所示。

8. 测试系统状态检测程序

系统状态检测程序编写完成后，需要在主程序中单独调用，编译下载，运行测试。通过查看打开监视画面，查看 PLC 输入信号状态，如机器人是否为自动模式、电机是否已经上电、程序是否已经开始循环等。PLC 可以通过“修改值”功能修改输出信号状态，实现指定输出信号为“1”或为“0”，通过运行测试验证输入输出信号传递程序编写的正确性。

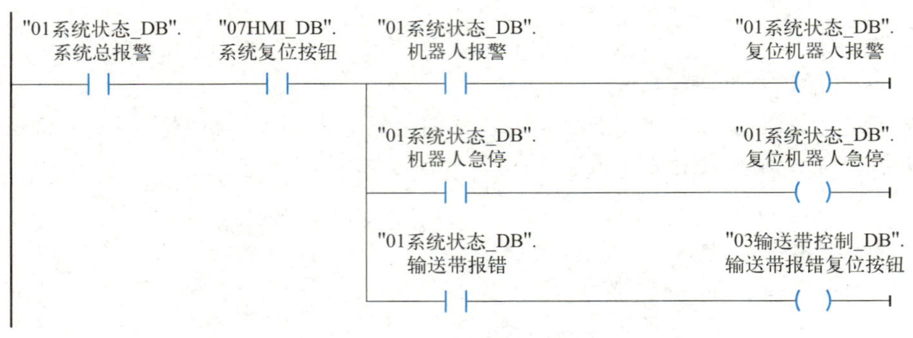

图 5-2-5　系统报警复位程序

对行系统报警复位程序功能，同样可以使用“修改值”功能模拟按下相应按键，比如先手动按下工业机器人急停按钮，然后松开，此时机器人示教器提示可以通过按下控制器上的“电机上电”按钮解除急停报警。在此状态下，通过手动修改“系统复位按钮”值为“1”，再修改为“0”，执行“复位机器人急停”，从 PLC 输出信号 Q0.3 输出“1”，通过与 Q0.3 连接的机器人数字输入信号 Di04 关联的机器人系统输入信号“Reset Emergency Stop”命令复位机器人急停报警。

要使用“修改值”功能，只需要用鼠标右键单击变量名称即可弹出操作菜单，系统状态检测程序测试画面如图 5-2-6 所示。

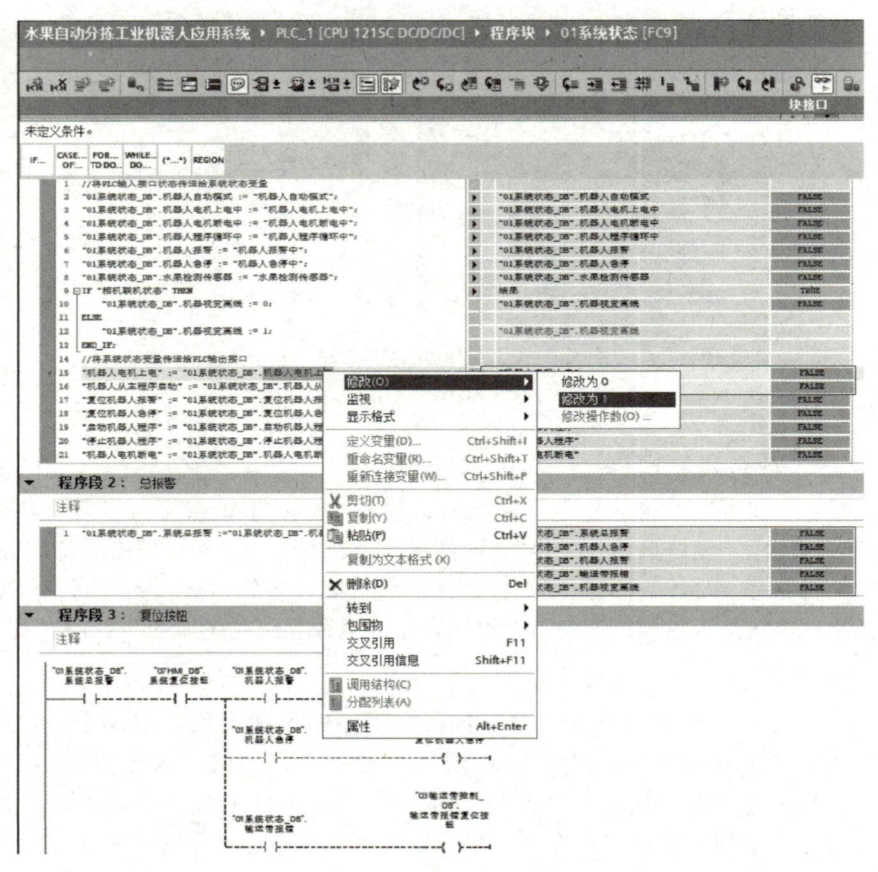

图 5-2-6　系统状态检测程序测试画面

三、工业机器人控制程序编写测试

工业机器人控制程序需要实现以下功能：

- 当机器人有报警时需要能够通过 PLC 程序清除报警状态；
- 机器人紧急停止后，如果急停按钮已经复位，错误已经修正，要能够通过 PLC 程序清除急停报警状态；
- 系统自动运行模式下，能够通过系统启动按钮为机器人伺服上电并且使机器人从主程序启动；
- 系统自动运行模式下，能够通过系统停止按钮给机器人伺服断电；
- 系统手动运行模式下，能够手动给机器人伺服上电、伺服断电、启动程序、停止程序、从主程序启动程序；
- 当输送带报错时，能通过“系统复位按钮”复位输送带。

机器人报警清除、急停报警消除程序在系统状态函数中已经编写完成。下面需要实现工业机器人的其他控制功能。

视频 5.6 解读工业机器人控制程序

打开项目树—设备—PLC_1—程序块，双击“添加新块”，在弹出的“添加新块”窗口“名称”中输入“02 机器人控制”，选择“函数”点击“确定”。

1. 编写机器人启动控制程序

首先实现机器人启动控制程序，当系统无报警，机器人处于自动模式时，系统手动模式下，按下从主程序启动按钮，或者系统自动模式下，按下系统启动按钮，机器人伺服上电，机器人进入从主程序启动状态，当机器人伺服上电成功后，撤销机器人伺服电机上电信号，接通机器人从主程序启动信号。控制程序梯形图如图 5-2-7 所示。

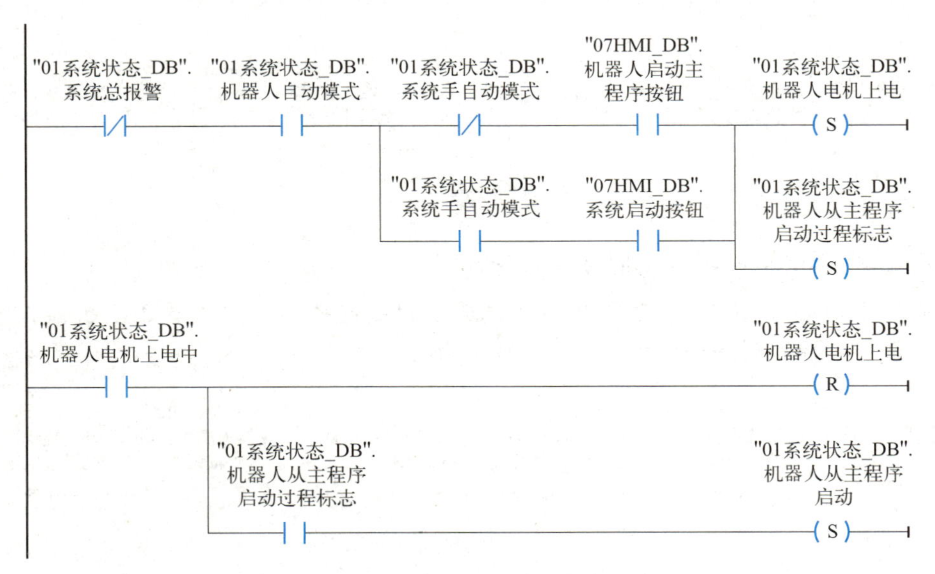

图 5-2-7 机器人从主程序启动

谈一谈：

在上述机器人启动控制程序中，演示程序是将系统手动模式、系统自动模式下对工业机器人启动控制功能编写在了一起，是不是可以分开编写？如果分开编写，有什么好处又存在什么问题呢？

2. 编写撤销机器人启动信号程序

当机器人程序循环后，撤销机器人启动相关所有信号，控制程序梯形图如图 5-2-8 所示。

图 5-2-8　撤销机器人启动相关信号

3. 编写手动给机器人伺服上电程序

系统手动运行模式下，按下机器人伺服电机上电按钮，PLC 输出“机器人电机上电”信号，控制程序梯形图如图 5-2-9 所示。

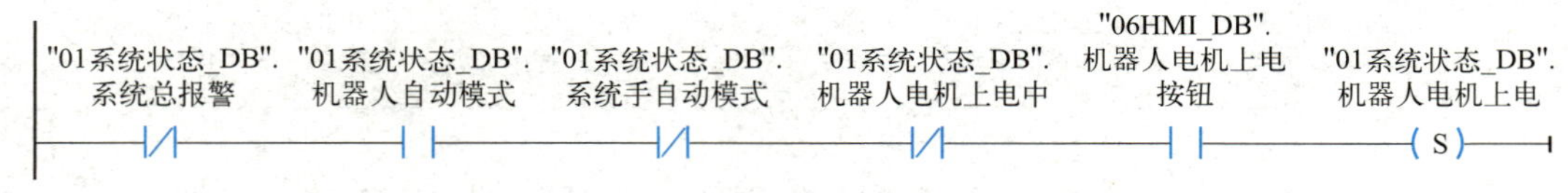

图 5-2-9　手动给机器人伺服上电

4. 编写手动给机器人伺服断电程序

系统手动运行模式下，按下机器人伺服电机断电按钮，PLC 输出“机器人电机断电”信号，控制程序梯形图如图 5-2-10 所示。

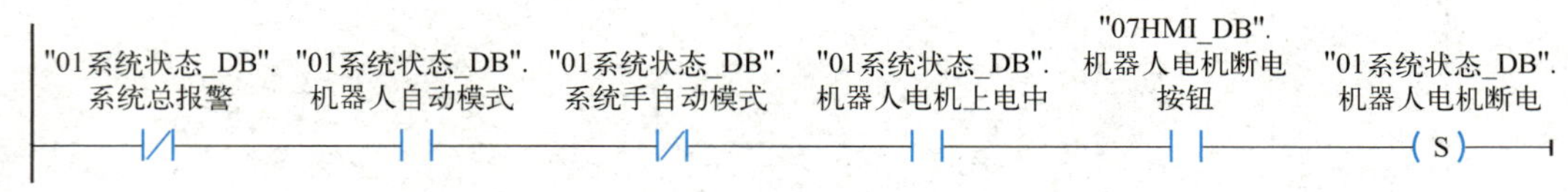

图 5-2-10　手动给机器人伺服断电

5. 编写手动启动机器人程序

系统手动运行模式下，在机器伺服电机通电状态下，按下“机器人程序启动按钮”，PLC 输出“启动机器人程序”信号，控制程序梯形图如图 5-2-11 所示。

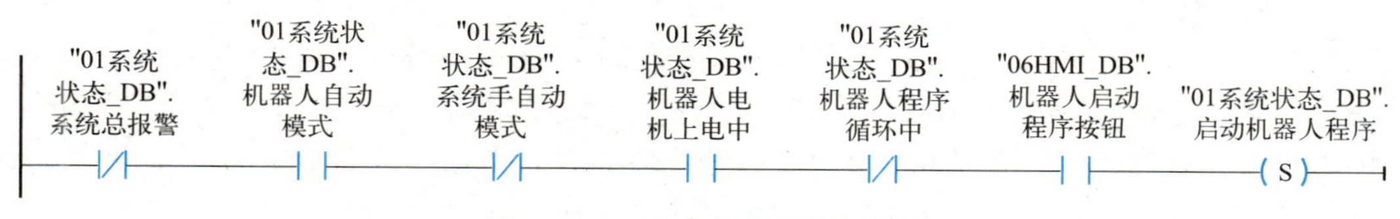

图 5-2-11　手动启动机器人程序

6. 编写手动停止机器人程序

系统手动运行模式下，在机器程序运行状态下，按下“机器人程序停止按钮”，PLC 输出“停止机器人程序”信号，控制程序梯形图如图 5-2-12 所示。

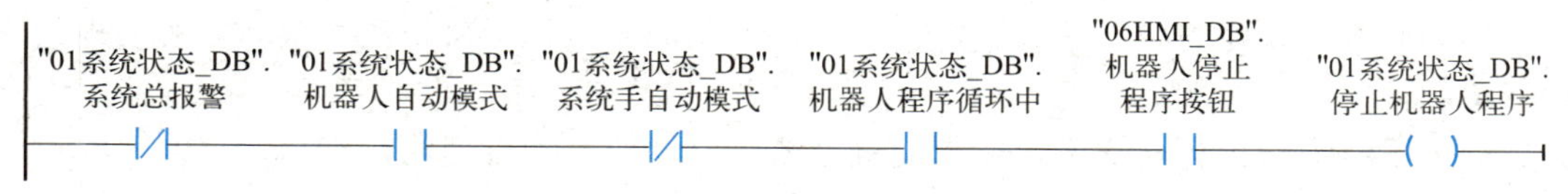

图 5-2-12　手动停止机器人程序

谈一谈：

上述这些控制程序为什么要添加那么多逻辑条件呢？这些条件是否可以去掉一些呢？

7. 编写机器人伺服断电程序

系统运行过程中，任何时候，如果系统出现任何报警，或者按下了系统停止按钮，机器人伺服都必须断电，控制程序梯形图如图 5-2-13 所示。

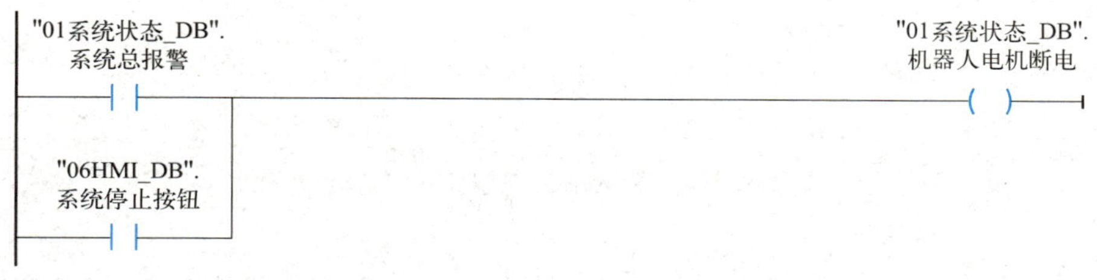

图 5-2-13　机器人伺服断电程序

8. 测试工业机器人控制程序

工业机器人控制程序编写完成后，需要在主程序中与系统状态检测程序一起调用，编译下载，运行测试，通过查看打开监视画面。

（1）测试工业机器人手动控制程序

在确认信号传递正确的基础上，通过“修改值”功能，首先测试系统手动模式下工业机器人手动控制。默认状态下，“" 01 系统状态 _ DB" . 系统手自动模式”变量的值为 0，系统处于手动模式，修改 PLC 输出信号控制工业机器人上电、下电、从主程序启动、程序启动、程序停止、复位报警、复位急停等功能是否正确，从而验证程序编写逻辑的正确性。

（2）测试工业机器人自动控制程序

手动测试功能正常后，修改“"01 系统状态_DB". 系统手自动模式”变量的值为 1，将系统切换到自动模式，修改“"07HMI_DB". 系统启动按钮”变量的值为 1，启动系统，查看工业机器人是否从主程序启动，是否执行机器人初始化程序，从而验证系统启动按钮程序编写逻辑的正确性。然后通过修改“"07HMI_DB". 系统停止按钮”值为 1，模拟按下系统停止按钮，查看机器人是否已经停止运行，机器人伺服是否已经下电，从而验证系统停止按钮控制程序编写逻辑是否正确。

测试过程中出现运行结果与预想情况不一致的情况时，需要通过程序监控，查看 PLC 程序状态，一步一步检查 PLC 输入输出信号、PLC 变量状态，从而找出逻辑出错的位置，修改程序、编译、下载、再次验证。

四、输送带控制程序编写测试

分析系统功能需求，结合系统手自动操作功能需要，输送带控制程序需要实现以下功能：

• 系统自动运行模式下，能够通过“系统启动按钮”启动输送带以设定速度和设定方向传动，能够通过“系统停止按钮”停止输送带。

• 系统自动运行模式下，输送带运行过程中，当传感器检测到水果时，输送带暂停传动，水果被取走后，输送带继续传动。

• 系统自动运行模式下，当机器视觉拍照次数达到上限还无法正确检测出水果数据时，输送带强制传动，将无法检测的水果丢掉。

• 系统手动运行模式下，输送带能够正向点动、反向点动，以固定速度正向传动、反向传动和停止传动。

• 当传送带报错时，可以通过“系统复位按钮”或“输送带报错复位按钮”复位伺服驱动器，排除故障，解除报错。

对于输送带的控制，西门子 PLC 有专门的运动控制指令集，指令位于“工艺”目录下的“Motion Control”中，如图 5-2-14 所示。

对于指令的功能，可以打开博途软件的帮助查阅，博途软件对每一条指令、每一

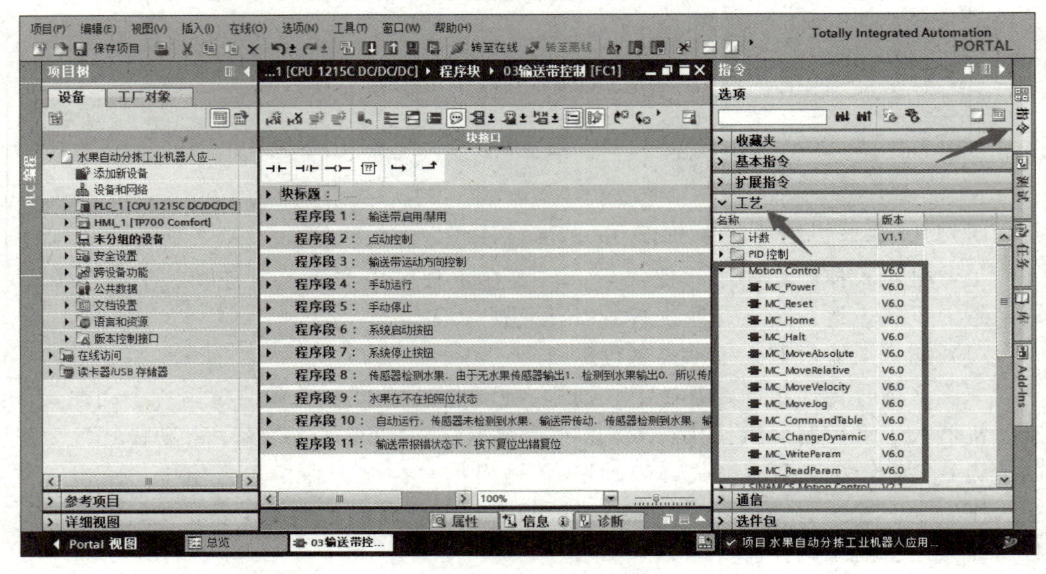

图 5-2-14　西门子 PLC 运动控制指令

个变量都有非常详细的说明，有任何疑问都可以在帮助系统中查找答案，如图 5-2-15 所示。

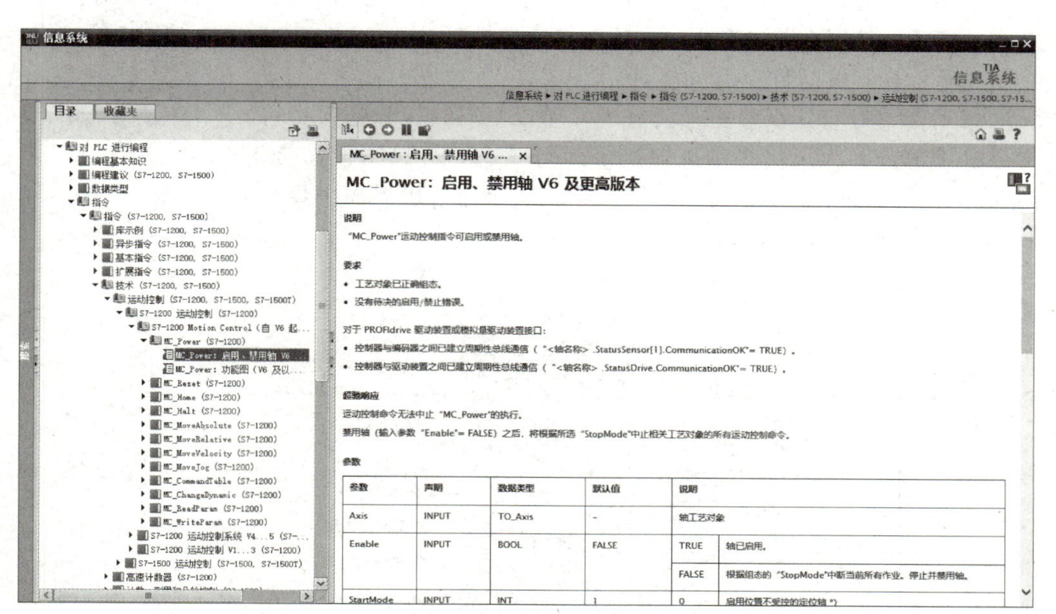

图 5-2-15　博途软件帮助系统

打开项目树—设备—PLC_1—程序块，双击“添加新块”，在弹出的“添加新块”窗口“名称”中输入“03 输送带控制”，选择“函数”点击“确定”。用类似步骤添加“03 输送带控制 _ DB”数据块。

1. 创建输送带控制变量

打开“03 输送带控制 _ DB”数据块，分析系统手动、自动运行模式下，输送带运行过程中涉及的控制按钮、参数值、状态信号，如输送带正反向点动按钮、输送带点动速度、输送带运行和停止按钮等。需要特别注意的是，有一些变量在被设定后需要保持，如输送带方向、输送带速度等。在“03 输送带控制_DB”数据块中创建对应的变量，如图 5-2-16 所示。

...分拣工业机器人应用系统 ▸ PLC_1 [CPU 1215C DC/DC/DC] ▸ 程序块 ▸ 03输送带控制_DB [DB8]

保持实际值　快照　将快照值复制到起始值中　将起始值加载为实际值

03输送带控制_DB

	名称	数据类型	起始值	保持	从 H...	从 H...	在 H...	设定值	注释
1	▼ Static			☐	☐	☐	☐	☐	
2	输送带正向点动按钮	Bool	false	☐	☑	☑	☑	☐	
3	输送带反向点动按钮	Bool	false	☐	☑	☑	☑	☐	
4	输送带点动速度	Real	0.0	☑	☑	☑	☑	☐	
5	输送带运行按钮	Bool	false	☐	☑	☑	☑	☐	
6	输送带停止按钮	Bool	false	☐	☑	☑	☑	☐	
7	输送带换向按钮	Bool	false	☐	☑	☑	☑	☐	
8	输送带方向	Int	1	☑	☑	☑	☑	☐	1正向2反向
9	输送带运行速度	Real	0.0	☑	☑	☑	☑	☐	
10	输送带报错编号	Word	16#0	☐	☑	☑	☑	☐	
11	输送带报错信息	Word	16#0	☐	☑	☑	☑	☐	
12	输送带报错复位按钮	Bool	false	☐	☑	☑	☑	☐	按下为1复位，松开为0
13	输送带自动运行控制	Bool	false	☐	☑	☑	☑	☐	
14	输送带强制行走	Bool	false	☐	☑	☑	☑	☐	
15	输送带自动运行方向	Bool	false	☑	☑	☑	☑	☐	
16	水果在位状态	Bool	false	☐	☑	☑	☑	☐	

图 5-2-16　“03 输送带控制_DB”数据块

2. 输送带启用禁用程序

视频 5.7 解读输送带控制程序

启用/禁用轴指令为 MC_Power，指令参数不在此处赘述，请自行查阅博途软件帮助，或者通过参数命名理解参数功能。MC_Power 指令可以控制输送带启用与禁用。

本系统中没有禁用输送带的需求，所以只需启用输送带即可。指令输出部分，为了实时掌握输送带运行状态，可以将输送带报错状态、报错编号、报错信息分别采集，后续在人机界面中显示，控制程序如图 5-2-17 所示。

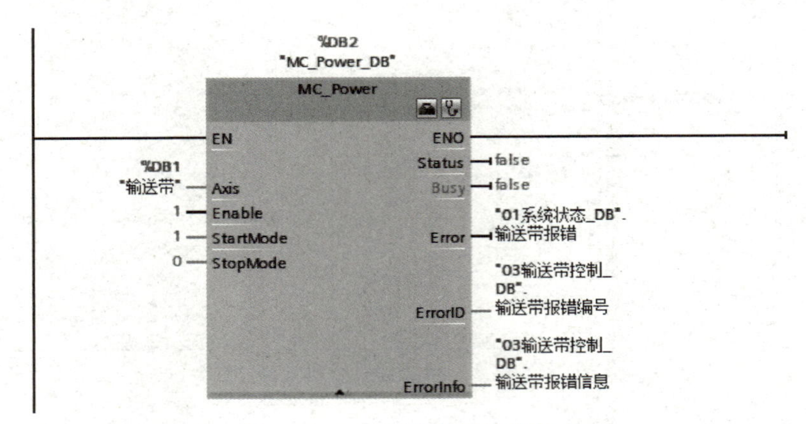

图 5-2-17 输送带启用禁用程序

3. 输送带点动控制程序

以“点动”模式移动轴指令为 MC_MoveJog，该指令可以点动控制输送带。

本系统中点动控制是系统手动运行模式下的功能，所以指令使能是当系统为手动模式时起作用。点动程序主要用于手动调整输送带位置，要能够正向点动和反向点动，点动速度可控，同时也需要监控输送带是否报错，控制程序如图 5-2-18 所示。

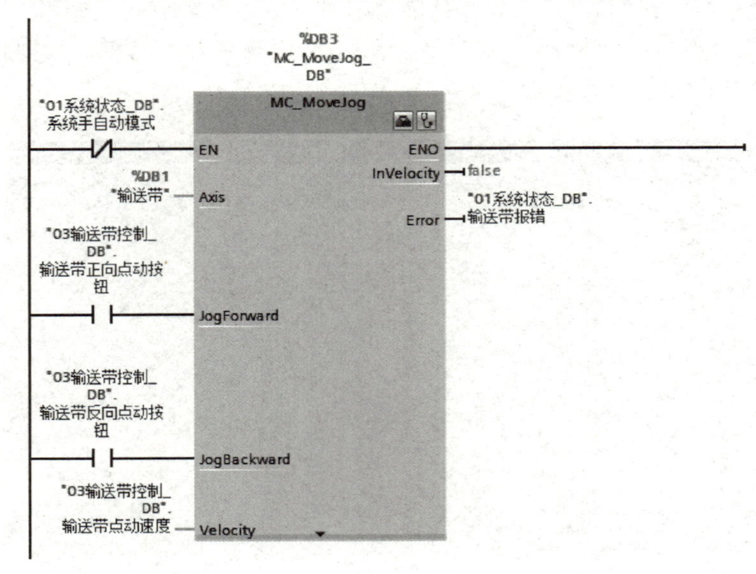

图 5-2-18 输送带点动控制程序

4. 输送带以设定速度运行控制程序

以设定速度移动轴指令 MC_MoveVelocity 和停止轴指令 MC_Halt 可以控制输送带以设定速度连续运行和停止。

本系统中以设定速度运行控制是系统手动运行模式下的功能，所以指令使能是当系统为手动模式时起作用。以设定速度运行控制程序主要用于手动快速调整输送带位置，要能够正向传动和反向传动，传动速度要可控，同时也需要监控输送带是否报错。控制程序如图 5-2-19 所示。

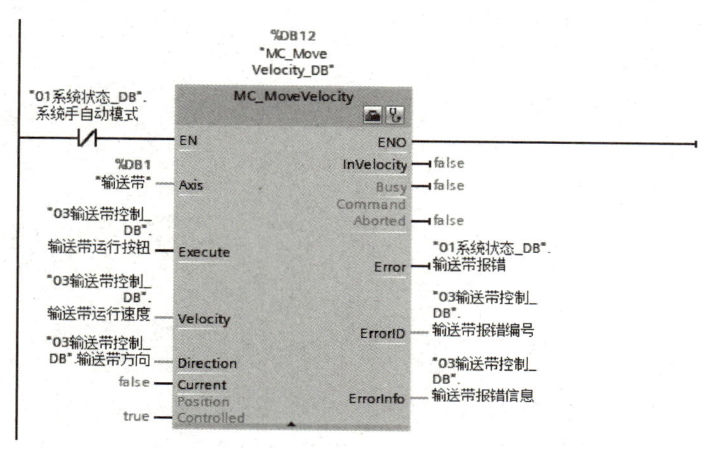

图 5-2-19　输送带以设定速度运行控制程序

通过查阅指令参数发现，运行方向参数为 1 时轴正向转动，运行方向参数为 2 时轴反向转动，在程序设计过程中需要根据按钮状态修改输送带方向参数。控制程序如下：

```
IF "03 输送带控制_DB". 输送带换向按钮＝0 THEN
    "03 输送带控制_DB". 输送带方向:＝1;
ELSE
    "03 输送带控制_DB". 输送带方向:＝2;
END_IF;
```

当需要输送带停止运行时，可以使用 MC_Halt 指令控制，通过使能参数控制指令在系统手动运行模式下生效，使用输送带停止按钮停止输送带。控制程序如图 5-2-20 所示。

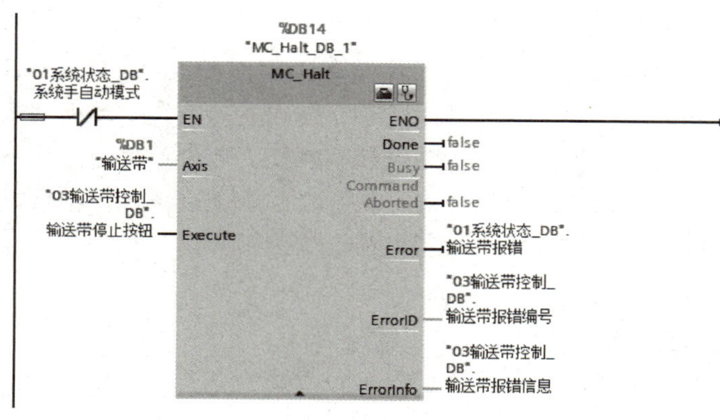

图 5-2-20　手动停止输送带控制程序

5. 输送带自动运行控制程序

系统自动运行模式下，输送带传动与停止首先由系统启动按钮和系统停止按钮控制。当按下系统启动按钮时，输送带进入自动运行状态，按下系统停止按钮，输送带进入退出自动运行状态，同时控制输送带停止传动。控制程序如图 5-2-21 所示。

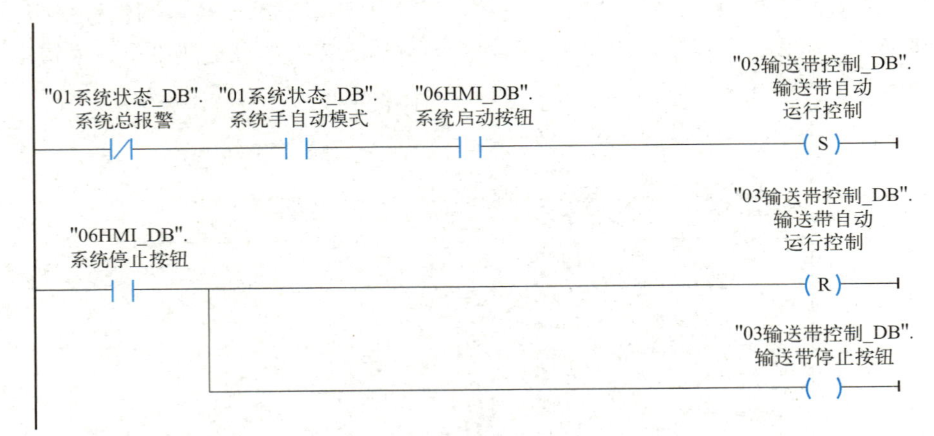

图 5-2-21　输送带运行模式控制

本系统选择的水果检测传感器为激光对射光电开关，当无遮挡时输出信号为 1，有遮挡时输出信号为 0，所以水果检测传感器状态与水果在位状态相反。控制程序如图 5-2-22 所示。

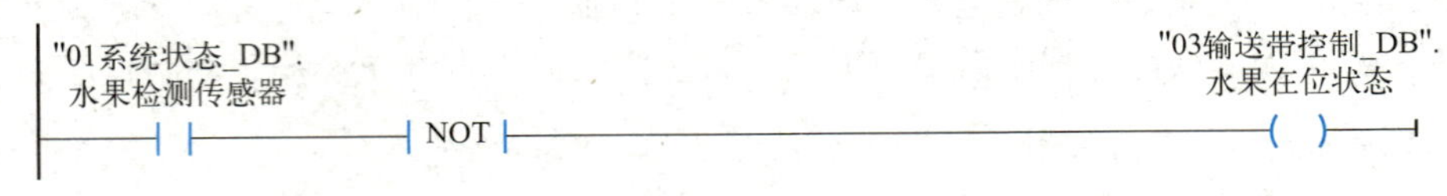

图 5-2-22　获取水果在位状态

系统自动运行模式下，如果检测传感器没有检测到水果，输送带就根据设定的速度参数和传动方向参数正向或反向运行，此处使用的是点动指令 MC_MoveJog，使用点动指令输送带可以随时停止传动；当水果传动到检测位置时，输送带停止传动等待相机拍照检测；此外，如果水果到达检测位置后，相机拍照次数超过限定次数都无法正确识别，则强制启动输送带将水果丢弃。控制程序如图 5-2-23 所示。

6. 输送带出错复位控制程序

输送带工作过程中如果报错，需要执行轴复位指令 MC _ Reset 复位输送带，重新启动工艺对象。复位控制程序无论系统手动模式还是系统自动模式均需要有效。系统自动模式下，当输送带报错，系统总报警被触发，此时可以通过按下系统复位按钮控制“输送带报错复位按钮”变量生效，执行复位指令；系统手动模式下，在触摸屏的输送带手动控制画面中按下“输送带报错复位按钮”执行指令。输送带出错复位控制程序如图 5-2-24 所示。

7. 测试输送带控制程序

输送带控制程序编写完成后，需要在主程序中与系统状态检测程序、工业机器人控制程序一起调用，编译下载，运行测试，通过查看打开监视画面。

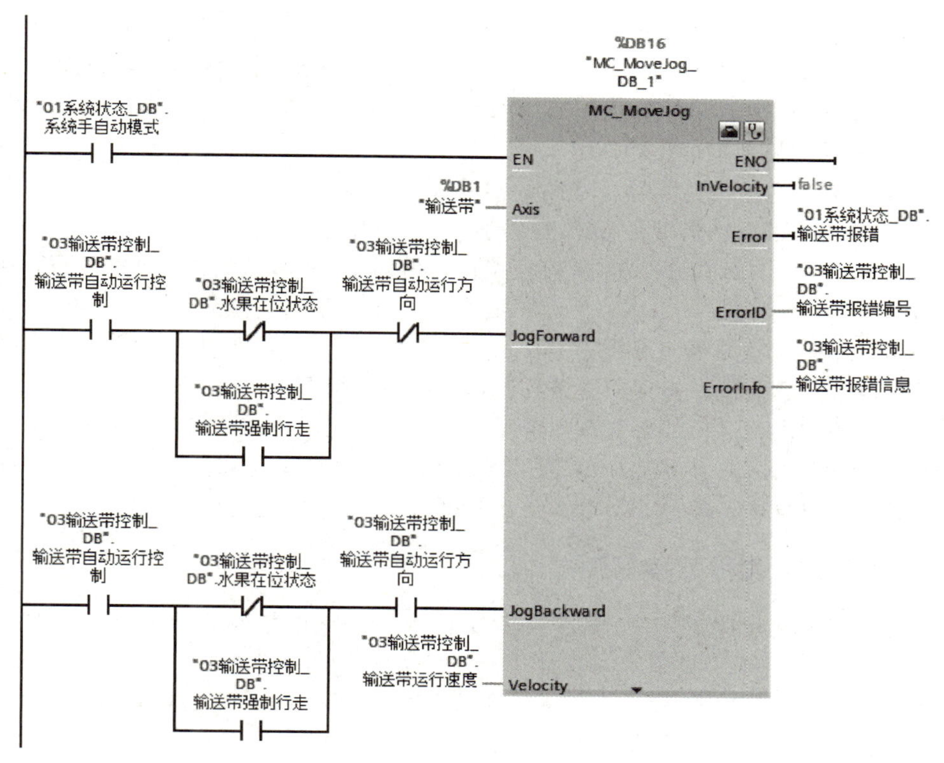

图 5-2-23　输送带自动模式运行控制程序

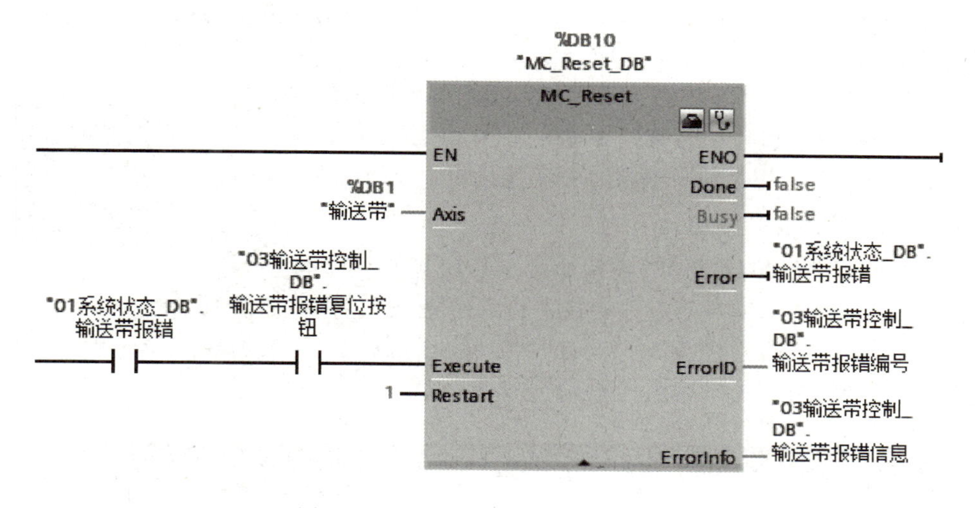

图 5-2-24　输送带出错复位控制程序

（1）验证输送带手动运行控制程序

在确认信号传递正确的基础上，通过“修改值”功能，首先测试系统手动模式下输送带手动控制。默认状态下，“"01 系统状态 _ DB". 系统手自动模式”变量的值为 0，系统处于手动模式，修改 PLC 输出信号控制输送带正向点动、反向点动、以设定速度正/反向运行、停止，从而验证输送带手动控制程序编写逻辑的正确性。

（2）验证输送带自动运行控制程序

① 修改“"01 系统状态_DB". 系统手自动模式”变量的值为 1，再修改为 0，模

拟按下系统启动按钮，将系统切换到自动模式。

② 在输送带上放上水果，修改“"07HMI_DB". 系统启动按钮”变量的值为 1，再修改为 0，模拟按下系统启动按钮，启动系统。

③ 查看输送带是否自动传动。

④ 当水果到达检测传感器位置时，输送带是否自动停止。

⑤ 当拿走水果后输送带是否继续传动。

⑥ 修改“"07HMI_DB". 系统停止按钮”值为 1，再修改为 0，模拟按下系统停止按钮。

⑦ 查看输送带是否停止运行。

通过以上步骤测试，验证输送带控制程序编写逻辑是否正确。

测试过程中出现运行结果与预想情况不一致的情况时，需要通过程序监控，查看 PLC 程序状态，一步一步检查 PLC 输入输出信号、PLC 变量状态，从而找出逻辑出错的位置，修改程序、编译、下载、再次验证。

五、机器视觉控制程序编写测试

机器视觉控制程序是 PLC 驱动机器视觉相机工作的控制程序，需要实现以下功能：

• 系统自动运行模式下，当水果在输送带上传动到达检测位置时，PLC 驱动相机拍照，接收相机输出的检测结果数据；

• PLC 判断接收数据是否有效，如数据无效，则 PLC 再次驱动相机拍照；

• 当相机拍照次数达到限制次数，仍无法检测出有效的水果数据时，触发输送带强制运行信号，输送带控制程序驱动输送带强制运行，将检测不出数据的水果丢弃。

打开项目树—设备—PLC_1—程序块，双击“添加新块”，在弹出的“添加新块”窗口“名称”中输入“04 相机控制”，选择“函数”点击“确定”。用类似步骤添加“04 相机控制 _ DB”数据块。

视频 5.8 解读机器视觉控制程序

1. 创建相机控制变量

打开“04 相机控制_DB”数据块，分析机器视觉工作过程中所需要用到的信号、变量等，需要特别注意的是，“相机拍照限制次数”变量在被设定后需要保持。在“04 相机控制_DB”数据块中创建对应的变量，如图 5-2-25 所示。

...动分拣工业机器人应用系统 ▸ PLC_1 [CPU 1215C DC/DC/DC] ▸ 程序块 ▸ 04相机控制_DB [DB13]

保持实际值　快照　将快照值复制到起始值中　将起始值加载为实际值

04相机控制_DB (创建的快照：2024/4/18 10:43:58)

	名称	数据类型	起始值	快照	保持	从 HMI/OPC...	从 H...	在 HMI ...	设定值	注释
1	▼ Static				☐	☐	☐	☐	☐	
2	相机拍照限制次数	Int	5	—	☑	☑	☑	☑	☐	
3	相机拍照次数	Int	0	—	☐	☑	☑	☑	☐	
4	相机需要拍照	Bool	0	—	☐	☑	☑	☑	☐	
5	相机手动拍照	Bool	false	—	☐	☑	☑	☑	☐	
6	拍照结果_数据有效性	Real	0.0	—	☐	☑	☑	☑	☐	
7	拍照结果_直径	Real	0.0	0.0	☐	☑	☑	☑	☐	
8	拍照结果_X坐标	Real	0.0	0.0	☐	☑	☑	☑	☐	
9	拍照结果_Y坐标	Real	0.0	0.0	☐	☑	☑	☑	☐	

图 5-2-25 “04 相机控制_DB”数据块

2. 相机拍照必要性判断

当水果到达检测位置，PLC 没有接收到相机发来的有效数据，相机拍照次数也没有达到限制次数的情况下，相机需要继续拍照检测。控制程序如下：

```
"04 相机控制_DB". 拍照结果_数据有效性:=REAL_TO_INT("数据有效性");
"04 相机控制_DB". 相机需要拍照:=
"03 输送带控制_DB". 水果在位状态 AND
"04 相机控制_DB". 拍照结果_数据有效性=0 AND
"04 相机控制_DB". 相机拍照次数<="04 相机控制_DB". 相机拍照限制次数;
```

3. 拍照数据接收处理程序

如果拍照后接收到的第一个字节的数据的数值为 1，说明数据有效，此状态下需要把收到的数据传递到定义好的变量中，并且把“相机需要拍照”和“相机拍照次数”变量清 0，控制相机停止拍照。控制程序如下：

```
IF "04 相机控制_DB". 拍照结果_数据有效性=1 THEN
    "04 相机控制_DB". 拍照结果_直径:=REAL_TO_INT("水果直径");
    "04 相机控制_DB". 拍照结果_X 坐标:=REAL_TO_INT("X 坐标");
    "04 相机控制_DB". 拍照结果_Y 坐标:=REAL_TO_INT("Y 坐标");
"04 相机控制_DB". 相机需要拍照:=0;
"04 相机控制_DB". 相机拍照次数:=0;
END_IF;
```

4. 采集数据失败强制输送带传动程序

如果反复拍照后仍不能获取有效数据，并且拍照次数已经超过拍照次数限制次数，则强制输送带传动，并把相机拍照次数清 0。控制程序如下：

```
IF "04 相机控制_DB". 拍照结果_数据有效性=0 AND "03 输送带控制_DB". 水果在位状态=1
AND "04 相机控制_DB". 相机拍照次数>"04 相机控制_DB". 相机拍照限制次数 THEN
    "03 输送带控制_DB". 输送带强制行走:=1;
END_IF;

IF "03 输送带控制_DB". 水果在位状态=0 THEN
    "03 输送带控制_DB". 输送带强制行走:=0;
END_IF;

IF "03 输送带控制_DB". 输送带强制行走 THEN
    "04 相机控制_DB". 相机拍照次数:=0;
END_IF;
```

5. 相机拍照控制程序

PLC 触发相机拍照检测水果数据时，相机必须是联机状态、水果必须在检测位置、系统当前必须是需要拍照状态，在满足条件的基础上，相机进入拍照流程，PLC 向相机输出“相机准备”信号，当“相机准备完成”后，PLC 向相机输出“拍照触发”信号，为了控制多次拍照间的时间间隔，在“相机拍照完成”后，延时 1s 后，撤销“相机准备”和“拍照触发”信号，打开“拍照间隔”，确保相机拍照过程正确

完成。同时再启动另一个延时 1s，时间到后复位拍照准备，记录拍照次数。相机拍照控制程序如图 5-2-26 所示。

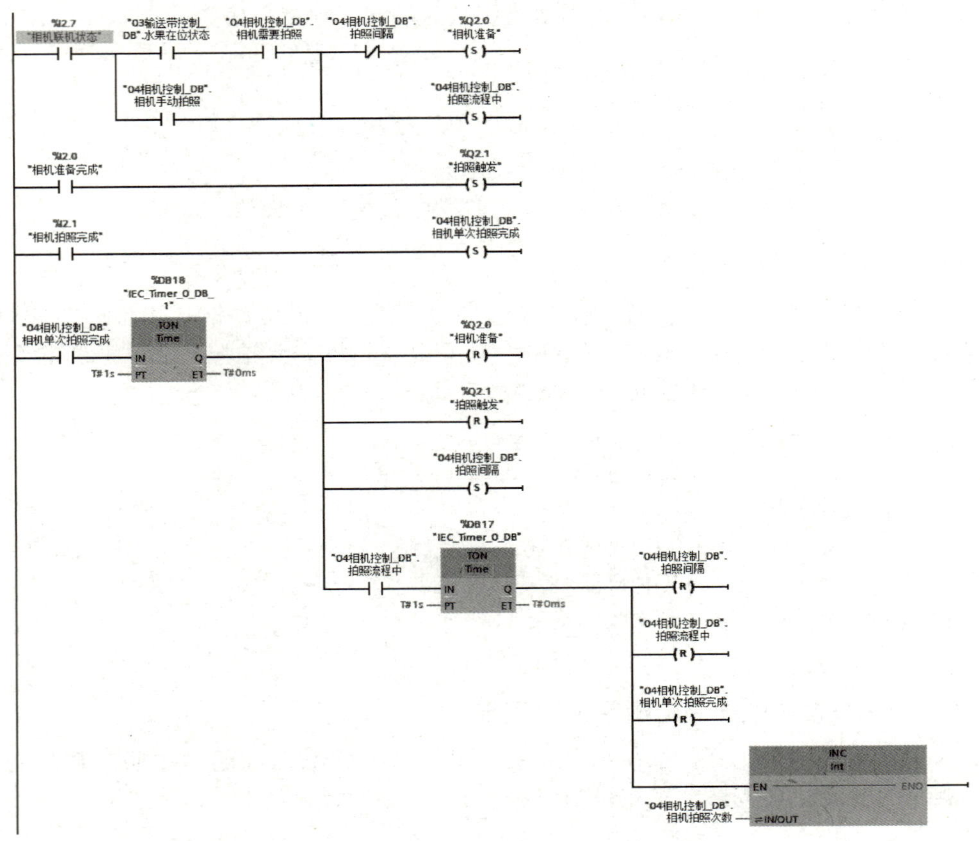

图 5-2-26 相机拍照控制程序

6. 测试机器视觉控制程序

机器视觉程序编写完成后，需要在主程序中与系统状态检测程序、工业机器人控制程序、输送带控制程序一起调用，编译下载，运行测试，通过查看打开监视画面。

(1) 验证相机拍照变量控制程序

打开机器视觉控制程序，设置 PLC 为在线模式，启用程序监视，查看变量状态与程序执行结果，对比程序功能与运行逻辑，验证程序逻辑正确性，验证画面如图 5-2-27 所示。

(2) 验证相机拍照控制程序

相机拍照控制程序段需要动态测试，对照控制程序编写逻辑，查看相机联机状态，使用“修改值”功能，设置系统在自动工作模式，在输送带上放上水果，启动输送带传动，当水果到达检测传感器位置停止后，查看拍照控制过程，特别是相机拍照检测不成功，多次尝试拍照的控制过程。此处控制程序逻辑比较复杂，同学们可以在看懂示范程序的基础上尝试自己编写控制程序，在实现程序控制功能的基础上优化程序逻辑。

通过以上步骤测试，验证机器视觉控制程序编写逻辑是否正确。

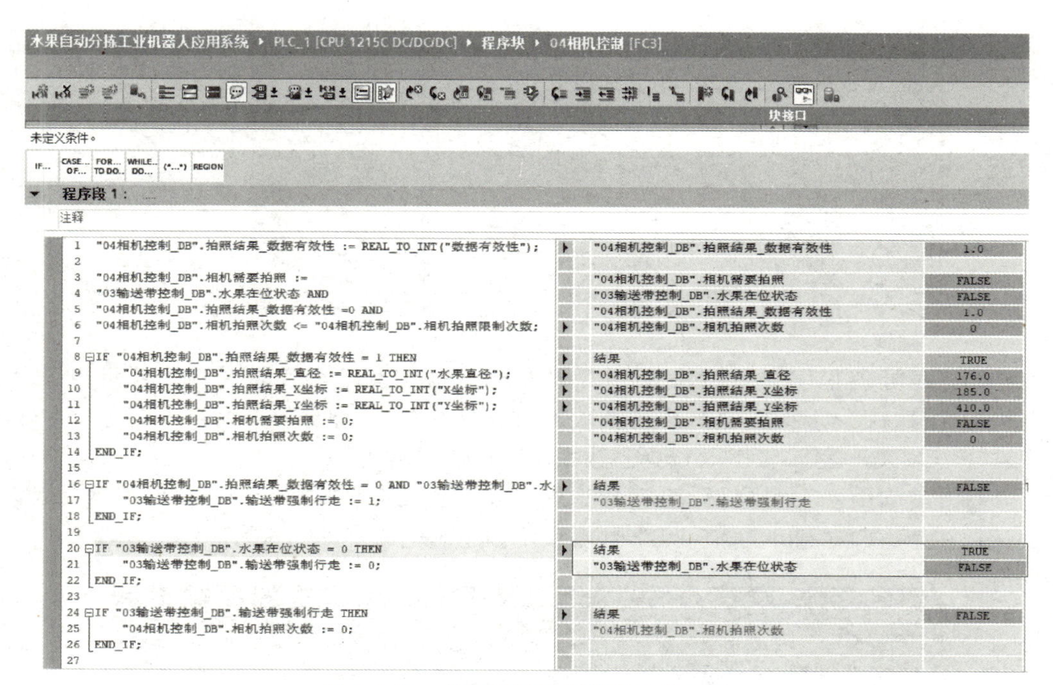

图 5-2-27　相机拍照控制程序监视画面

测试过程中出现运行结果与预想情况不一致的情况下，需要通过程序监控，查看 PLC 程序状态，一步一步检查 PLC 输入输出信号、PLC 变量状态，从而找出逻辑出错的位置，修改程序、编译、下载、再次验证。

六、数据处理程序编写测试

数据处理程序是处理 PLC 与机器人通信数据的程序，需要实现以下功能：

- 将 PLC 发送给机器人的数据格式化、打包；
- 解析提取机器人发送过来数据。

根据项目一中的系统通信规划，PLC 与工业机器人基于网线通信，机器人端使用 Socket 通信指令，PLC 端使用开放式用户通信指令。因为机器人端的 Socket 指令发送与接收默认采用字符串格式，所以 PLC 端在使用 TSEND_C 指令发送数据时需要把发送数据打包成字符串，使用 TRCV_C 指令接收数据后需要从接收到的字符串中解析出需要的数据。

打开项目树—设备—PLC_1—程序块，双击“添加新块”，在弹出的“添加新块”窗口“名称”中输入“05 数据处理”，选择“函数”点击“确定”。用类似步骤添加“05 数据处理_DB”数据块。

1. 创建数据处理数据块

打开“05 数据处理_DB”数据块，分析数据处理过程中所需要用到的变量，在“05 数据处理_DB”数据块中创建对应的变量，如图 5-2-28 所示。

视频 5.9
解读数据
处理程序

2. 创建 PLC 与机器人通信数据块

由于数据处理过程中要用到 PLC 与机器人通信相关变量，所以

水果自动分拣工业机器人应用系统 ▸ PLC_1 [CPU 1215C DC/DC/DC] ▸ 程序块 ▸ 05数据处理_DB [DB11]

保持实际值 快照 将快照值复制到起始值中 将起始值加载为实际值

05数据处理_DB

	名称	数据类型	起始值	保持	从 HMI/OPC..	从 H...	在 HMI ...	设定值	注释
1	▼ Static			☐	☐	☐	☐	☐	
2	■ 水果级别String	String	''	☐	☑	☑	☑	☐	
3	■ 水果坐标X	Int	0	☐	☑	☑	☑	☐	
4	■ 水果坐标Y	Int	0	☐	☑	☑	☑	☐	
5	■ 水果数据有效性String	String	''	☐	☑	☑	☑	☐	
6	■ 果箱更换完毕String	String	''	☐	☑	☑	☑	☐	

图 5-2-28 “05 数据处理_DB” 数据块

在编写数据处理程序前需要建立 PLC 与机器人数据交互的变量。打开项目树—设备—PLC_1—程序块，双击“添加新块”，在弹出的“添加新块”窗口“名称”中输入“06PLC-Rob 通信_DB”，选择“数据块”点击“确定”。

打开“06PLC-Rob 通信_DB”数据块，分析系统中需要在触摸屏上组态的按钮、变量，在“06PLC-Rob 通信_DB”数据块中创建对应的变量，如图 5-2-29 所示。

水果自动分拣工业机器人应用系统 ▸ PLC_1 [CPU 1215C DC/DC/DC] ▸ 程序块 ▸ 06PLC-Rob通信_DB [DB4]

保持实际值 快照 将快照值复制到起始值中 将起始值加载为实际值

06PLC-Rob通信_DB

	名称	数据类型	起始值	保持	从 HMI/OPC..	从 H...	在 HMI ...	设定值	注释
1	▼ Static			☐	☐	☐	☐	☐	
2	■ 发送机器人数据长度	Int	9	☐	☑	☑	☑	☐	
3	■ 水果X坐标String	String	''	☐	☑	☑	☑	☐	
4	■ 水果Y坐标String	String	''	☐	☑	☑	☑	☐	
5	■ PLC发Robot总字符串	String	''	☐	☑	☑	☑	☐	
6	■ ▸ PLC发Robot数据数组	Array[1..9] of Char		☐	☑	☑	☑	☐	
7	■ ▸ Robot发PLC数据数组	Array[1..4] of Char		☐	☑	☑	☑	☐	
8	■ PLC-Robot发送完毕	Bool	false	☐	☑	☑	☑	☐	
9	■ Robot-PLC接收完毕	Bool	false	☐	☑	☑	☑	☐	
10	■ Robot发PLC总字符串	String	''	☐	☑	☑	☑	☐	
11	■ 果箱更换编码	String	''	☐	☑	☑	☑	☐	
12	■ 果箱需要更换	Bool	false	☐	☑	☑	☑	☐	'1'更换未完毕、'0'更换完毕
13	■ 当前小果数量	Int	0	☐	☑	☑	☑	☐	
14	■ 当前中果数量	Int	0	☐	☑	☑	☑	☐	
15	■ 当前大果数量	Int	0	☐	☑	☑	☑	☐	

图 5-2-29 “06PLC-Rob 通信_DB” 数据块

3. PLC 发机器人数据处理程序

PLC 发送给机器人的数据有 5 个部分，第 1 部分为数据有效性（0/1），1 个字节；第 2 部分为水果级别（1/2/3），1 个字节；第 3 部分为水果位置坐标 X，3 个字节；第 4 部分为水果位置坐标 Y，3 个字节；第 5 部分为果箱更换完毕状态（0/1），1 个字节。最后把所有部分数据打包成字符串。

第 1 部分数据有效性（0/1）处理程序：

```
//数据有效性数值转发送字符串
IF "04 相机控制_DB". 拍照结果_数据有效性＝0 THEN
    "05 数据处理_DB". 水果数据有效性 String:＝'0';
ELSE
    "05 数据处理_DB". 水果数据有效性 String:＝'1';
END_IF;
```

第 2 部分水果级别（1/2/3）处理程序：

```
//水果直径计算  像素与毫米之间的单位换算
"04 相机控制_DB". 拍照结果_直径:＝"04 相机控制_DB". 拍照结果_直径 * "07HMI_DB". 相
```

```
机比例系数;
    //判断水果级别
    IF "04相机控制_DB".拍照结果_直径<=  "07HMI_DB".小果直径阈值 THEN
        "05数据处理_DB".水果级别String:='1';
    ELSIF"04相机控制_DB".拍照结果_直径>"07HMI_DB".大果直径阈值 THEN
        "05数据处理_DB".水果级别String:='3';
    ELSE
        "05数据处理_DB".水果级别String:='2';
    END_IF;
```

第3、4部分水果位置坐标 X、Y 处理程序：

```
    //水果坐标计算  像素与毫米之间的单位换算
    "05数据处理_DB".水果坐标X:=REAL_TO_INT("04相机控制_DB".拍照结果_X坐标*
"07HMI_DB".相机比例系数);
    "05数据处理_DB".水果坐标Y:=REAL_TO_INT("04相机控制_DB".拍照结果_Y坐标*
"07HMI_DB".相机比例系数);

    //水果X坐标格式化,数值格式为3位字符组成的字符串
    "06PLC-Rob通信_DB".水果X坐标String:=INT_TO_STRING("05数据处理_DB".水果坐标
X);
    IF "05数据处理_DB".水果坐标X>=0AND"05数据处理_DB".水果坐标X<10THEN
        "06PLC-Rob通信_DB".水果X坐标String:=MID(IN:="06PLC-Rob通信_DB"."水果X
坐标String",L:=1,P:=2);
        "06PLC-Rob通信_DB".水果X坐标String:=CONCAT(IN1:='00',IN2:="06PLC-Rob
通信_DB".水果X坐标String);
    ELSIF"05数据处理_DB".水果坐标X>=10 AND"05数据处理_DB".水果坐标X<100 THEN
        "06PLC-Rob通信_DB".水果X坐标String:=MID(IN:="06PLC-Rob通信_DB"."水果X
坐标String",L:=2,P:=2);
        "06PLC-Rob通信_DB".水果X坐标String:=CONCAT(IN1:='0',IN2:="06PLC-Rob
通信_DB".水果X坐标String);
    ELSE
        "06PLC-Rob通信_DB".水果X坐标String:=MID(IN:="06PLC-Rob通信_DB"."水果X
坐标String",L:=3,P:=2);
    END_IF;

    //水果Y坐标格式化,数值格式为3位字符组成的字符串
    "06PLC-Rob通信_DB".水果Y坐标String:=INT_TO_STRING("05数据处理_DB".水果坐标
Y);
    IF "05数据处理_DB".水果坐标Y>=0 AND "05数据处理_DB".水果坐标Y<10 THEN
        "06PLC-Rob通信_DB".水果Y坐标String:=MID(IN:="06PLC-Rob通信_DB"."水果Y
坐标String",L:=1,P:=2);
        "06PLC-Rob通信_DB".水果Y坐标String:=CONCAT(IN1:='00',IN2:="06PLC-Rob
通信_DB".水果Y坐标String);
    ELSIF "05数据处理_DB".水果坐标Y>=10 AND "05数据处理_DB".水果坐标Y<100 THEN
        "06PLC-Rob通信_DB".水果Y坐标String:=MID(IN:="06PLC-Rob通信_DB"."水果Y
```

```
坐标 String",L:=2,P:=2);
        "06PLC-Rob 通信_DB". 水果 Y 坐标 String:=CONCAT(IN1:='0',IN2:="06PLC-Rob
通信_DB". 水果 Y 坐标 String);
    ELSE
        "06PLC-Rob 通信_DB". 水果 Y 坐标 String:=MID(IN:="06PLC-Rob 通信_DB". "水果 Y
坐标 String",L:=3,P:=2);
    END_IF;
```

第 5 部分果箱更换状态处理程序：

```
IF "07HMI_DB". 果箱更换完毕=1  THEN
    "05 数据处理_DB". 果箱更换完毕 String:='1';//1 表示完毕
ELSE
    "05 数据处理_DB". 果箱更换完毕 String:='0';//0 表示未完毕
END_IF;
```

数据合并程序：

```
//得出来的总数据组合在一起,将其打包发给机器人。
"06PLC-Rob 通信_DB". PLC 发 Robot 总字符串:=
CONCAT(
       IN1:="05 数据处理_DB". 水果数据有效性 String,   //1 字节
       IN2:="05 数据处理_DB". 水果级别 String,        //1 字节
       IN3:="06PLC-Rob 通信_DB". 水果 X 坐标 String,           //3 字节
       IN4:="06PLC-Rob 通信_DB". 水果 Y 坐标 String,           //3 字节
       IN5:="05 数据处理_DB". 果箱更换完毕 String  //1 字节
);
```

4. 机器人发 PLC 数据处理程序

机器人发送给 PLC 的数据有 4 个部分，第 1 部分为水果箱更换编号（0/1），0 表示不需要更换，1 表示需要更换；第 2 部分为小号果箱当前水果数量；第 3 部分为中号果箱当前水果数量；第 4 部分为大号果箱当前水果数量，各 1 个字节，共 4 个字节。

数据解析程序：

```
//提取机器人发送的更换果箱的编码
"06PLC-Rob 通信_DB". 果箱更换编码:=MID(IN:="06PLC-Rob 通信_DB".Robot 发 PLC 总
字符串,L:=1,P:=1);
"06PLC-Rob 通信_DB". 当前小果数量:=STRING_TO_INT(MID(IN:="06PLC-Rob 通信_DB"
.Robot 发 PLC 总字符串,L:=1,P:=2));
"06PLC-Rob 通信_DB". 当前中果数量:=STRING_TO_INT(MID(IN:="06PLC-Rob 通信_DB"
.Robot 发 PLC 总字符串,L:=1,P:=3));
"06PLC-Rob 通信_DB". 当前大果数量:=STRING_TO_INT(MID(IN:="06PLC-Rob 通信_DB"
.Robot 发 PLC 总字符串,L:=1,P:=4));

IF "06PLC-Rob 通信_DB". 果箱更换编码='1' THEN
    "06PLC-Rob 通信_DB". 果箱需要更换:=1;//需要更换
```

```
ELSE
    "06PLC-Rob 通信_DB". 果箱需要更换:=0;//不需要更换
END_IF;
```

5. 测试数据处理程序

数据处理程序编写完成后，需要在主程序中与系统状态检测程序、工业机器人控制程序、输送带控制程序、机器视觉控制程序一起调用，编译下载，运行测试，通过查看打开监视画面。

打开数据处理程序，设置 PLC 为在线模式，启用程序监视，查看变量状态与程序执行结果，对比程序功能与运行逻辑，验证程序逻辑正确性，验证画面如图 5-2-30 所示。

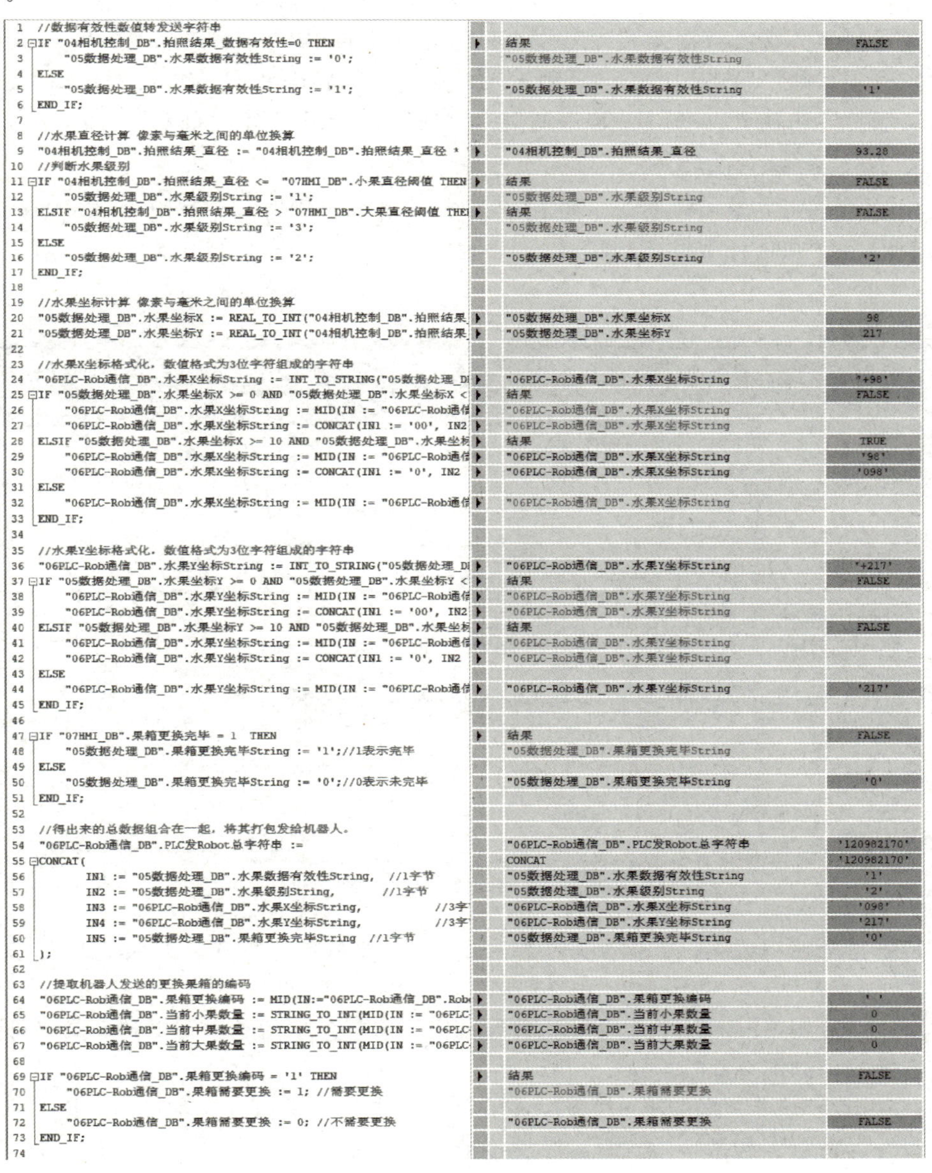

图 5-2-30 数据处理程序验证画面

通过程序执行监视，查看数据变量状态和程序执行结果，通过对比程序功能逻辑，验证数据处理程序编写逻辑是否正确。需要说明的是测试过程中出现运行结果与预想情况不一致的情况下，需要通过程序监控，查看 PLC 程序状态，一步一步检查 PLC 输入输出信号、PLC 变量状态，从而找出逻辑出错的位置，修改程序、编译、下载、再次验证。

七、PLC 与机器人通信程序编写测试

视频 5.10 解读 PLC-机器人通信程序

PLC 与机器人通信程序，主要任务是将数据处理程序中准备好的数据发送给机器人、将从机器人中接收的数据存入数据处理程序相应的变量中。具体需要实现以下功能：

- 将打包好的“PLC 发 Robot 总字符串”发送给机器人。
- 从机器人接收数据存入“Robot 发 PLC 总字符串”。

打开项目树—设备—PLC_1—程序块，双击“添加新块”，在弹出的“添加新块”窗口“名称”中输入“06PLC-Rob 通信”，选择“函数”点击“确定”。

1. PLC 数据发送程序

PLC 向机器人发送数据，使用 PLC 开放式用户通信指令，使用 TSEND_C 指令发送数据。打开博途帮助信息系统，查阅 TSEND_C 指令使用说明，如图 5-2-31 所示。

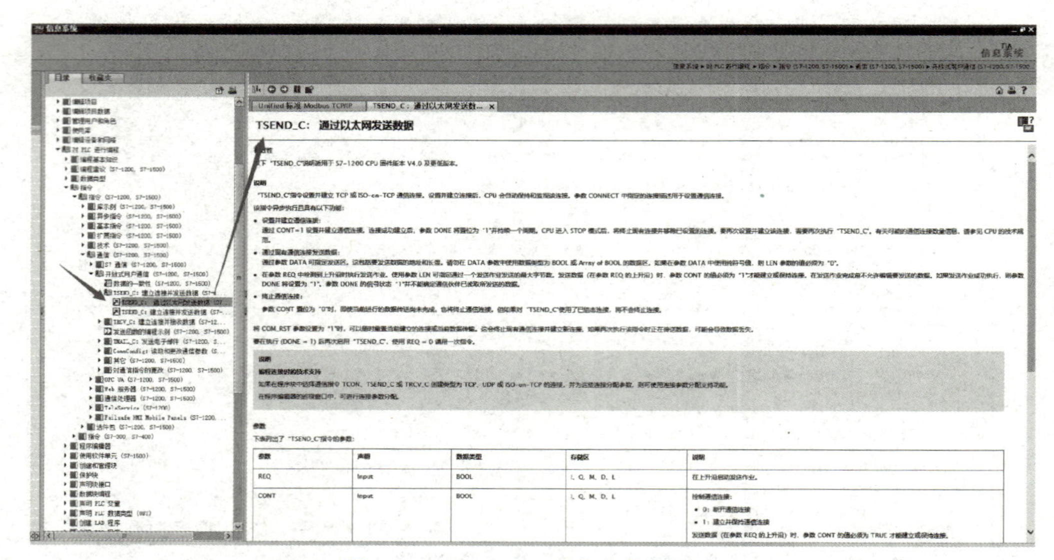

图 5-2-31　TSEND_C 指令使用说明

依据指令使用说明，TSEND_C 指令的 DATA 参数为发送区指针，如图 5-2-32 所示。

所以在使用 TSEND_C 指令发送数据前需要将打包好的总字符串转换成字符型数组。转换程序如图 5-2-33 所示。

在“指令”—“通信”—“开放式用户通信指令”中拖拽添加 TSEND_C 指令，打开属性，在组态选型卡中“新建”连接数据“PLC_1_Send_DB”，选择“伙伴”为主动建立连接，设置本地端口号，如图 5-2-34 所示。

LEN	Input	UINT	I、Q、M、D、L 或常量	要通过作业发送的最大字节数。如果在参数 DATA 中使用纯符号值，则 LEN 参数的值必须为 "0"。
CONNECT	InOut	TCON_Param	D	指向连接描述的指针 另请参见 "带有与 TCON_Param 结构相符的连接参数"
DATA	InOut	VARIANT	I、Q、M、D、L	指向发送区的指针，该发送区包含待发送数据的地址和长度（最大长度：8192 字节）。 传送结构时，发送端和接收端的结构必须相同。
COM_RST	InOut	BOOL	I、Q、M、D、L	重新启动该指令： • 0：不相关

图 5-2-32　TSEND_C 指令 DATA 参数

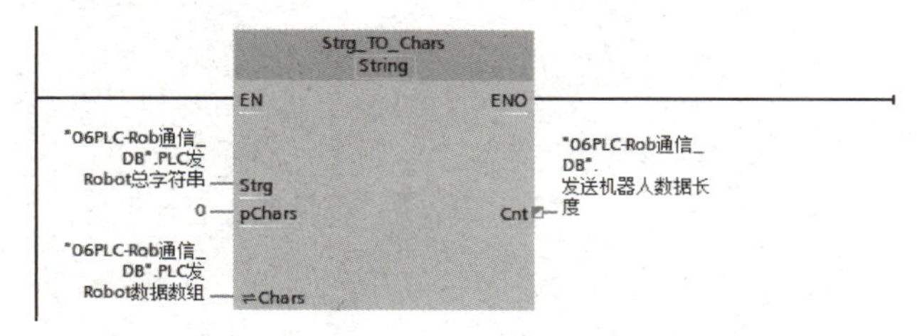

图 5-2-33　发送数据转换

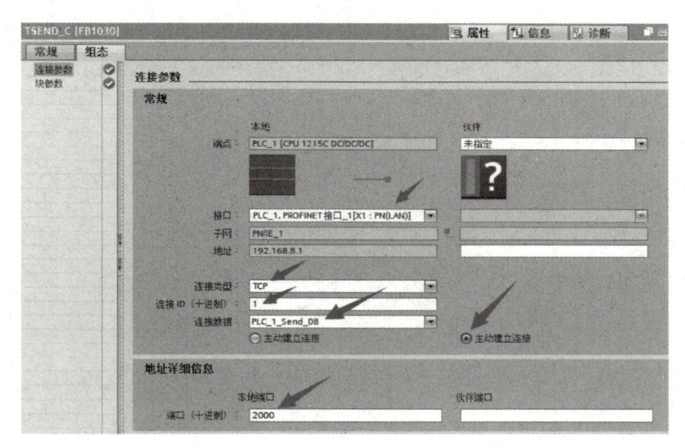

图 5-2-34　TSEND_C 指令组态

组态完毕后，为指令设置发送数据，如图 5-2-35 所示。

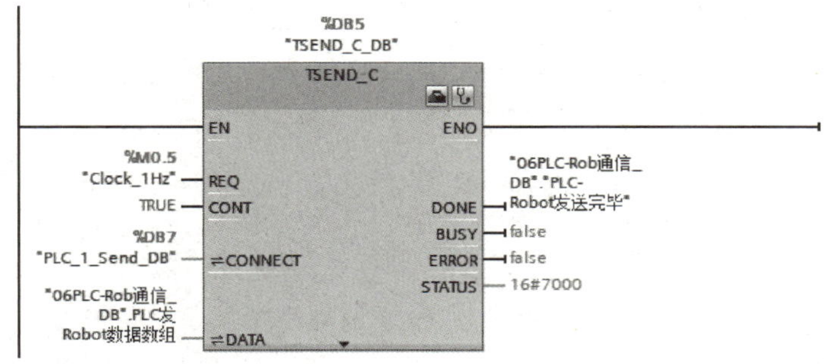

图 5-2-35　数据发送程序

2. PLC 接收机器人发送数据程序

PLC 接收机器人发送的数据，同样使用 PLC 开放式用户通信指令，使用 TRCV_C 指令用于接收数据。同样，程序编写过程中强烈建议打开博途帮助信息系统，严格对照指令参数说明设置参数。在“指令”—“通信”—“开放式用户通信指令”中拖拽添加

TRCV_C 指令，打开属性，在组态选型卡中选择连接数据“PLC_1_Send_DB”，选择“伙伴”为主动建立连接，设置本地端口号，如图 5-2-36 所示。

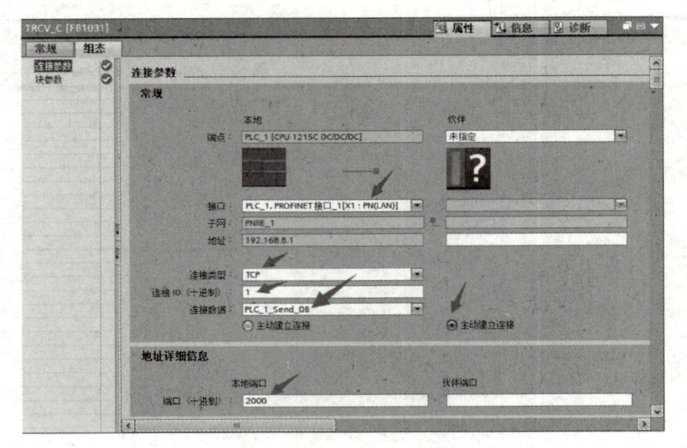

图 5-2-36　TRCV_C 指令组态

组态完毕后，为指令设置接收数据的数组，如图 5-2-37 所示。

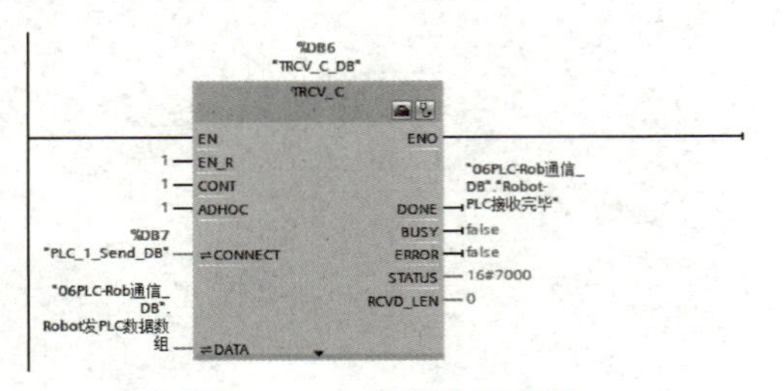

图 5-2-37　数据接收程序

同样，为了数据处理的方便，在接收完数据后，需要使用数据转换指令将接收到的字符型数据转换成字符串数据，如图 5-2-38 所示。

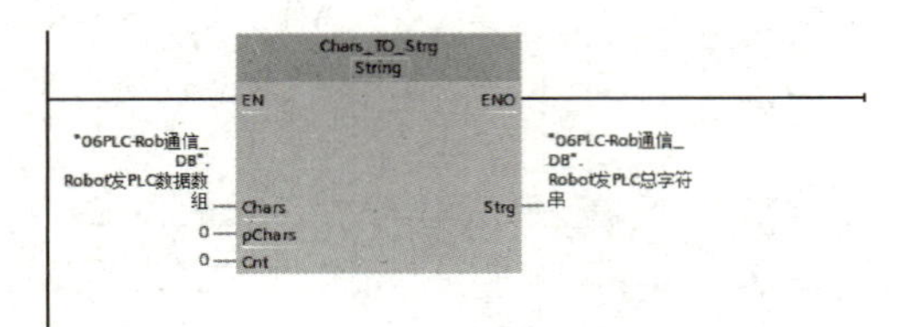

图 5-2-38　接收数据转换

3. 测试 PLC-Rob 通信程序

数据处理程序编写完成后，需要在主程序中与系统状态检测程序、工业机器人控制程序、输送带控制程序、机器视觉控制程序、数据处理程序一起调用，编译下载，运行测试，通过查看打开监视画面。

打开 PLC-Rob 通信程序，设置 PLC 为在线模式，启用程序监视，查看变量状态与程序执行结果，对比程序功能与运行逻辑，验证程序逻辑正确性，通过监视画面查看程序执行结果，检查发送数据是否正确，数据接收是否正常，发送、接收的数据可以与数据处理画面对比，验证数据是否一致，发送数据验证画面如图 5-2-39 所示，数据发送程序监视画面如图 5-2-40 所示，数据接收程序监视画面如图 5-2-41 所示。

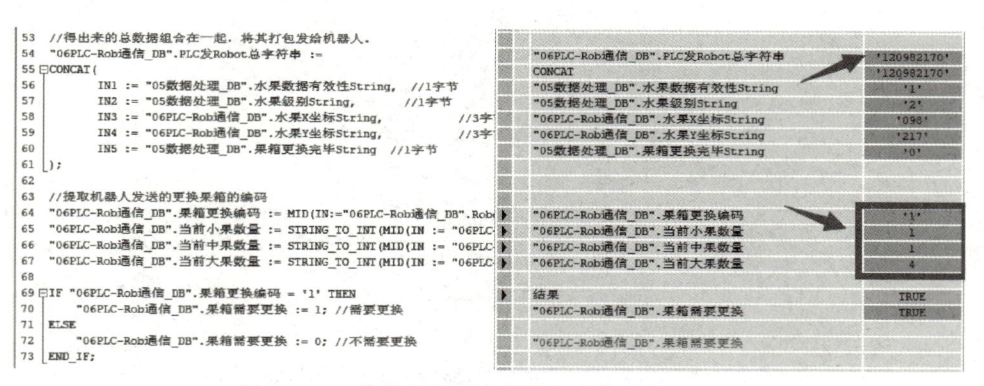

图 5-2-39　数据处理程序数据发送接收监视画面

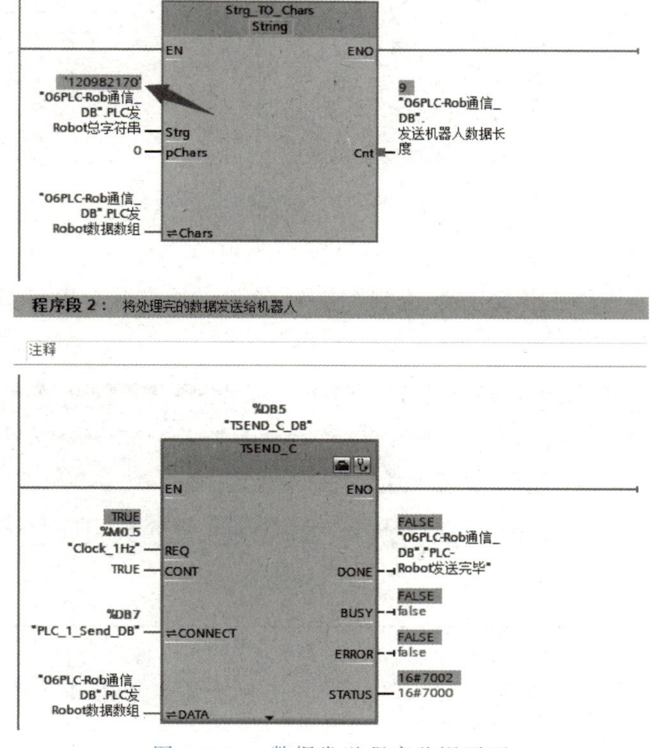

图 5-2-40　数据发送程序监视画面

通过程序执行监视，查看数据变量状态和程序执行结果，通过对比程序功能逻辑，验证 PLC-Rob 通信程序编写逻辑是否正确。需要说明的是测试过程中出现运行结果与预想情况不一致的情况下，需要通过程序监控，查看 PLC 程序状态，一步一步检查 PLC 输入输出信号、PLC 变量状态，从而找出逻辑出错的位置，修改程序、编译、下载、再次验证。

八、PLC 主程序编写

经过上述各设备控制程序编写与调试，PLC 主程序其实已经编写完毕，PLC 主

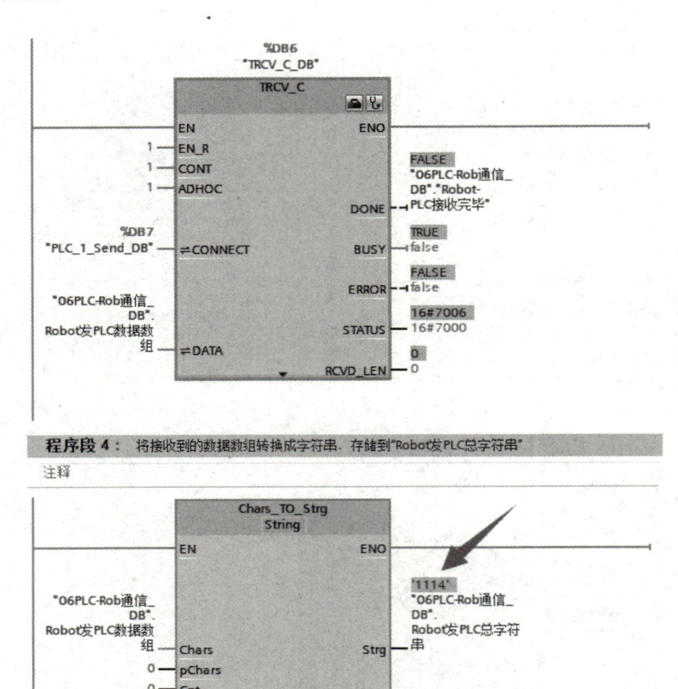

图 5-2-41　数据接收程序监视画面

程序是 PLC 控制程序的入口，主要任务是调用各设备控制程序实现系统功能。本系统流程清晰，任务明确，依据程序流程图，依次调用各设备控制函数完成主程序编写。主程序如图 5-2-42 所示。

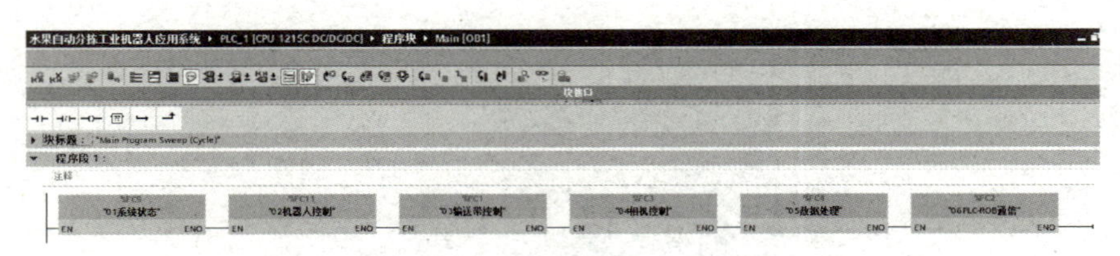

图 5-2-42　PLC 控制程序主程序

谈一谈：

PLC 演示程序的主程序使用了单主线的工作流程，思考一下这样做有什么好处，有什么弊端，可以怎么优化。

【思考感悟】

通过编写、测试、调试各个设备控制程序，培养严谨的求知态度和清晰的逻辑思维，通过攻克一个又一个编程过程中的逻辑难点，培养不畏困难、坚持不懈的探索精神；大胆尝试，有积极寻求有效的问题解决方法的能力和韧性。

谈一谈你们的收获。

思政故事 9　编程征程：点亮求知与探索之光

任务评价

任务评价表

评价类型	赋分	序号	具体指标	分值	得分		
					自评	组评	师评
职业能力	55	1	能编写功能正确的系统状态检测程序	5			
		2	能编写功能正确的工业机器人控制程序	10			
		3	能编写功能正确的输送带控制程序	10			
		4	能编写功能正确的机器视觉控制程序	10			
		5	能编写功能正确的数据处理程序	10			
		6	能编写功能正确的系统通信控制程序	10			
职业素养	20	7	坚持出勤，遵守纪律	5			
		8	协作互助，解决难点	5			
		9	按照标准规范操作	5			
		10	持续改进优化	5			
劳动素养	15	11	按时完成，认真填写记录	5			
		12	保持工位卫生、整洁、有序	5			
		13	小组团队分工、合作、协调	5			
思政素养	10	14	完成思政素材学习	4			
		15	规范化标准化意识（文档、图样）	6			
综合得分			—	100			

总结反思

目标达成	知识		能力		素养	
学习收获						
问题反思						
教师寄语						

任务拓展

1. 优化完善

根据任务评价结果，在对比其他团队任务完成情况的基础上总结反思，基于任务完成中存在的问题思考解决办法，改进完善系统控制程序，将完善过程与优化程序的功能填写于“拓展任务表”中“任务优化完善”栏。

2. 改进创新

优化教材给出的示范控制程序，从逻辑上、功能上提出改进方向与能实现相应功能的控制程序，将结果填写于“拓展任务表”中“任务改进创新”栏。

拓展任务表

任务优化完善
任务改进创新

项目评价

亲爱的同学，本项目学习结束了，感谢你始终如一地努力学习和积极配合。为了能使我们不断地做出改进，提高专业教学效果，我们珍视各种建议和批评。为此，我们很乐于了解你对本项目学习的真实看法。当然，这一过程中所收集的数据采用不记名的方式，我们都将保密且不会透漏给第三方。对于有些问题只需做出选择，有些问题，则请以几个关键词给出一个简单的答案。

项目评价表

项目名称		地点		教师	
课程时间	满意度				
一、项目教学组织评价	很满意	满意	一般	不满意	很不满意
课堂秩序					
实训室环境及卫生状况					
课堂整体纪律表现					
自己小组总体表现					
教学做一体化教学模式					
二、授课教师评价	很满意	满意	一般	不满意	很不满意
授课教师总体评价					
授课深入浅出通俗易懂					
教师非常关注学生反应					
教师能认真指导学生，因材施教					
实训氛围满意度					
理论实践得分权重分配满意度					
教师实训过程敬业满意度					
三、授课内容评价	很满意	满意	一般	不满意	很不满意
授课项目和任务分解满意度					
课程内容与知识水平匹配度					
教学设备满意度					
学习资料满意度					

项目六

水果自动分拣系统人机界面开发

项目描述

人机界面（又称用户界面或使用者界面）是系统和用户之间进行交互和信息交换的媒介，它允许操作员与机器或流程进行交互。人机界面通常用于工业环境，使操作员能够监控和控制过程。“水果自动分拣工业机器人应用系统”各部件的状态，如输送带运动方向和速度，机器人是否上电运行，相机拍照成功与否，当前拾取水果数量、尺寸等信息需要通过一台主控器监视并记录这些参数，并在一些意外状况发生的时候能够加以处理。这就需要我们组态合适的人机界面，提供直观、友好、高效的操作界面，帮助操作员更好地控制系统。

项目图谱

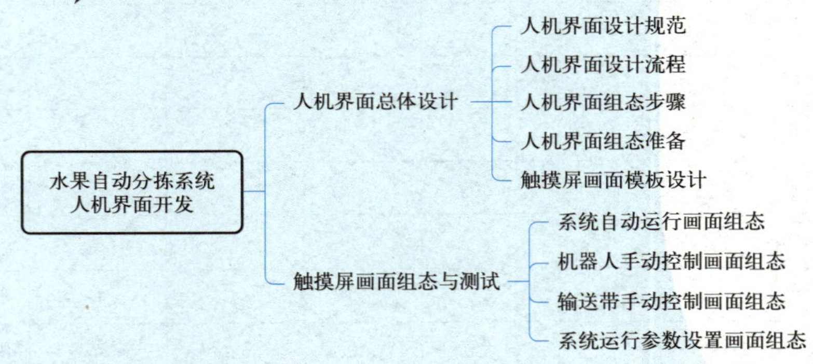

项目要求

通过了解人机界面设计规范和流程，掌握人机界面组态步骤。根据项目的任务需求，分析系统功能，确定人机界面画面的个数及组态内容，确定数据对象及相关参数以及策略组态的功能。

通过完成人机界面总体设计任务，引导学生博采众家之长，不断地完善，润色。弘扬传统美德，三人行，必有我师，向优秀的人学习，虚心学习他人的优点，不断地提升自己。

通过对各个分画面的组态，掌握人机界面软件常用功能模块的使用方法，能设计出界面美观、功能完善的人机交互界面。

通过完成画面仿真调试，了解人机界面需要和其他设备相互协作才能实现控制功能，正如同在团队中，每个成员都发挥着独特的作用。通过共同完成项目任务，提升团队合作意识和组织沟通协调能力。

任务一 人机界面总体设计

任务目标

① 掌握人机界面设计的规范及一般工作流程。
② 会分析任务并设计人机界面的总体框架。
③ 能够组态人机界面画面模板。

任务要求

① 课前自主学习知识准备部分内容，在线检索常用的人机界面软件，人机界面组态的原则、注意事项等。
② 课中首先交流对人机界面软件熟悉情况，建议以视频、PPT、图片、文字等多种方式全面介绍；然后交流在知识准备部分学习过程中存在的疑问，以同学互动、教师指导等方式进行。
③ 分析水果自动分拣工业机器人应用系统功能，根据系统功能分析人机界面应具备的功能，确定所需数据对象和人机界面总体框架、所需画面数量等，并完成画面模板的设计。
④ 任务完成后，以组为单位交流设计成果，根据任务评价表中具体指标组内自评、组间互评和教师评价，并就任务完成情况总结反思。
⑤ 课后基于任务完成中存在的问题思考解决办法，改进完善人机界面总体设计框架方案。
⑥ 完成课后拓展任务，为后续任务做好准备。

知识准备

一、人机界面设计规范

视频 6.1
人机界面设计规范

人机界面是用户和机器人应用系统信息交互的接口，同时也是机器人应用系统功能和参数调整的展示界面。人机界面的系统设计应该遵循设计规范，从而增强系统的可用性和用户体验。

1. 界面风格

人机界面尽量选用非标准 Windows 风格，以实现用户个性化的要求。但考虑到大多数用户对于标准 Windows 系统较熟悉，在界面设计中尽量兼容标准 Windows 界面的特征。如按钮可在操作中实现高亮度、突起、凹陷等效果，使界面表现形式更灵活，同时可以方便用户对控件的识别；对话框、编辑框、组合框等尽量选用 Windows 标准控件，对话框中的按钮也尽量使用标准按钮；控件的大小和间距尽量符合 Windows 界面推荐值的要求等。

界面默认窗体的颜色是亮灰色。因为灰色调在不同的光照条件下容易被识别，且避免了色盲用户在使用窗体时带来的不便。为了区分输入和输出，供用户输入的区域尽量使用白色作为底色，使用户容易看到这是窗体的活动区域，显示区域设为灰色（或窗体颜色），目的是告诉用户那是不可编辑区域。窗体中所有的控件依据 Win-

dows 界面设计标准采用左对齐的排列方式。对于不同位置上的多组控件，各组也是左对齐。

2. 系统界面布局

人机界面的布局设计根据人体工程学的要求应该实现简洁、平衡和风格一致。典型的工控界面分为 3 部分：标题菜单部分、图形显示区以及按钮部分。根据一致性原则，保证屏幕上所有对象，如窗口、按钮、菜单等风格的一致；各级按钮的大小、凹凸效果和标注字体、字号都保持一致；按钮的颜色和界面底色保持一致。

3. 界面结构体系

界面结构体系直接决定界面的可操作性和逻辑合理性。画面导航一定要清晰明了，一目了然，以便操作员能够快速了解如何打开界面。

用户一次处理的信息量是有限的，所以大量信息堆积在屏幕上会影响界面的友好性。为了在提供足够的信息量的同时保证界面的简明，在设计上可以采用控件分级和分层的布置方法。分级是指把控件按功能划分成多个组，每一组按照其逻辑关系细化成多个级别。用一级按钮控制二级按钮的弹出和隐藏，保证界面的简洁。分层是把不同级别的按钮纵向展开在不同的区域，区域之间有明显的分界线。在使用某个按钮弹出下级按钮的同时对其他同级的按钮实现隐藏，使逻辑关系更清晰。

4. 字体选择

界面设计中常用字体有中文的宋体、楷体，这些字体容易辨认、可读性好，考虑到一致性，控制台软件界面所有的文本尽量都选用中文宋体，文字的大小根据控件的尺寸选用了大小两种字号，使显示信息清晰并保证风格统一。

人体工程学要求界面的文本用语简洁，尽量用肯定句和主动语态，英文词语避免缩写。控制台人机界面中应用的文本有两类：标注文本和交互文本。标注文本是写在按钮等控件上，表示控件功能的文字，所以尽量使用描述操作的动词，如“手动操作”“系统设置”等。交互文本是人与计算机以及计算机与总控制台等系统交互信息所需要的文本，包括输入文本和输出文本。交互文本使用的语句为了在简洁的同时表达清晰，尽量采用用户熟悉的句子和礼貌的表达方式，如“请检查交流电压”“系统警告装置锁定”。对于信息量大的情况，考虑人操作的习惯，尽量采用上下滚动而不用左右滚屏。

5. 色彩选择

人机界面设计中色彩选择也非常重要。人眼对颜色的反应比对文字的反应要快，所以不同的信息用颜色来区别比用文字区别的效果要好。不同色彩给人的生理和心理的感觉是不同的，所以色彩选择是否合理也会对操作者的工作效率产生影响。在特定的区域，不同颜色的使用效果是不同的。例如：前景颜色要鲜明一些使用户容易识别，而背景颜色要暗淡一些以避免对眼睛的刺激。所以，红色、黄色、草绿色等耀眼的色彩尽量不应用于背景色。

蓝色和灰色是人眼不敏感的色彩，无论处在视觉的中间还是边缘位置，眼睛对它的敏感程度是相同的，作为人机界面的底色调是非常合适的。但是在小区域内，蓝色就不容易感知，而红色和黄色则很醒目。因此提示和警告等信息的标志宜采用红色、黄色。

使用颜色时应注意几点：

① 限制同时显示的颜色数，一般同一界面不宜超过 5 种，可用不同层次及形状来配合颜色增加的变化。

② 界面中活动对象颜色应鲜明，而非活动对象应暗淡，对象颜色应不同，前景色宜鲜艳一些，背景则应暗淡。中性颜色（如浅灰色）往往是最好的背景颜色，浅色具有跳到面前的倾向，而黑色则使人感到退到了背景之中。

③ 避免不兼容的颜色放在一起（如黄与蓝，红与绿等），除非作对比时用。

6. 图形和图标的使用

图形和图标能形象地传达信息，这是文本信息达不到的效果。人机界面通过可视化技术将各种数据转换成图形、图像信息显示在图形区域。选择图标时力求简单化、标准化，并优先选用已经创建并普遍被大众认可的标准化图形和图标。

7. 界面操作设计

① 设置快捷键。把使用频率高和需要在紧急情况下使用的一些操作，如“电源控制”“工作效能评估”等设计成快捷方式，以实现界面的简洁和高效。快捷键依靠相对位置和区域的底色和其他控制按钮区分开。

② 设置操作提示。操作提示常用的方式是提示标签，在使用图标按钮的界面设计中使用提示标签可以避免因用户不熟悉界面设置而造成的误操作。

③ 出错处理。由于操作者的个人原因，经常会产生误操作，因此在编写应用程序的时候可加入错误判断机制，使程序能及时地检测错误操作。发现错误后，在界面上显示警告但应用系统的状态不发生变化，或者系统要提供错误恢复的指导。例如，对于有顺序要求的一系列操作，用设置和判断变量状态的方式实现其功能的连锁，如果用户不按照规程进行操作，程序就不执行下一步操作并显示出错信息。

④ 将用户界面操作化繁为简。简短的操作命令，便于快速输入和执行控制信息。简化人机交互对话步骤，如默认一些正常运行时的常用参数值。根据设备操作和运行规律，捆绑式输入各组控制参数。必要时屏蔽和捆绑一些在运行操作时进行的参数传递和对话细节，而在维护或诊断时可根据一定步骤解开或细查这些参数和对话细节。

⑤ 尽量将所控制的对象的重要参数信息直接反映在主界面上，并且按照人机交互频率及其重要性要求，排布它们在界面上的显示位置。对象的动态变化重要参数和实时采集的数据信息，宜以图表的形式显示在界面上，以便于直观地实时监视和控制。

⑥ 减少和避免二级菜单操作和控制。现场控制的实时性要求很高，二级菜单不利于提高系统响应速率。在现场操作人员能够且较容易接受的情况下，应该减少界面上图标的数量和大小来换取直接监控对象的参数。

⑦ 对于突发事件设置界面显示或提示优先权，宜采用事件激发弹出式对话窗口界面的交互方式，事件解决优先权的设置结合工艺重要性要求和顺序进行。

⑧ 协调操作界面的显示模式。在实际设备运行过程中，通常会出现的一种矛盾情况是：熟练操作人员（如岗位操作手）希望用多种控制语言输入方式，以求快捷和及时，而其他技术人员（如监管人员、维护人员或岗位新手）希望多用图标对话方式，以求直观方便和减少记忆指令。因此科学合理地协调上述两种界面操作方式是非常重要的一环，必要时要设计以图标对话操作为主的交互界面与以控制命令语句输入

为主的交互界面的二重用户界面，用户可以根据需要进行切换操作。

⑨ 设置安全操作保护措施。现场控制器直接面向生产和设备，通常为了快速启动、控制和运行，所设置的控制口令简短，访问权限和密码较少，因而容易产生误操作，直接危及生产安全和可靠性。为此联锁控制和保护诊断输入应在交互界面设计中得到重要体现。对于不符合正常运行操作或逻辑顺序的控制信息输入要给出提示或警告信息，按分类和级别拒绝执行或等待进一步确认后才执行。

⑩ 设置系统安全运行保护措施。现场控制中，要突出安全保护措施，根据事故发生的原因及类别执行自动切手动、优先减、禁止增和禁止减等逻辑操作，将该控制系统转换到预先设置好的一些安全状态上。

谈一谈：

人机界面设计中哪些规范是指导画面逻辑框架设计的，会直接影响到用户使用体验，在设计过程中需要特别注意什么？

二、人机界面设计流程

视频 6.2 人机界面设计流程

人机交互界面设计通常由三个流程组成：需求分析、设计组态和项目评估。需求分析阶段旨在理解用户需求和业务需求；设计组态阶段需要根据需求进行界面的结构、交互方式和视觉设计；项目评估阶段主要评估设计的界面与用户需求的匹配程度，并根据评估结果进行优化。这三个流程相互关联，是设计一个成功的人机交互界面不可或缺的环节。

1. 需求分析

需求分析是设计一个成功的人机交互界面的第一步。它旨在收集和理解用户和业务的需求，以便设计界面能够满足其期望和目标。需求分析主要进行以下几个步骤。

（1）研究用户群体

了解用户的特点、需求和目标，包括他们的技术水平、知识背景、操作习惯等。这些信息将帮助设计者更好地理解用户的需求，从而设计出更好的界面。

（2）收集用户需求

通过观察、访谈、问卷调查等方法，收集用户对界面功能、界面布局和交互方式等方面的需求。同时，从目标业务的角度考虑，收集业务方面的需求。

（3）分析用户需求

整理和分析收集的用户需求，识别出用户最关心的需求和优先级。需求可以分为基本需求和增值需求，对于界面设计来说，重点关注基本需求，确保界面满足基本需求的同时，尽量满足增值需求。

（4）制定用户需求规范

将分析得到的用户需求整理成用户需求规范文档。这份文档将成为设计师和开发人员的参考，确保符合用户期望的界面得以实现。

2. 设计组态

设计组态是在需求分析的基础上，根据用户需求规范进行人机交互界面设计组态，具体需要以下几个步骤：

（1）界面结构设计

确定界面的整体结构和组件布局。要考虑到用户的使用习惯和直觉，将最重要的功能放置在显眼的位置，使用户能够快速找到所需功能。

（2）交互方式设计

设计用户与界面进行交互的方式，包括按钮、菜单、手势等。要注重交互的简单性和一致性，减少用户的学习成本和操作困难性。

（3）视觉设计

设计界面的颜色、字体、图标等视觉元素，使界面具有吸引力和美感。视觉设计也要考虑到用户的感官特点和喜好。

（4）可用性测试

设计完成后，进行可用性测试，让真实用户使用界面，收集他们的反馈和建议。根据测试结果进行界面的优化和改进。

3. 项目评估

项目评估旨在评估设计界面与用户需求的匹配程度，以及界面是否满足用户的期望。项目评估可以采用以下几种方法：

（1）专家评审

邀请专家对设计的界面进行评审，根据他们的专业经验和知识提出改进建议。

（2）用户调查

通过问卷调查、用户访谈等方式收集用户对界面的满意度和意见反馈。从用户的角度了解界面的优点和不足之处，以便做出相应的改进。

（3）操作记录

通过记录用户在使用界面时的操作过程和反应，获取用户在界面使用过程中的行为数据，分析用户的操作路径和效率。

（4）接受度测试

邀请用户对已经设计出的界面进行测试，观察他们的操作习惯、操作流程和情感反馈，根据测试结果进行界面的优化。

谈一谈：

人机界面设计流程是一定要遵守的吗？如果不按规范流程设计有可能出现哪些问题？谈一谈你的想法。

三、人机界面组态步骤

针对具体的工程应用，在组态软件中进行完整、严密的开发，使组态软件能够正常工作，典型的组态步骤如图 6-1-1 所示。

① 整理所有 I/O 点参数，以表格形式保存，以便在组态软件组态和 PLC 编程时使用。

② 明确 I/O 设备生产商、种类、型号，通信接口类型，通信协议，以便在定义 I/O 设备时做出正确配置。

③ 整理所有 I/O 标识，以表格形式保存。I/O 标识是唯一确定一个 I/O 点的关键字，组态软件通过向 I/O 设备发出 I/O 标识来请求其对应的数据。

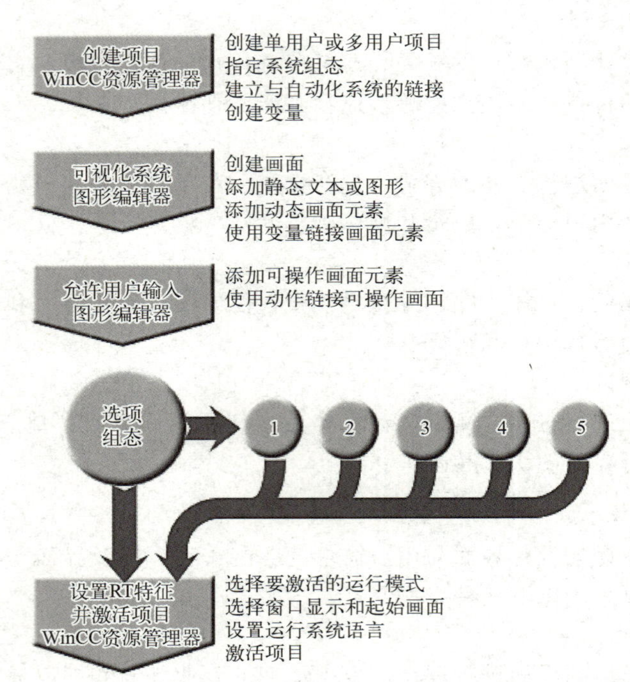

图 6-1-1　人机界面组态步骤

④ 根据工艺过程绘制、设计画面结构和画面框架。

⑤ 按照第①步统计的参数表格，建立实时数据库，组态各种变量参数。

⑥ 根据第①步和第③步的统计结果，在实时数据库中建立实时数据库变量与 I/O 点的一一对应关系，即定义数据连接。

⑦ 根据第④步的画面结构和画面框架组态每一幅静态画面。

⑧ 将操作画面中的图形对象与实时数据库变量建立动画连接关系，设定动画属性和幅度等。

⑨ 根据用户需求，制作历史趋势、报警显示以及开发报表系统等，之后，还需加上安全权限设置。

⑩ 组态调试应该先进行分段调试，最后再进行总体测试，调试过程中及时调整、修改存在的问题。

⑪ 所有内容调试完成后，对上位组态软件进行最后完善，如加上开机自动打开监控画面、禁止从监控画面退出等，让系统投入正式或试运行。

特别说明：项目五中已添加过 HMI 设备，此处无须再创建项目，可以直接进行后续组态步骤。

谈一谈：

根据人机界面组态步骤，对照项目图谱理一理设计过程，谈一谈设计过程要完成哪些任务。

工作任务单

“工业机器人应用系统集成”工作任务单

工作任务			
小组名称		小组成员	
工作时间		完成总时长	
工作任务描述			
小组分工	姓名	工作任务	
任务执行结果记录			
序号	工作内容	完成情况	操作员
任务实施过程记录			
验收评定		验收签名	

任务实施

一、人机界面组态准备

根据水果自动分拣应用系统的控制要求，使用博途软件开发人机界面，需要确定系统各常用功能模块的属性及基本操作；确定画面的个数及组态内容；确定数据对象及相关参数以及策略组态的功能等。

1. 用户画面分析

系统监控功能要求能够通过触摸屏控制系统自动运行或手动运行，对系统的启动、停止、复位进行控制；还要能对机器人、输送带和机器视觉的工作状态进行监控。另外，针对不同的水果要能设置不同的尺寸阈值区分大、中、小果，并查看当前果箱中水果数量等。综合考虑，决定创建“系统自动运行画面”对系统进行启动、停止、复位的控制，并显示系统各组成部分的状态。分别创建“机器人手动控制”和“输送带手动控制”两个画面，实现对机器人和输送带的单独控制和状态显示。输送带的正反转、转速，水果尺寸阈值，相机的拍照次数等参数的设置则在“系统运行参数设置”画面中完成。

视频 6.3
人机界面变量组态

2. 用户变量分析

水果分拣系统人机界面中需要用到系统、机器人、输送带、相机的控制与状态数据以及水果尺寸、数量数据。建立变量名称及类型如表 6-1-1 所示。

表 6-1-1　变量信息表

变量名称	数据类型	连接 PLC 中变量名称
系统启动按钮	Bool	"07HMI_DB". 系统启动按钮
系统停止按钮	Bool	"07HMI_DB". 系统停止按钮
系统复位按钮	Bool	"07HMI_DB". 系统复位按钮
系统总报警	Bool	"01 系统状态_DB". 系统总报警
系统手自动模式	Bool	"01 系统状态_DB". 系统手自动模式
当前中果数量	Int	"06PLC-Rob 通信_DB". 当前中果数量
当前大果数量	Int	"06PLC-Rob 通信_DB". 当前大果数量
当前小果数量	Int	"06PLC-Rob 通信_DB". 当前小果数量
果箱更换完毕状态	Bool	"06PLC-Rob 通信_DB". 果箱需要更换
机器人自动模式	Bool	"01 系统状态_DB". 机器人自动模式
机器人启动程序按钮	Bool	"07HMI_DB". 机器人启动程序按钮
机器人停止程序按钮	Bool	"07HMI_DB". 机器人停止程序按钮
机器人启动主程序按钮	Bool	"07HMI_DB". 机器人启动主程序按钮
机器人电机上电按钮	Bool	"07HMI_DB". 机器人电机上电按钮
机器人电机断电按钮	Bool	"07HMI_DB". 机器人电机断电按钮
机器人复位急停按钮	Bool	"07HMI_DB". 机器人复位急停按钮
机器人复位报警按钮	Bool	"07HMI_DB". 机器人复位报警按钮

续表

变量名称	数据类型	连接 PLC 中变量名称
机器人急停	Bool	"01 系统状态_DB". 机器人急停
机器人报警	Bool	"01 系统状态_DB". 机器人报警
机器人电机上电中	Bool	"01 系统状态_DB". 机器人电机上电中
机器人电机断电中	Bool	"01 系统状态_DB". 机器人电机断电中
机器人程序循环中	Bool	"01 系统状态_DB". 机器人程序循环中
输送带正向点动按钮	Bool	"03 输送带控制_DB". 输送带正向点动按钮
输送带反向点动按钮	Bool	"03 输送带控制_DB". 输送带反向点动按钮
输送带点动速度	Real	"03 输送带控制_DB". 输送带点动速度
输送带报错	Bool	"01 系统状态_DB". 输送带报错
输送带报错编号	Word	"03 输送带控制_DB". 输送带报错编号
输送带报错信息	Word	"03 输送带控制_DB". 输送带报错信息
输送带报错复位按钮	Bool	"03 输送带控制_DB". 输送带报错复位按钮
输送带方向状态	Bool	"01 系统状态_DB". 输送带方向状态
输送带自动运行控制	Bool	"03 输送带控制_DB". 输送带自动运行控制
输送带运行按钮	Bool	"03 输送带控制_DB". 输送带运行按钮
输送带停止按钮	Bool	"03 输送带控制_DB". 输送带停止按钮
输送带换向按钮	Bool	"03 输送带控制_DB". 输送带换向按钮
输送带运行速度	Real	"03 输送带控制_DB". 输送带运行速度
输送带报错复位按钮	Bool	"03 输送带控制_DB". 输送带报错复位按钮
输送带方向	Int	"03 输送带控制_DB". 输送带方向
输送带自动运行方向	Bool	"03 输送带控制_DB". 输送带自动运行方向
相机离线	Bool	"01 系统状态_DB". 机器视觉离线
相机拍照限制次数	Int	“04 相机控制_DB”. 相机拍照限制次数
拍照结果_数据有效性	Real	“04 相机控制_DB”. 拍照结果_数据有效性
相机比例系数	Real	“07HMI_DB”. 相机比例系数
大果直径阈值	Real	"07HMI_DB". 大果直径阈值
中果直径阈值	Real	"07HMI_DB". 中果直径阈值
小果直径阈值	Real	"07HMI_DB". 小果直径阈值
拍照结果_直径	Real	“04 相机控制_DB”. 拍照结果_直径
拍照结果_X 坐标	Real	“04 相机控制_DB”. 拍照结果_X 坐标
拍照结果_Y 坐标	Real	“04 相机控制_DB”. 拍照结果_Y 坐标
相机手动拍照	Bool	“04 相机控制_DB”. 相机手动拍照

3. 创建项目变量并连接到 PLC

打开“水果分拣系统”工程，在图 6-1-2 中依次点击“可视化”“编辑 HMI 变量”“默认变量表”，打开如图 6-1-3 所示 HMI 默认变量表编辑界面。在右侧的“默认变量表”中添加工程所需变量。

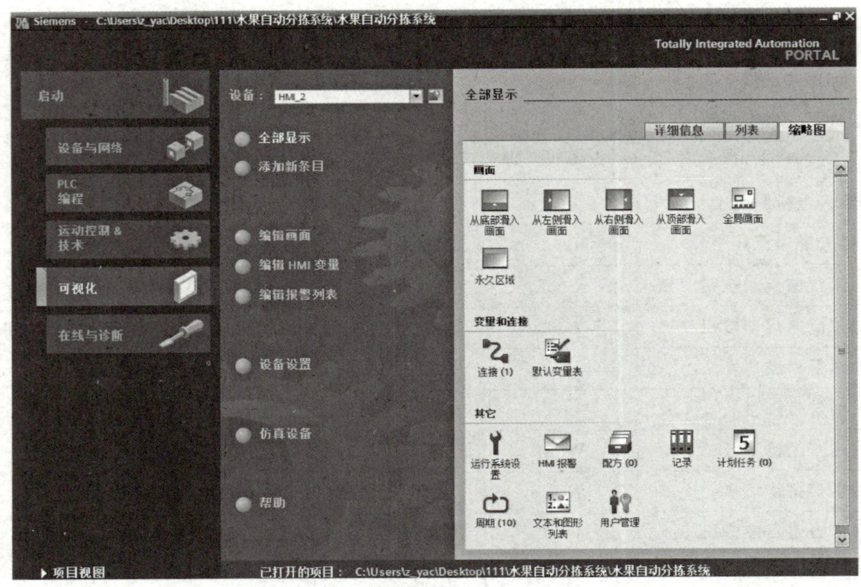

图 6-1-2　项目开始界面

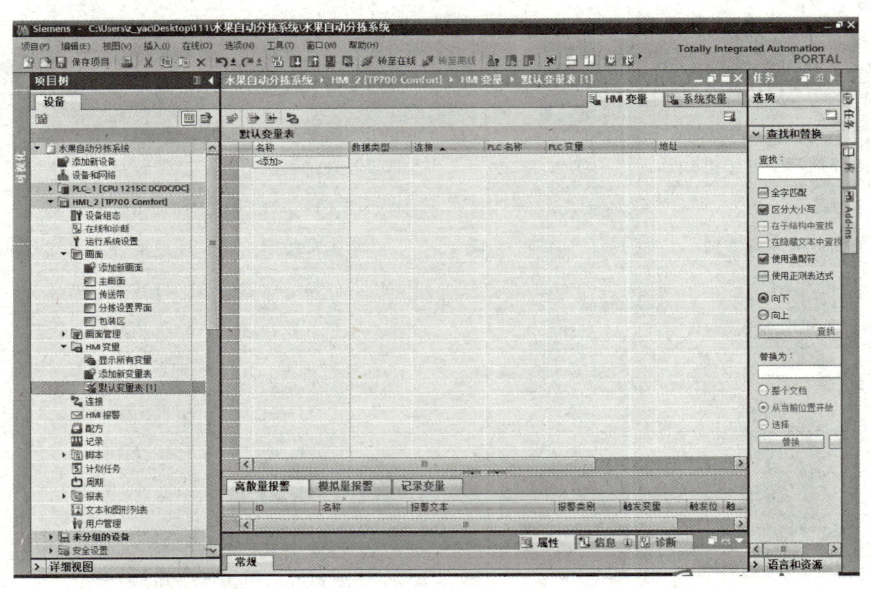

图 6-1-3　软件主界面

双击默认变量表中名称下方“添加”，输入变量名“系统启动按钮”，数据类型选择“Bool”型。接下来需要将该变量与 PLC 中对应变量做连接，点击第 3 列连接下方单元格右侧按钮，打开下拉菜单，选择“PLC_1”，点击对话框右下角“√”按钮，如图 6-1-4 所示。由于设备中只有 PLC_1，第三列“连接”组态完成后，PLC 名称直接弹出 PLC_1。点击“PLC 变量”下方单元格右侧按钮，打开下拉菜单，如图 6-1-5 所示。找到 PLC 中对应变量“系统启动按钮”，点击对话框右下角“√”按钮，确认连接。按上述步骤建立表 6-1-1 中其他变量并与 PLC 中对应变量连接。

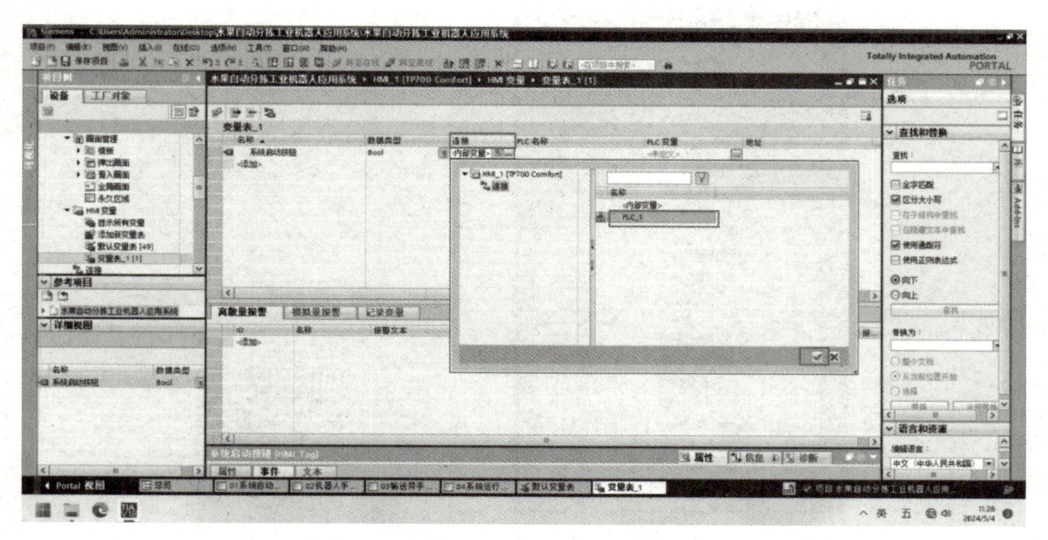

图 6-1-4　连接设备 PLC

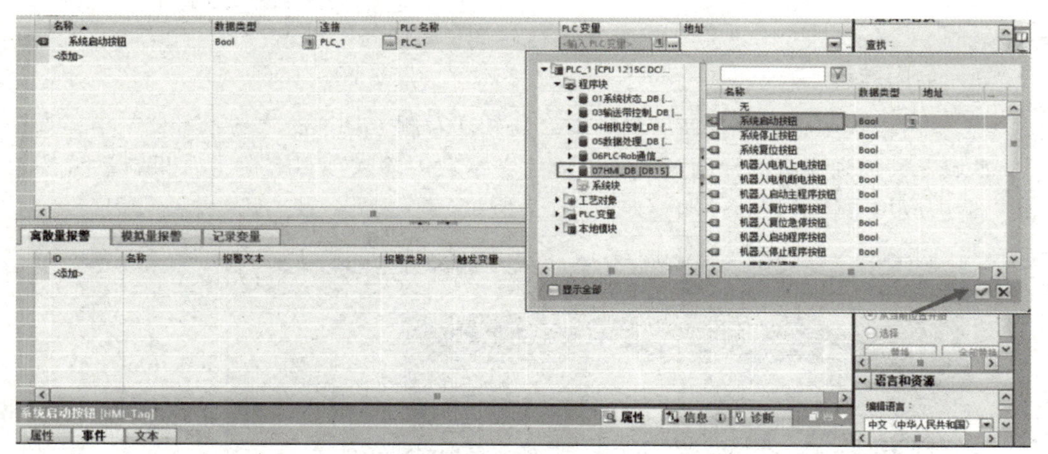

图 6-1-5　连接 PLC 中对应变量

练一练：

对照教材示范，完成人机界面设计的变量组态工作。

二、触摸屏画面模板设计

进入运行环境后，为了方便查看不同画面，需要设计画面导航功能。可以选择在画面底部添加按钮，用于切换画面。由于 4 幅画面都需要组态画面导航，为了避免重复添加按钮的组态步骤，我们可以使用软件提供的画面模板功能，为所有画面设计统一的模板，提供标题、时间显示和画面导航功能。具体步骤如下：

1. 创建新模板

首先找到软件界面左侧导航树 HMI 触摸屏设备下“画面管理”中的“模板”，单击“模板”，打开下拉菜单。双击下拉菜单中的“添加新模板”，创建“模板_1”。如图 6-1-6 所示。

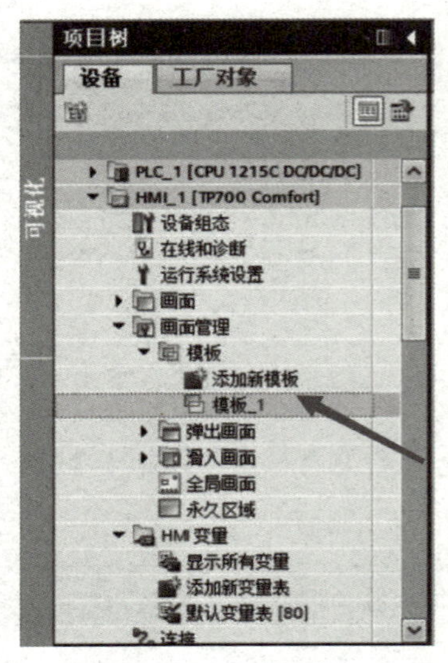

图 6-1-6　创建新模板

视频 6.4
人机界面模板设计

2. 添加标题

在空白模板中，删除标题区的内容，从软件右侧工具箱的“基本对象”中，选择“文本域”添加到模板的标题区。在添加的文本域内输入项目名称“水果自动分拣工业机器人应用系统”作为标题，如图 6-1-7 所示。

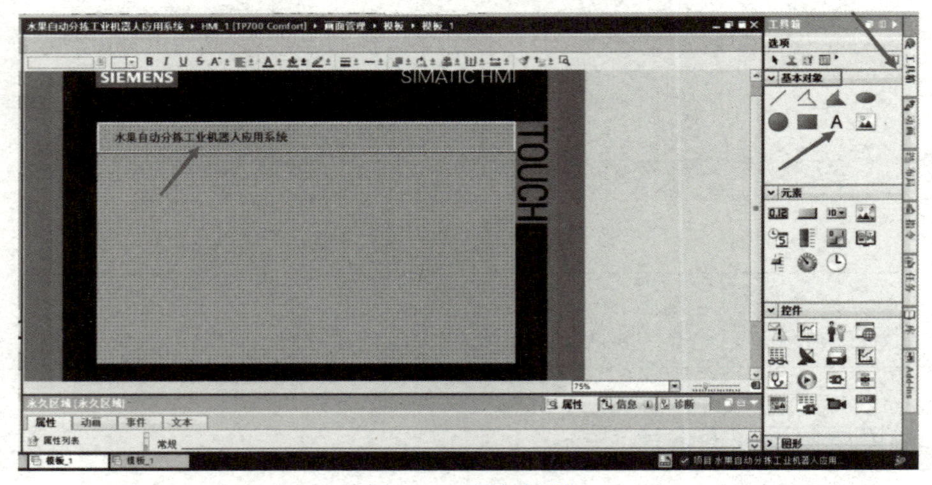

图 6-1-7　添加标题

3. 添加日期时间

在工具箱“元素”组中选择“日期时间域”添加到标题区右侧。如图 6-1-8 所示。

4. 添加按钮

在工具栏“元素”组中选择“按钮”对象，添加到模板底部。添加 4 个按钮分别输入 4 幅画面的名称，用于组态画面导航功能。如图 6-1-9 所示。

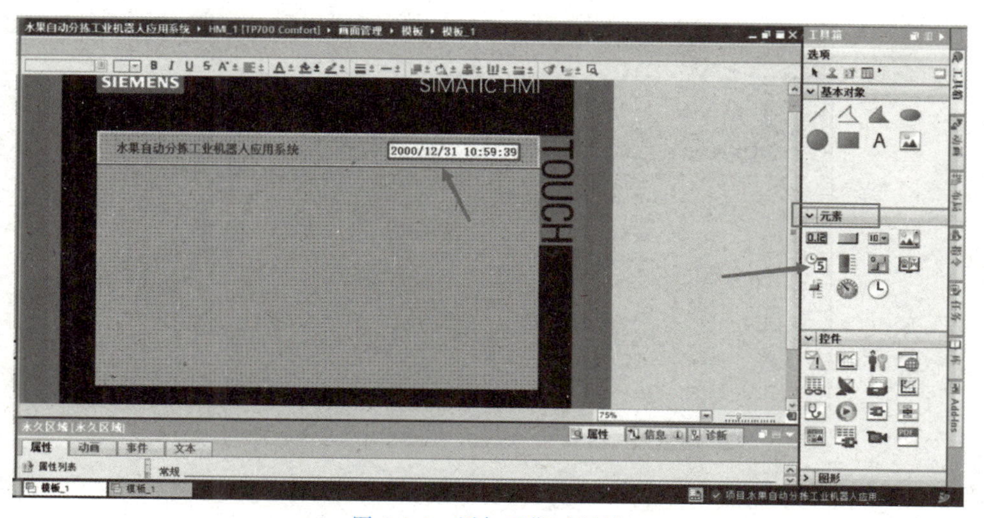

图 6-1-8　添加日期时间域

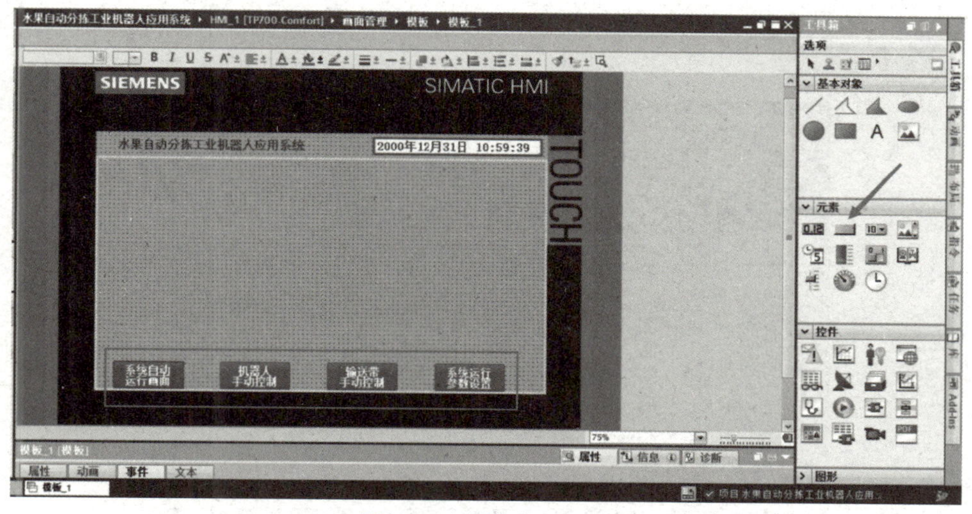

图 6-1-9　添加按钮对象

5. 组态按钮切换画面功能

按钮的作用是切换画面，所以组态其功能前要创建所需画面。在软件左侧项目树的“画面”下拉菜单中双击“添加新画面”，创建 4 个画面并分别重命名为“01 系统自动运行画面”“02 机器人手动控制”“03 输送带手动控制”“04 系统运行参数设置”。如图 6-1-10 所示。

回到模板_1，选中“系统自动运行画面”按钮，右击选择“属性”，从画面下方拖出属性窗口，在“事件”选型卡“单击”事件中添加函数。选择“画面”组的激活屏幕。如图 6-1-11 所示。

选中“激活屏幕”后，在表格中出现的“画面

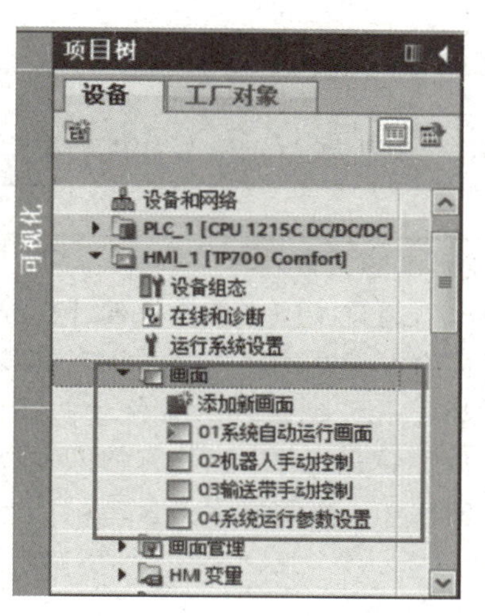

图 6-1-10　创建画面

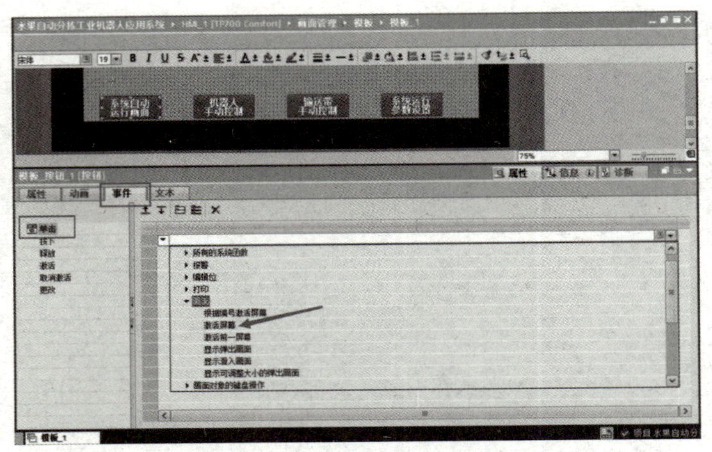

图 6-1-11　为按钮添加函数

名称”后选择需要连接的画面“01 系统自动运行画面”，对象号默认为“0”，见图 6-1-12。按同样步骤组态“机器人手动控制”“输送带手动控制 ”和“系统运行参数设置”按钮。

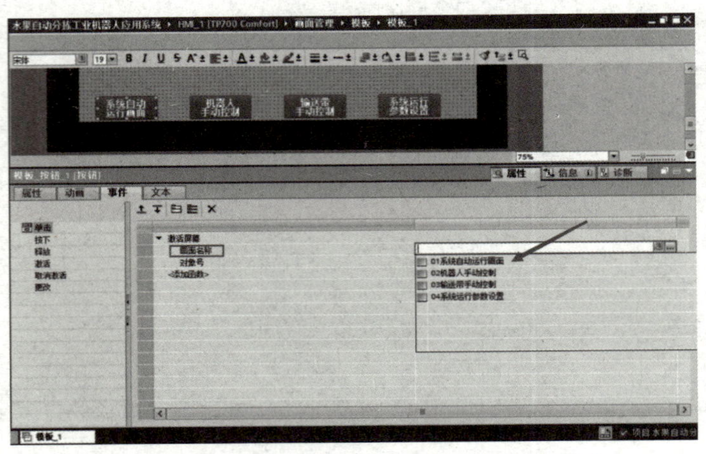

图 6-1-12　“系统自动运行画面”按钮连接画面

> 练一练：
>
> 对照教材示范，完成触摸屏画面模板设计工作。

【思考感悟】

通过实施画面模板设计任务，带领学生观看优秀设计案例，引导学生多看多想，博采众家之长，不断地完善、润色。弘扬传统美德，三人行，必有我师，向优秀的人学习，虚心学习他人的优点，不断地提升自己。

谈一谈你们的收获。

思政故事 10　画面设计之“善学雅行”成长记

任务评价

任务评价表

评价类型	赋分	序号	具体指标	分值	得分		
					自评	组评	师评
职业能力	55	1	能简单地描述人机界面设计规范	5			
		2	能简单地描述人机界面组态流程	5			
		3	能根据系统的功能分析人机界面所需功能模块和数据对象	10			
		4	能设计人机界面总体框架	10			
		5	能组态人机界面画面模板	15			
		6	能提出具有可行性的人机界面设计优化方案	10			
职业素养	20	7	坚持出勤,遵守纪律	5			
		8	协作互助,解决难点	5			
		9	按照标准规范操作	5			
		10	持续改进优化	5			
劳动素养	15	11	按时完成,认真填写记录	5			
		12	保持工位卫生、整洁、有序	5			
		13	小组团队分工、合作、协调	5			
思政素养	10	14	完成思政素材学习	4			
		15	规范化标准化意识(文档、图样)	6			
综合得分			—	100			

总结反思

目标达成	知识		能力		素养	
学习收获						
问题反思						
教师寄语						

任务拓展

1. 优化完善

根据任务评价结果，在对比其他团队任务完成情况的基础上总结反思，对人机界面总体设计方案进一步优化完善，将完善后的设计方案填写到“拓展任务表”中。

2. 改进创新

针对任务评价表中提出的“能提出具有可行性的人机界面设计优化方案”，对人机界面框架设计实施改进，并将改进情况填写于“拓展任务表”中。

拓展任务表

任务优化完善
任务改进创新

任务二　触摸屏画面组态与测试

任务目标

① 掌握人机界面组态软件常用功能模块的使用方法。
② 掌握人机界面中动态过程的实现方法。
③ 能设计出界面美观、功能完善的人机交互界面。
④ 能够对人机界面进行仿真调试。

任务要求

① 课前自主学习，并在线检索博途 WinCC 组态人机界面的步骤与方法等内容。
② 课中首先交流学习情况，建议以视频、PPT、图片、文字等多种方式全面介绍；然后交流学习过程中存在的疑问，以同学互动、教师指导等方式进行。
③ 根据设计好的方案，逐一组态各分画面。重点掌握人机界面中动态过程的实现方法。画面组态完成后进行仿真调试。
④ 任务完成后，以组为单位交流设计成果，根据任务评价表中具体指标组内自评、组间互评和教师评价，并就任务完成情况总结反思。
⑤ 课后基于任务完成中存在的问题思考解决办法，改进完善、美化人机界面。
⑥ 完成课后拓展任务。

工作任务单

“工业机器人应用系统集成”工作任务单

工作任务			
小组名称		小组成员	
工作时间		完成总时长	
工作任务描述			

小组分工	姓名	工作任务

任务执行结果记录

序号	工作内容	完成情况	操作员

任务实施过程记录

验收评定		验收签名	

任务实施

一、系统自动运行画面组态

人机画面的组态分为静态画面设计和动态属性设置两个过程。静态画面设计是通过组态软件中提供的基本图形元素及动画构建库，在画面窗口内设计案例工程的工艺画面。静态图形画面是静止不动的，不能反映设备实际运行过程，因此需要对这些图形对象进行动画设计，真实地描述设备的状态变化，达到过程实时监控的目的。博途软件实现图形动画设计的主要方法是将画面中的图形对象与变量建立相关性连接，并设置相应的动画属性。在系统运行过程中，图形对象的外观和状态特征由变量的实时采集值驱动，从而实现图形的动画效果。

1. 系统自动运行画面静态画面组态

系统自动运行画面需要控制整个系统启、停、复位，并监控系统中各设备的运行状态。设计通过按钮实现功能控制和对应状态显示，使用红灯显示报警状态，用 I/O 域展示当前果箱中水果数量参数。具体操作如下。

视频 6.5
自动运行画面组态

打开系统自动运行画面，拖出画面下方属性对话框。在常规属性中添加模板“模板_1”，为画面设置模板。如图 6-2-1 所示。

选择右侧工具箱中“基本对象”组中的“图形视图”添加到画面左上角。右击添加的“图形视图_1”，选择“添加图形”，如图 6-2-2 所示。从电脑中选择准备好的设备图片，添加到系统自动运行画面中。添加完成后画面如图 6-2-3 所示。

接下来为系统自动运行画面添加按钮、指示灯、I/O 域和用于文字说明的文本域。其中指示灯选择使用“矩形”图形。“文本域”和“矩形”在工具箱的“基本对象”组，“按钮”和“I/O 域”在“元素”组。具体位置如图 6-2-4 所示。

在系统自动运行画面中分别添加对应的图形对象。组态完成后的静态画面如图 6-2-5 所示。

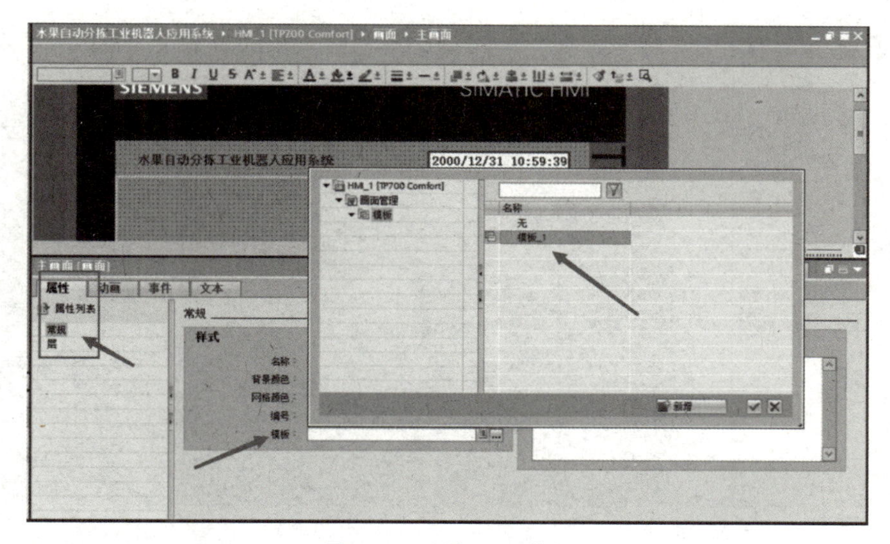

图 6-2-1　添加画面模板

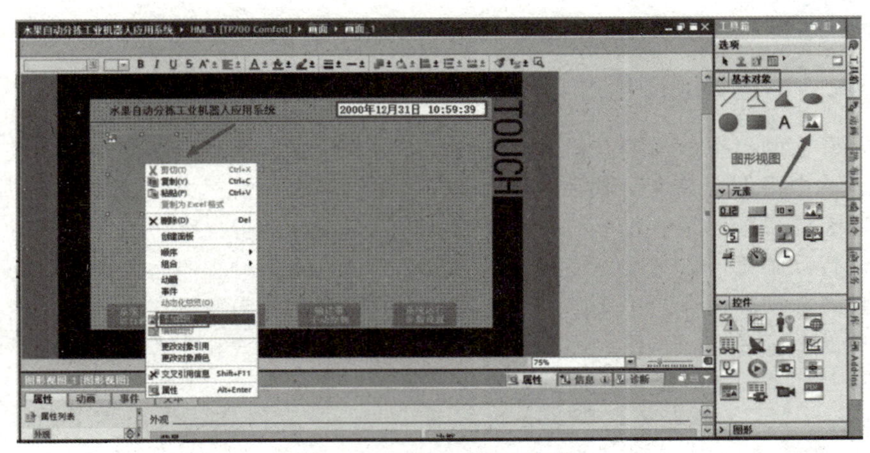

图 6-2-2 添加“图形视图”

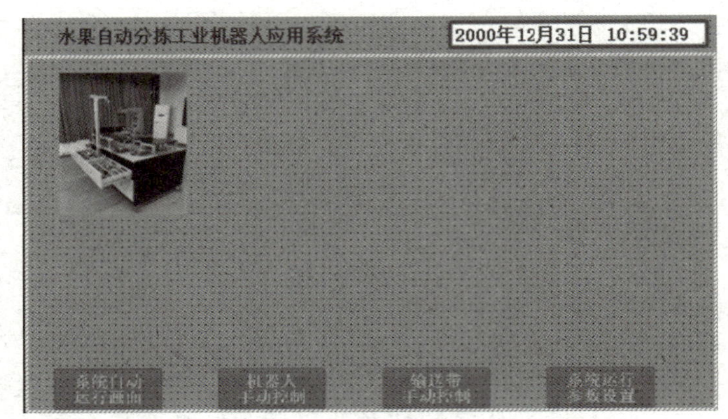

图 6-2-3 添加设备图片

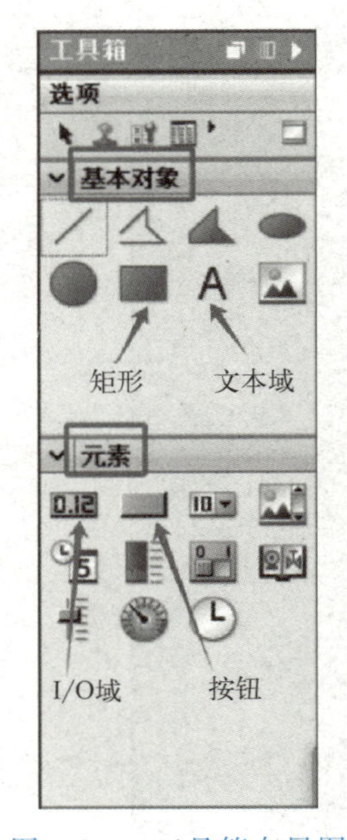

图 6-2-4 工具箱布局图

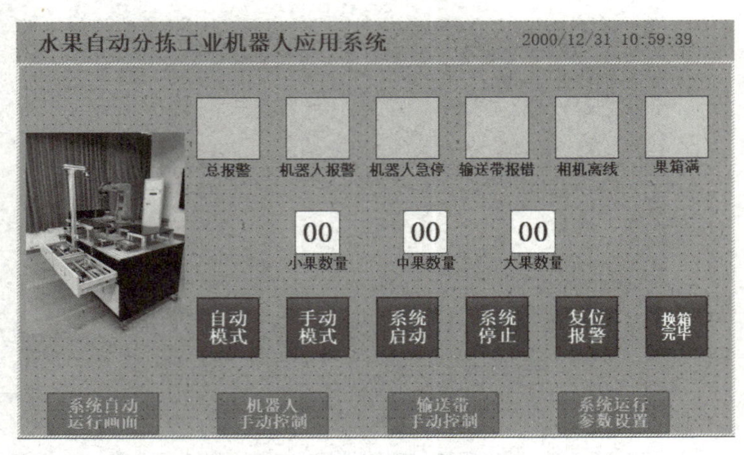

图 6-2-5 系统自动运行画面静态画面

2. 系统自动运行画面动态设置

系统自动运行画面中需要组态动态效果的图形对象分 3 类，分别是按钮，用来实现控制功能；矩形，用来做指示灯；I/O 域，用来显示当前果箱中水果的数量。下面分别组态这 3 类图形对象的动态效果。

系统自动运行画面中指示灯主要用于各种紧急状态的提示，包括机器人、输送带、相机状态报警，果箱已满报警和系统总报警。这些指示灯的动态组态步骤基本相同，以总报警指示灯为例，进行讲解。

选中总报警上方“矩形”图形对象，在画面下方属性窗口“动画”选项卡中选择“显示”，单击右侧“外观”后蓝色矩形框，为外观添加新动画。如图 6-2-6 所示。

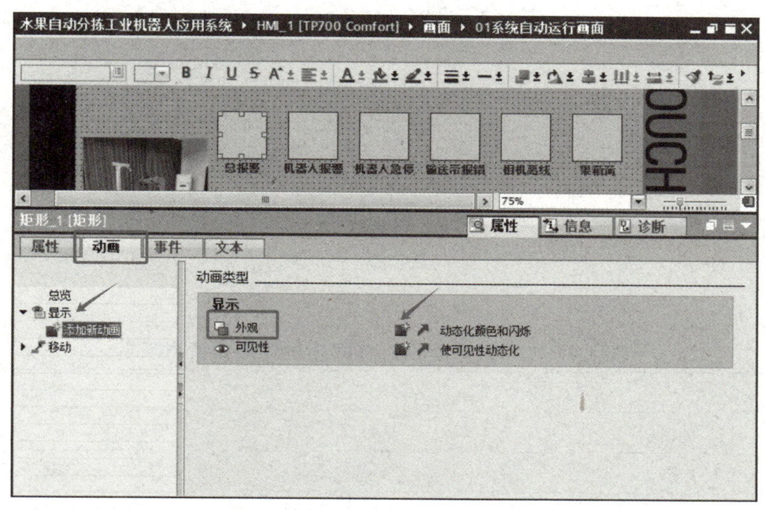

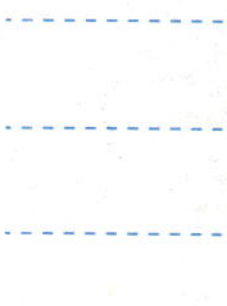

图 6-2-6　为指示灯添加新动画

在新打开的界面中，点击变量下方“名称”后按钮，在弹出的列表中选择对应的变量“系统总报警”，单击列表下方“√”确认添加。如图 6-2-7 所示。

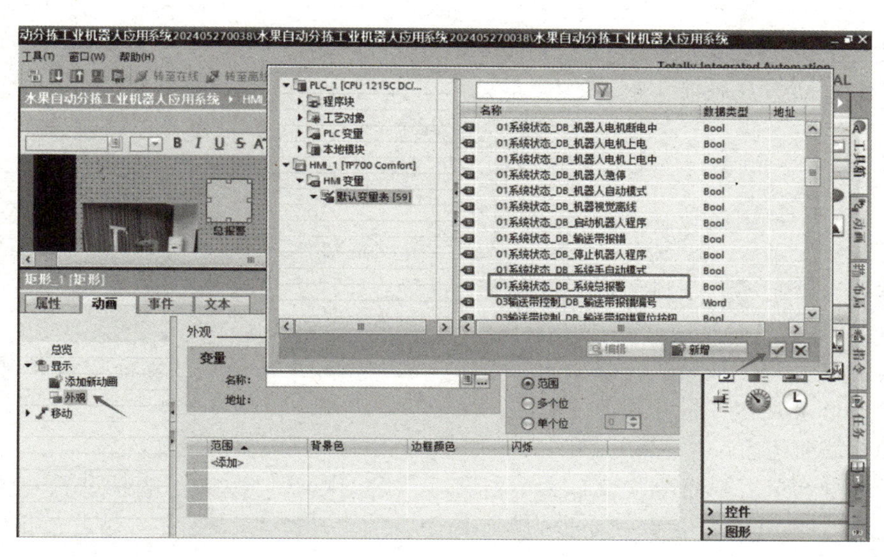

图 6-2-7　为指示灯连接变量

接下来需要添加范围和背景色。报警状态一般选用红色用于重点提醒。当变量“系统总报警”为 1 时代表系统出现故障报警，故添加范围 0，背景色选择灰色；添加范围 1，背景色选择红色。如图 6-2-8 所示。

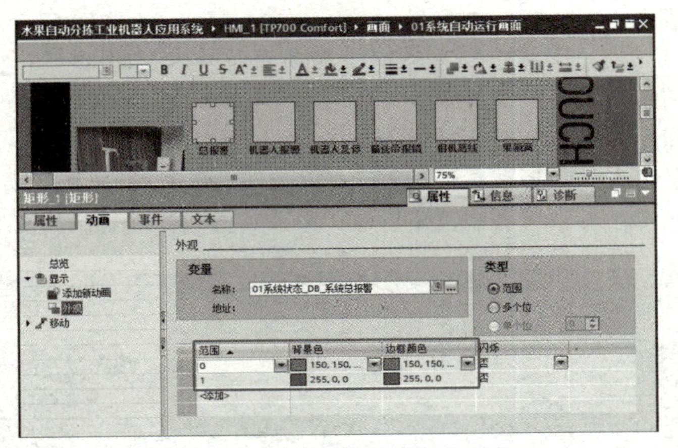

图 6-2-8　为指示灯组态颜色变化

画面中其他指示灯组态步骤与总报警指示灯相同，所连接的变量如表 6-2-1 所示。

表 6-2-1　系统自动运行画面指示灯连接变量表

指示灯	连接变量	添加范围
总报警	系统总报警	0 灰色；1 红色
机器人报警	机器人报警	0 灰色；1 红色
机器人急停	机器人急停	0 灰色；1 红色
输送带报错	输送带报错	0 灰色；1 红色
相机离线	机器视觉离线	0 灰色；1 红色
果箱满	果箱更换完毕状态	0 灰色；1 红色

（1）I/O 域组态

系统自动运行画面中的 I/O 域主要用于显示当前果箱中水果的数量，以小果数量为例，组态步骤如下。选中小果数量上方 I/O 域，选择“属性”选项卡，在“常规”组“过程”中单击“变量”后方按钮，选择要连接的变量“当前小果数量”。如图 6-2-9 所示。

连接好变量后，在“常规”组“格式”中设置数据显示格式和类型。由于当前水果数量只需要通过 I/O 显示，不需要人为设置，所以 I/O 域类型选择“输出”。设置完成后如图 6-2-10 所示。

其余 2 个 I/O 域设置方式相同。中果数量 I/O 域连接变量“当前中果数量”；大果数量 I/O 域连接变量“当前大果数量”。

（2）按钮组态

系统自动运行画面中按钮有 6 个。其中“自动模式”按钮功能是设置变量为 1，“手动模式”按钮功能是设置变量为 0。而“系统启动”“系统停止”“复位报警”和“换箱完毕”按钮在按下按钮时对应的变量要置 1，释放按钮时对应变量置 0。

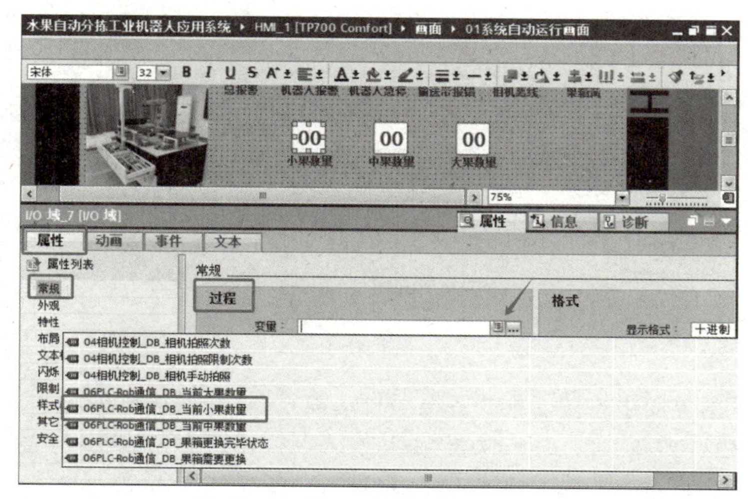

图 6-2-9　小果数量 I/O 域连接变量

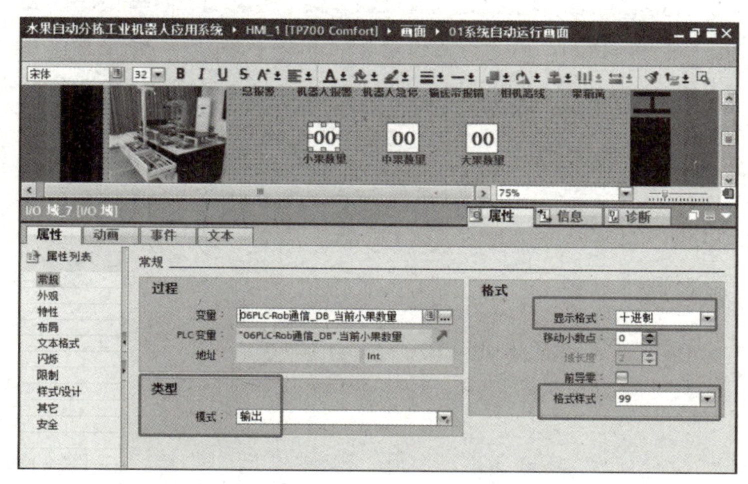

图 6-2-10　小果数量 I/O 域设置数据格式

状态切换按钮组态过程如下：选中“自动模式”按钮，选择其“事件”选项卡中“单击”事件，单击右侧“添加函数”后方按钮，选中“编辑位”中的“置位位”。在下方出现单元格“变量（输入/输出）”，单击其后方单元格右侧按钮，在弹出的变量列表中选中需要连接的变量“系统手自动模式”。如图 6-2-11 所示。

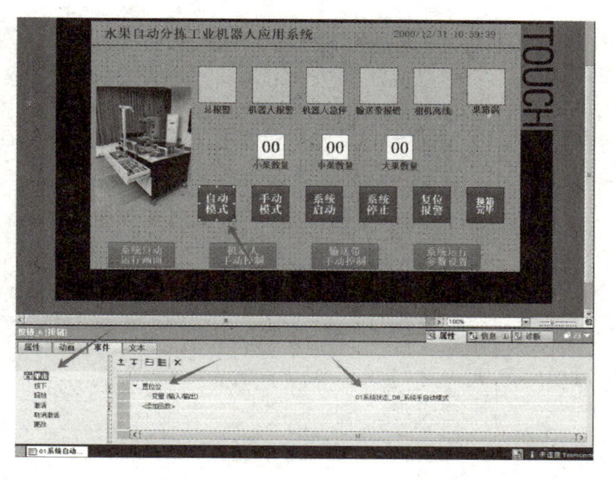

图 6-2-11　组态“自动模式”按钮事件

画面中按钮除了具有控制功能，还需要显示对应状态。所以还需要为按钮设置背景色。其设置方式与“矩形”指示灯设置方式类似。在其“动画”选项卡“显示”组中选择“外观”，单击“外观”后方蓝色按钮，添加新动画。如图 6-2-12 所示。

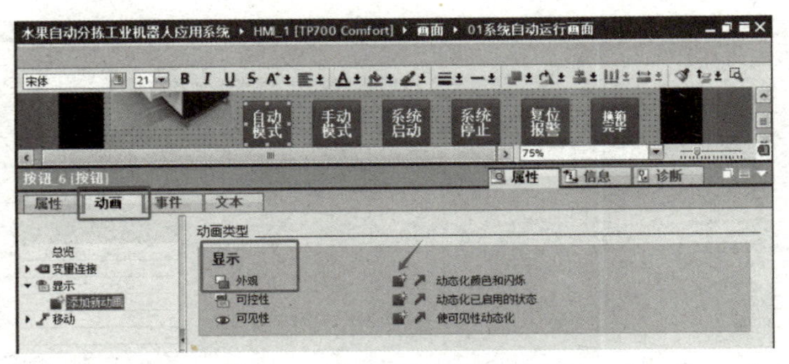

图 6-2-12　为按钮添加新动画

在新出现的界面中连接变量“系统手自动模式”，并添加范围：0，背景色灰色；1，背景色红色。如图 6-2-13 所示。“手动模式”按钮组态方式相同，同样连接变量“系统手自动模式”，添加范围则为：0，背景色红色；1，背景色灰色。

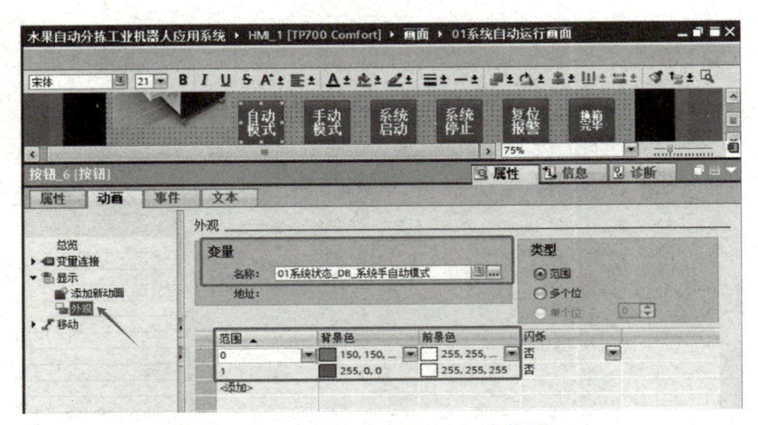

图 6-2-13　为按钮添加变量范围

“系统启动”按钮组态过程如下：选中“系统启动”按钮，在其属性画面“事件”选项卡中选择“按下”事件。点击右侧“添加函数”单元格后按钮，在下拉菜单中选择“编辑位”下面的“置位位”，如图 6-2-14 所示。

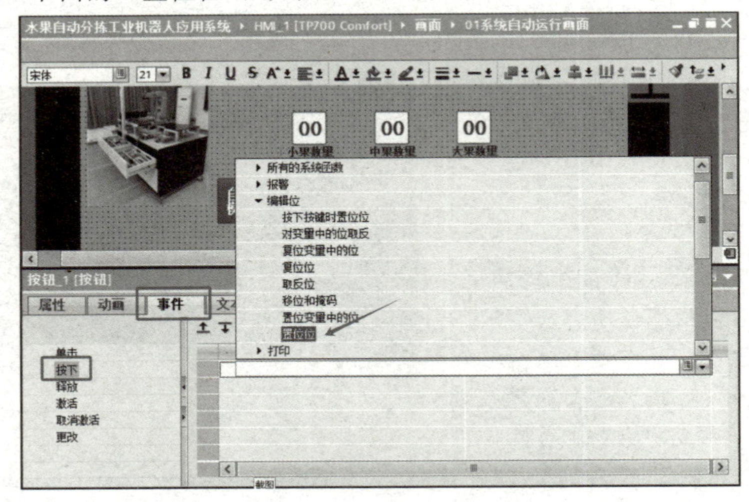

图 6-2-14　系统启动按钮添加函数

选择完成后，下方单元格中出现“变量（输入/输出）”字样，在其后单位格中选择要连接的变量“系统启动按钮”，单击右下方“√”确认添加。如图 6-2-15 所示。

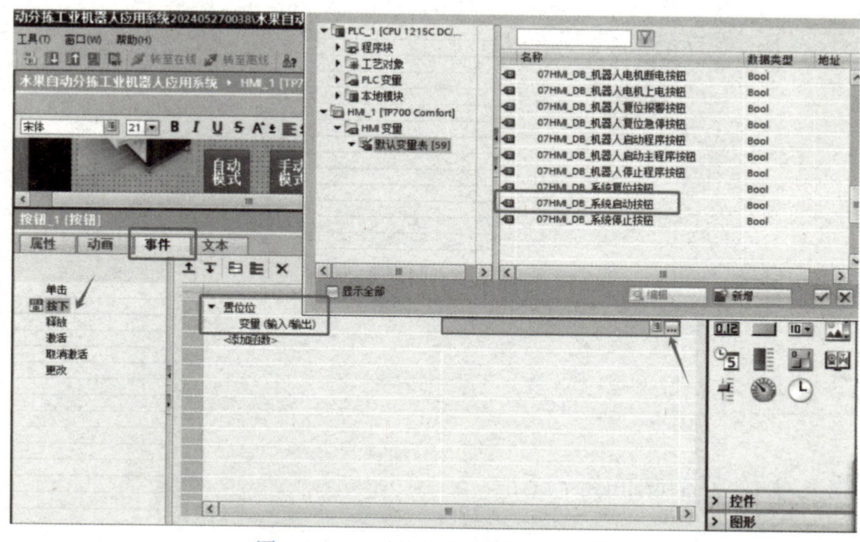

图 6-2-15　系统启动按钮连接变量

按照同样的步骤，在事件“释放”中添加函数“复位位”，连接变量“系统启动按钮”，如图 6-2-16 所示。“系统停止”“复位报警”和“换箱完毕”按钮按上述操作步骤分别连接变量“系统停止按钮”“系统复位按钮”和“果箱更换完毕”变量。其背景色范围均为：0，背景色灰色；1，背景色红色。

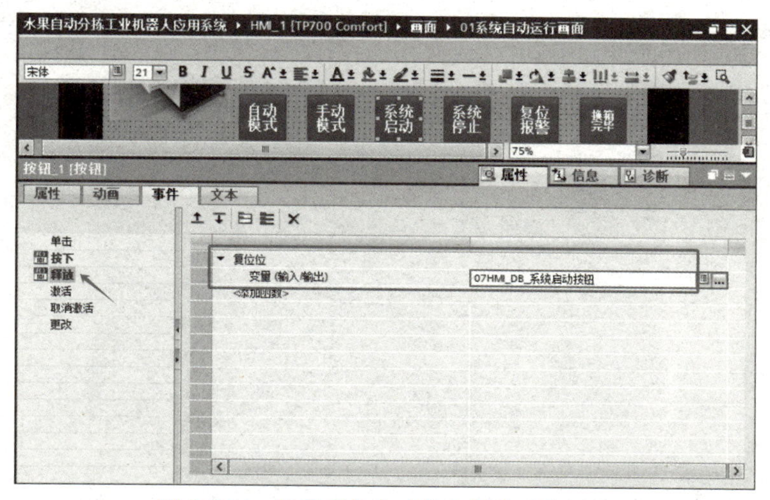

图 6-2-16　设置系统启动按钮释放动态属性

3. 系统自动运行画面仿真

测试系统自动运行画面功能。启动 PLC 和触摸屏。按下自动模式按钮，按钮背景色变红，同时系统进入自动运行模式。装箱部分水果后，画面显示出当前箱子中水果数量，如图 6-2-17 所示。

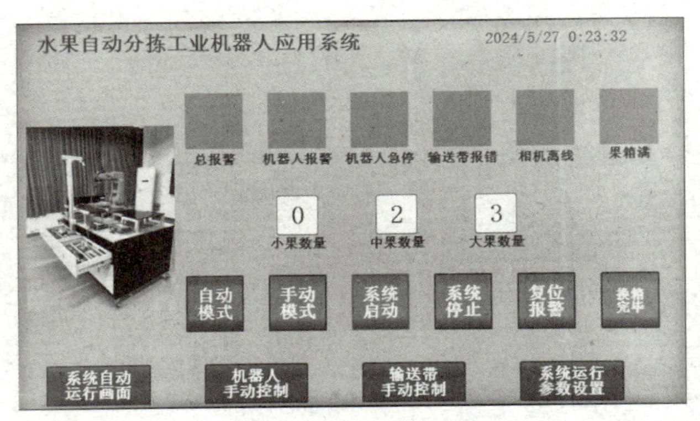

图 6-2-17　系统自动运行画面

> 练一练：
>
> 对照教材示范，完成系统自动运行画面设计工作。

二、机器人手动控制画面组态

1. 机器人手动控制静态画面组态

视频 6.6
机器人控制
画面组态

在机器人自动运行模式下，可以通过触摸屏对机器人上电、断电、从主程序启动、程序启动、停止、复位、急停等功能进行控制。并且可以通过触摸屏上的指示灯查看机器人当前的工作状态和报警情况。所以机器人控制画面主要图形对象为按钮和矩形，再使用“图形视图”在画面中添加一幅机器人的图片。组态好的静态画面如图 6-2-18 所示。

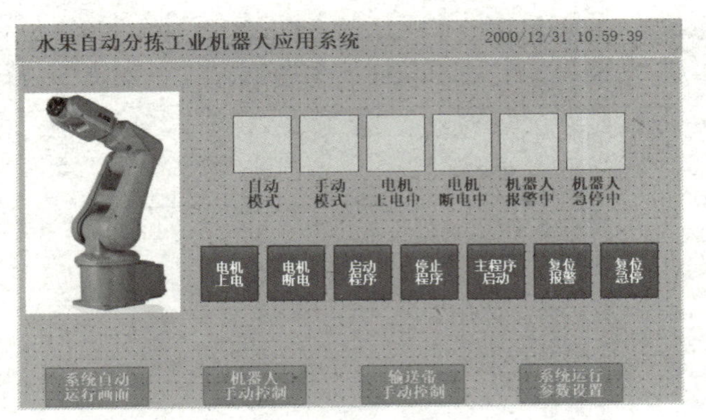

图 6-2-18　机器人手动控制静态画面

2. 机器人手动控制画面动态设置

机器人控制画面中需要组态动态效果的图形对象分 2 类，分别是按钮和矩形，下面分别组态这 2 类图形对象的动态效果。

按钮的组态方法以“电机上电”按钮为例进行展示。选择“电机上电”按钮，打开属性窗口。在“事件”选项卡中选择“按下”事件，添加函数“置位位”，在新出

现的列表"变量（输入输出）"单元格后方连接变量"机器人电机上电按钮"；在"释放"事件中添加函数"复位位"，同样连接变量"机器人电机上电按钮"，如图 6-2-19、图 6-2-20 所示。按钮的背景色设置参考系统自动运行画面按钮背景色设置方法。

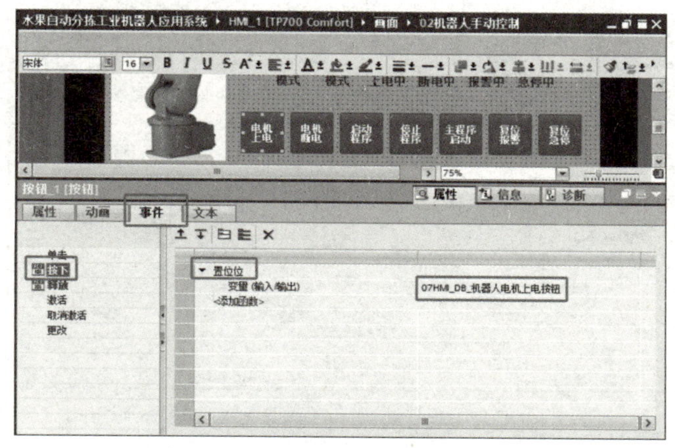

图 6-2-19　组态"电机上电"按钮按下功能

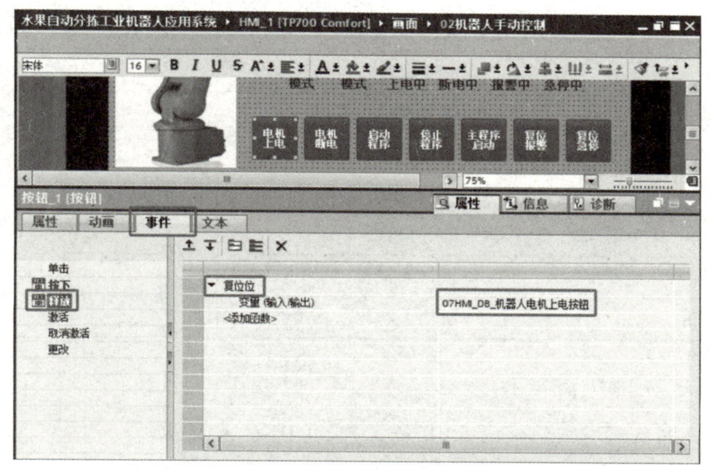

图 6-2-20　组态"电机上电"按钮释放功能

其他按钮组态方法相同，在此不做赘述。连接的变量如表 6-2-2 所示。

表 6-2-2　机器人手动控制画面按钮连接变量表

按钮	连接变量	添加范围
电机上电	机器人电机上电按钮	0 灰色；1 红色
电机断电	机器人电机断电按钮	0 红色；1 灰色
启动程序	机器人启动程序按钮	0 灰色；1 红色
停止程序	机器人停止程序按钮	0 灰色；1 红色
主程序启动	机器人启动主程序按钮	0 灰色；1 红色
复位报警	机器人复位报警按钮	0 灰色；1 红色
复位急停	机器人复位急停按钮	0 灰色；1 红色

接下来组态机器人手动控制画面中的指示灯。其具体步骤同系统自动运行画面中指示灯组态步骤。其中机器人自动运行模式指示灯组态界面如图 6-2-21 所示。

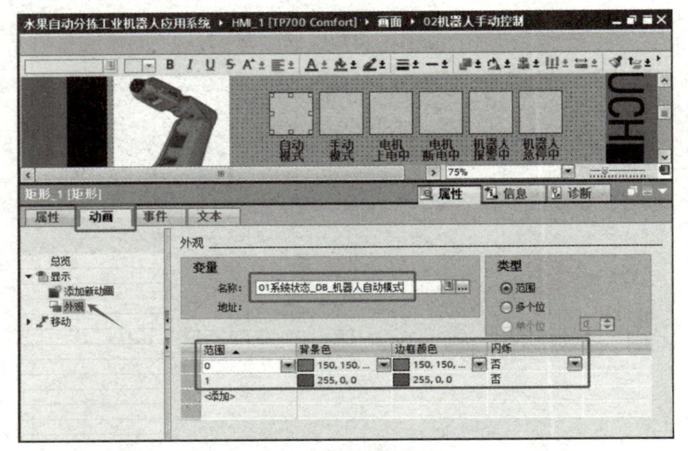

图 6-2-21　组态机器人自动运行模式指示灯

每个指示灯连接的变量与添加范围见表 6-2-3。

表 6-2-3　机器人手动控制画面指示灯连接变量表

指示灯	连接变量	添加范围
自动模式	机器人自动模式	0 灰色；1 红色
手动模式	机器人自动模式	0 红色；1 灰色
电机上电中	机器人电机上电中	0 灰色；1 红色
电机断电中	机器人电机断电中	0 灰色；1 红色
机器人报警中	机器人报警	0 灰色；1 红色
机器人急停中	机器人急停	0 灰色；1 红色

3. 机器人手动控制画面仿真

测试系统机器人手动控制画面功能。启动 PLC 和触摸屏。按下手动模式按钮，按钮背景色变红，同时机器人进入手动运行模式。如图 6-2-22 所示。

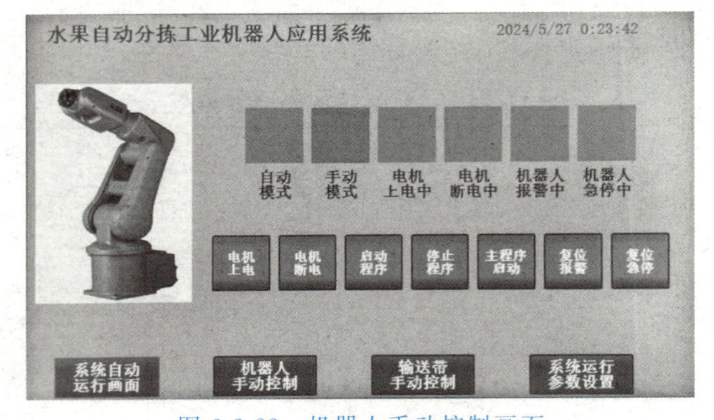

图 6-2-22　机器人手动控制画面

练一练：

对照教材示范，完成机器人手动控制画面设计工作。

三、输送带手动控制画面组态

1. 输送带手动控制静态画面组态

视频 6.7
输送带控制画面组态

输送带手动控制画面要能够监视输送带工作状态，能够通过触摸屏查看系统报警及报错信息，能够通过触摸屏设定输送带运行方向和运动速度。需要的图形对象为按钮、矩形和 I/O 域，文字说明功能则由文本域完成。组态完成的静态画面如图 6-2-23 所示。

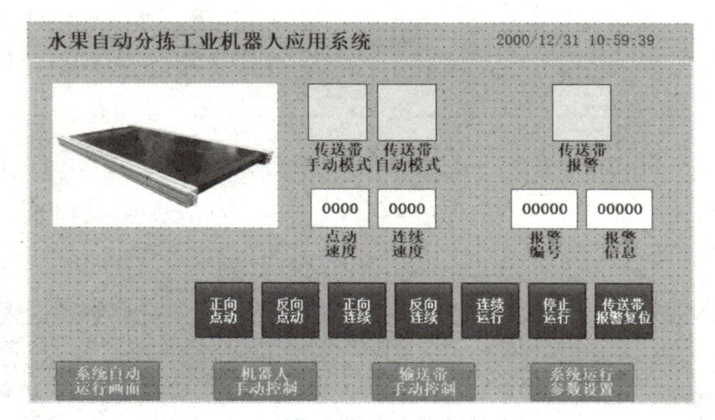

图 6-2-23　输送带手动控制静态画面

2. 输送带手动控制画面动态设置

输送带手动控制画面中需要做动态设置的图形对象有按钮、I/O 域和矩形（指示灯）。组态的方法不再赘述。连接变量信息见表 6-2-4 所示。

表 6-2-4　输送带手动控制画面图形对象连接变量信息表

图形对象	连接变量	组态方式
传送带手动模式指示灯	输送带自动运行控制	动画："外观" 添加范围：0 红色；1 灰色
传送带自动模式指示灯	输送带自动运行控制	动画："外观" 添加范围：0 灰色；1 红色
传送带报警指示灯	输送带报错	动画："外观" 添加范围：0 灰色；1 红色
点动速度 I/O 域	输送带点动速度	属性："常规"，过程值
连续速度 I/O 域	输送带运行速度	属性："常规"，过程值
报警编号 I/O 域	输送带报错编号	属性："常规"，过程值
报警信息 I/O 域	输送带报错信息	属性："常规"，过程值

续表

图形对象	连接变量	组态方式
正向点动按钮	输送带正向点动按钮	事件:“按下”置位位;“释放”复位位 动画:“外观”。添加范围:0 灰色;1 红色
反向点动按钮	输送带反向点动按钮	事件:“按下”置位位;“释放”复位位 动画:“外观”。添加范围:0 灰色;1 红色
正向连续按钮	输送带换向按钮	事件:“按下”复位位 动画:“外观”。添加范围:0 红色;1 灰色
反向连续按钮	输送带换向按钮	事件:“按下”置位位 动画:“外观”。添加范围:0 灰色;1 红色
连续运行按钮	输送带运行按钮	事件:“按下”置位位;“释放”复位位 动画:“外观”。添加范围:0 灰色;1 红色
停止运行按钮	输送带停止按钮	事件:“按下”置位位;“释放”复位位 动画:“外观”。添加范围:0 灰色;1 红色
传送带报警复位按钮	输送带报错复位按钮	事件:“按下”置位位;“释放”复位位 动画:“外观”。添加范围:0 灰色;1 红色

需要注意的是，该画面除了显示当前传送带速度外，还有设置点动速度和连续速度的功能，所以这 2 个 I/O 域的类型应设为“输入/输出”模式。如图 6-2-24 展示的是点动速度 I/O 域的类型设置。

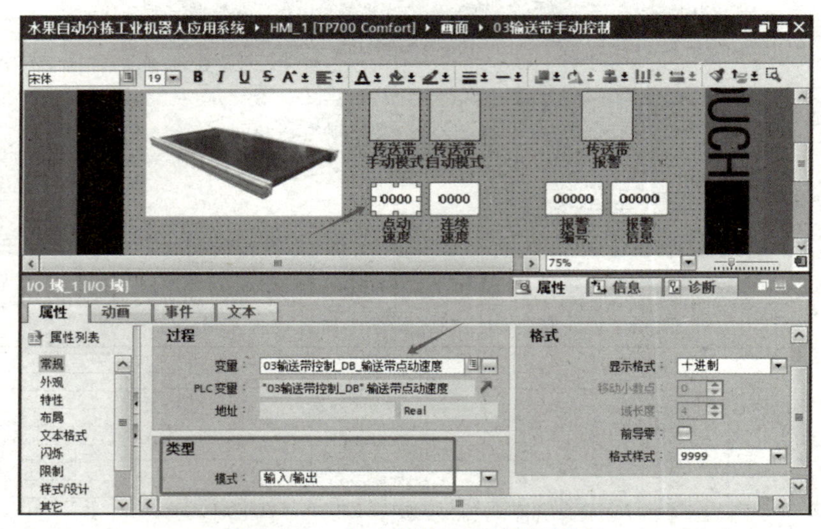

图 6-2-24　点动速度 I/O 域类型设置

3. 输送带手动控制画面仿真

测试系统输送带手动控制画面功能。启动 PLC 和触摸屏。按下传送带自动模式按钮，按钮背景色变红，同时传送带进入自动运行模式。如图 6-2-25 所示。可以看到当前传送带处于正向连续运行，运行速度为 20。当前运行状态正常，未出现报警状态。

> 练一练：
> 对照教材示范，完成输送带手动控制画面设计工作。

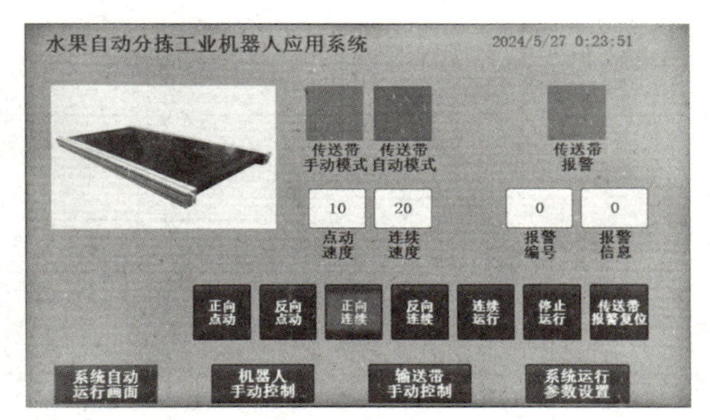

图 6-2-25　输送带手动控制画面

四、系统运行参数设置画面组态

1. 系统运行参数设置静态画面组态

视频 6.8 参数设置画面组态

系统运行参数设置画面要求能够通过画面设定大中小水果直径阈值、输送带运行方向以及运动速度、相机拍照限制次数、相机比例系数等参数。还需要在画面中显示输送带当前运行方向和是否手动拍照。这些功能可以由按钮和 I/O 域来实现，文字说明功能则由文本域完成。组态完成的静态画面如图 6-2-26 所示。

图 6-2-26　系统运行参数设置静态画面

2. 系统运行参数设置画面动态设置

系统运行参数设置画面中需要做动态设置的图形对象有按钮和 I/O 域。连接变量信息如表 6-2-5 所示。需要注意的是该画面的功能是设置输送带运行方向和速度，设置水果尺寸阈值，设置相机的拍照次数，所以 I/O 域的类型要设为“输入/输出”模式。

表 6-2-5　系统运行参数设置画面图形对象连接变量信息表

图形对象	连接变量	组态方式
输送带速度 I/O 域	输送带运行速度	属性:“常规”,过程值
拍照限制次数 I/O 域	相机拍照限制次数	属性:“常规”,过程值
拍照数据有效 I/O 域	拍照结果_数据有效性	属性:“常规”,过程值

续表

图形对象	连接变量	组态方式
相机比例系数	相机比例系数	属性:“常规”,过程值
大果直径设置 I/O 域	大果直径阈值	属性:“常规”,过程值
中果直径设置 I/O 域	中果直径阈值	属性:“常规”,过程值
小果直径设置 I/O 域	小果直径阈值	属性:“常规”,过程值
水果直径	拍照结果_直径	属性:“常规”,过程值
水果 X 坐标	拍照结果_X 坐标	属性:“常规”,过程值
水果 Y 坐标	拍照结果_Y 坐标	属性:“常规”,过程值
输送带正转按钮	输送带自动运行方向	事件:“按下”复位位
输送带反转按钮	输送带自动运行方向	事件:“按下”置位位
手动拍照按钮	相机手动拍照	事件:“按下”置位位;“释放”复位位

3. 系统运行参数设置画面仿真

测试系统运行参数设置画面功能。启动 PLC 和 HMI。按下输送带正转按钮，按钮背景色变红。在画面中输入设置的参数，如图 6-2-27 所示。可以看到当前输送带处于正向运行，运行速度为 20。拍照限制次数为 5 次，相机比例系数为 0.51，当前拍照数据有效。大中小果直径分别设置为 120、100 和 80。当前水果直径为 117，为中果。

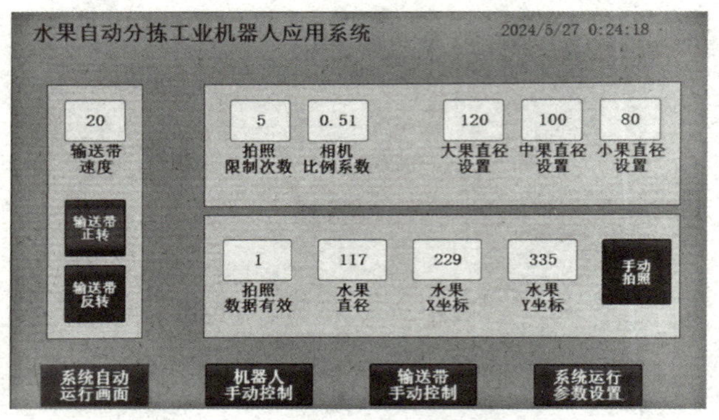

图 6-2-27　系统运行参数设置画面

练一练：

对照教材示范，完成系统运行参数设置画面设计工作。

【思考感悟】

通过完成画面仿真调试，了解到人机界面需要和其他设备相互协作才能实现控制功能。正如同在团队中，每个成员都发挥着独特的作用，只有各司其职、相互配合，团队才能取得更大的成功，实现共同的目标。

谈一谈你们的收获。

思政故事 11　画面背后的协作交响：人机互联与团队同行

任务评价

任务评价表

评价类型	赋分	序号	具体指标	分值	得分		
					自评	组评	师评
职业能力	55	1	掌握人机界面画面创建方法	5			
		2	掌握人机界面软件常用功能模块的使用方法	5			
		3	掌握动态画面组态方法	10			
		4	能设计出界面美观、功能完善的人机界面	10			
		5	能对人机界面进行仿真调试	15			
		6	能提出具有可行性的备选选型方案	10			
职业素养	20	7	坚持出勤，遵守纪律	5			
		8	协作互助，解决难点	5			
		9	按照标准规范操作	5			
		10	持续改进优化	5			
劳动素养	15	11	按时完成，认真填写记录	5			
		12	保持工位卫生、整洁、有序	5			
		13	小组团队分工、合作、协调	5			
思政素养	10	14	完成思政素材学习	4			
		15	规范化标准化意识（文档、图样）	6			
综合得分			—	100			

总结反思

目标达成	知识		能力		素养	
学习收获						
问题反思						
教师寄语						

任务拓展

1. 优化完善

根据任务评价结果，改正画面组态过程中产生的错误，或不合规范等问题，将任务实施过程中存在的问题、解决办法、处理结果填写到“拓展任务表”中“任务优化完善”栏。

2. 改进创新

针对任务评价表中提出的“能提出具有可行性的备选选型方案”，对人机界面美观规范、功能实用等实施改进，并将改进情况填写于“拓展任务表”中。

拓展任务表

任务优化完善
任务改进创新

项目评价

亲爱的同学，本项目学习结束了，感谢你始终如一地努力学习和积极配合。为了能使我们不断地做出改进，提高专业教学效果，我们珍视各种建议和批评。为此，我们很乐于了解你对本项目学习的真实看法。当然，这一过程中所收集的数据采用不记名的方式，我们都将保密且不会透漏给第三方。对于有些问题只需做出选择，有些问题，则请以几个关键词给出一个简单的答案。

项目评价表

项目名称			地点		教师	
课程时间		满意度				
一、项目教学组织评价		很满意	满意	一般	不满意	很不满意
课堂秩序						
实训室环境及卫生状况						
课堂整体纪律表现						
自己小组总体表现						
教学做一体化教学模式						
二、授课教师评价		很满意	满意	一般	不满意	很不满意
授课教师总体评价						
授课深入浅出通俗易懂						
教师非常关注学生反应						
教师能认真指导学生，因材施教						
实训氛围满意度						
理论实践得分权重分配满意度						
教师实训过程敬业满意度						
三、授课内容评价		很满意	满意	一般	不满意	很不满意
授课项目和任务分解满意度						
课程内容与知识水平匹配度						
教学设备满意度						
学习资料满意度						

参 考 文 献

[1] 周文军．工业机器人工作站系统集成［M］．北京：高等教育出版社，2018.

[2] 王仲，罗飞，杨仓军．工业机器人应用系统集成［M］．2版．北京：航空工业出版社，2021.

[3] 张春芝，钟柱培，张大维．工业机器人操作与编程［M］．2版．北京：高等教育出版社，2021.

[4] 许怡赦，冉成科．工业机器人系统集成技术应用［M］．北京：机械工业出版社，2021.

[5] 林文燕，魏志丽．工业机器人系统集成与应用［M］．北京：机械工业出版社，2018.